高等学校"十二五"规划教材·市政与环境工程系列研究生教材

绿色能源

主 编 刘关君 李永峰 陈 红

主 审 史乃鉴

哈尔滨工业大学出版社

内容提要

本书主要阐述绿色能源的基本理论及其在国内外的发展情况,从能源的角度出发,介绍各种能源的特点以及利用前景。本书主要包括以下内容:从生物质能源的化学组成、能量生产到农作物燃料等角度出发介绍生物质能源的优越性;生物乙醇、生物柴油、生物炼制,以及生物气体的性质、利用现状、展望及生产原理工艺;从液化石油气、压缩天然气、电力、海洋能、生物可再生液体及氢气的角度出发介绍能量的转化过程;氢能的优越性和几种非传统制氢的方法;新型的制氢方法——微生物厌氧制氢、光合制氢、热化学制氢,并在此基础上详细介绍几种新型制氢方法的制氢机理,目前较新的热化学生物质制氢的方法——生物质热裂解制氢、生物质气化制氢、生物质超临界水气化制氢、光裂解水生物制氢、超临界水气化生物质制氢;储氢技术;燃料电池的工作原理、几种不同分类、与电机相比之下的优点以及在各个领域的应用,同时详细介绍质子交换膜燃料电池、直接甲醇燃料电池、磷酸燃料电池、固体氧化物燃料电池、熔融碳酸盐燃料电池以及特种燃料电池等不同燃料电池的原理、应用和发展;氢经济及氢政策。

本教材可作为高等学校环境科学、环境工程、能源工程、新能源和其他专业的高年级本科生、研究生的教学用书和科技人员的研究用书,也可作为大众的环境与能源教育用书。

图书在版编目(CIP)数据

绿色能源/刘关君,李永峰,陈红主编. —哈尔滨:
哈尔滨工业大学出版社,2012.7(2019.6 重印)
ISBN 978-7-5603-3423-3

Ⅰ.①绿… Ⅱ.①刘… ②李… ③陈… Ⅲ.①无污染
能源 Ⅳ.①TK01

中国版本图书馆 CIP 数据核字(2011)第 232207 号

策划编辑 贾学斌
责任编辑 费佳明
出版发行 哈尔滨工业大学出版社
社　　址 哈尔滨市南岗区复华四道街 10 号　邮编150006
传　　真 0451-86414749
网　　址 http://hitpress.hit.edu.cn
印　　刷 黑龙江艺德印刷有限责任公司
开　　本 787mm×1092mm　1/16　印张 13　字数 338 千字
版　　次 2012 年 7 月第 1 版　2019 年 6 月第 4 次印刷
书　　号 ISBN 978-7-5603-3423-3
定　　价 32.00 元

《绿色能源》编写人员

主　　　　编 刘关君 李永峰 陈红

主　　　　审 史乃鉴

参　　　　编 王占青 刘方婧 张永娟

前　　言

当今社会,能源已成为任何人都必须关注和面对的问题。本书详细介绍可再生能源种类、开发现状、资源潜力和前景预测。本书共分9章:第1章从能源的角度出发,简要介绍了各种能源的特点以及利用前景等,由李永峰编写;第2章从生物质能源的化学组成、能量生产以及农作物燃料等角度出发,阐述了生物质能源的优越性,由刘关君编写;第3章主要阐述生物乙醇、生物柴油、生物炼制,以及生物气体的性质、利用现状、展望及生产原理、工艺等,由李永峰、陈红编写;第4章从液化石油气、压缩天然气、电力、海洋能、生物可再生液体以及氢气的角度出发阐述了能量的转化过程,由刘关君编写;第5章阐述了氢气的发展历史,在当代能源短缺及可持续发展的要求下,对可再生清洁能源氢能的需求,描述了清洁能源——氢气的理化性质,并且对氢能的优越性做了对比分析,同时简要阐述了几种非传统制氢的方法,由李永峰、王占青编写;第6章介绍新型的制氢方法——微生物厌氧制氢、光合制氢、热化学制氢,并在此基础上详细阐述了几种新型制氢方法的制氢机理,介绍了目前较新的热化学生物质制氢的方法——生物质热裂解制氢、生物质气化制氢、生物质超临界水气化制氢、光裂解水生物制氢、超临界水气化生物质制氢,由刘关君编写;第7章介绍了几种常用的储氢技术,如加压气态储存、液化储存、金属氢化物储氢、非金属氢化物储存等的研究进展,并对储氢研究动向进行了简单介绍,由李永峰、刘方婧编写;第8章介绍了一种可以将贮存在燃料和氧化剂中的化学能直接转化为电能的发电装置——燃料电池,简单介绍了燃料电池的工作原理、几种不同分类、与电机相比的优点及在各个领域的应用,同时详细阐述了质子交换膜燃料电池、直接甲醇燃料电池、磷酸燃料电池、固体氧化物燃料电池、熔融碳酸盐燃料电池及特种燃料电池等不同燃料电池的原理、应用和发展,由李永峰、张永娟编写;第9章从氢经济、氢的经济成本、氢的安全以及氢政策的角度出发,阐述了氢能对汽车工业、能源工业及环境成本等方面的影响,以及各国政府对氢能政策的制定,由李永峰、刘关君编写。本书著作权代表是李永峰教授,由史乃鉴教授主审。采用本教材作为教学用书的学校和老师可以与本书著作权代表李永峰教授(mr_lyf@163.com)联系,免费提供电子课件。

本书的出版得到"上海市科委重点科技攻关项目(No.071605122)"技术成果和资金的支持,分别由东北林业大学、上海工程技术大学、青海省生态环境遥感监测中心的专家编写,特此感谢! 由于作者水平有限,书中难免存在疏漏和不足之处,敬请广大读者批评指正。

编　者

2012 年 3 月

目　录

第1章　引　言 ……………………………………………………………………… 1

1.1　全球能源来源与能源现状 …………………………………………………… 1

1.2　传统化石能源 ………………………………………………………………… 4

1.3　非传统化石能源 ……………………………………………………………… 9

1.4　可再生能源 …………………………………………………………………… 11

第2章　生物质能源 ……………………………………………………………… 23

2.1　概　述 ………………………………………………………………………… 23

2.2　生物质的化学性质 …………………………………………………………… 27

2.3　木质中的能量生产 …………………………………………………………… 29

2.4　农作物中生产的燃料 ………………………………………………………… 33

第3章　生物燃料 ………………………………………………………………… 38

3.1　生物乙醇 ……………………………………………………………………… 39

3.2　生物柴油 ……………………………………………………………………… 45

3.3　生物炼制 ……………………………………………………………………… 49

3.4　生物气体 ……………………………………………………………………… 53

3.5　其他生物醇类 ………………………………………………………………… 59

第4章　能量的转化 ……………………………………………………………… 61

4.1　液化石油气 …………………………………………………………………… 62

4.2　压缩天然气 …………………………………………………………………… 66

4.3　电　力 ………………………………………………………………………… 69

4.4　海洋能 ………………………………………………………………………… 73

4.5　生物可再生液体 ……………………………………………………………… 76

4.6　氢　气 ………………………………………………………………………… 82

第5章　氢　气 …………………………………………………………………… 86

5.1　概述及氢气的历史 …………………………………………………………… 86

5.2　氢气的性能 …………………………………………………………………… 95

5.3　氢能的优越性 ………………………………………………………………… 97

5.4　传统制氢过程 ………………………………………………………………… 100

5.5　非传统制氢过程 ……………………………………………………………… 109

第6章　生物氢的制备 …………………………………………………………… 111

6.1　生物氢的概述及历史 ………………………………………………………… 111

　　6.2　厌氧发酵法制氢 ……………………………………………… 115

　　6.3　光合作用制氢 ………………………………………………… 118

　　6.4　热化学制氢 …………………………………………………… 121

第 7 章　氢气的储存 ……………………………………………………… 135

　　7.1　氢能工业对储氢的要求 ……………………………………… 136

　　7.2　目前储氢技术 ………………………………………………… 138

　　7.3　碳材质储氢 …………………………………………………… 144

　　7.4　储氢研究动向 ………………………………………………… 153

第 8 章　燃料电池 ………………………………………………………… 161

　　8.1　概　述 ………………………………………………………… 161

　　8.2　燃料电池的不同种类 ………………………………………… 164

第 9 章　氢经济以及氢政策 ……………………………………………… 180

　　9.1　氢 经 济 ………………………………………………………… 180

　　9.2　氢气的经济成本 ……………………………………………… 181

　　9.3　氢能政策 ……………………………………………………… 185

　　9.4　氢的安全 ……………………………………………………… 188

　　9.5　中国稳步走向氢能经济——中国的氢能路线图 …………… 192

参考文献 …………………………………………………………………… 196

第1章 引 言

本章提要　能源分为传统化石能源、非传统能源以及可再生能源。化石能源包括石油、煤、沥青、天然气、焦油砂等,形成化石能源的地质年龄非常早,而且化石能源是不可再生型能源。人类目前对石油等化石能源的开采方式还不能达到最大限度的利用,这造成了极大的资源浪费。同时传统的能源使用方式已造成了环境问题以及人类健康问题。可再生能源包括风能、海洋能、生物质能以及氢能等。本章从能源的角度出发,介绍了各种能源的特点以及利用前景等。

1.1 全球能源来源与能源现状

1.1.1 全球能源来源

能源是人类社会赖以生存和发展的重要物质基础。纵观人类社会发展的历史,人类文明的每一次重大进步都伴随着能源的改进和更替。能源的开发利用极大地推动了世界经济和人类社会的发展。能源在我们的日常生活中有着重要作用,影响了现代生活的方方面面。能源系统包括能源供应部门和能源终端使用技术。由于世界人口迅速增长,人们对能源的需求正在以指数速度增长。能源系统的目标是为消费者提供服务,能源的使用包括提供照明、舒适的室内温度、制冷、电信、教育和交通运输等。

能源消费有两种形式。一种是一次性直接消费,又称终端消费;另一种是加工转换消费,又称为中间消费。终端消费是指能源不用于中间加工转换,而是直接投入到各种加热、动力设备中,用于生产和非生产活动的消费,主要包括:

(1)作为原料使用的能源,指在工业生产活动中,把能源作为原料投入使用,经过一系列化学反应逐步转化为另一种新的非能源产品,如:化肥厂生产的合成氨;化工厂生产的合成橡胶等产品所消耗的天然气;煤炭、焦炭,生产染料、塑料、轻纺产品所消耗的原料油等。

(2)作为燃料、动力使用的能源,指将能源投入到各种加热、动力等设备,产生光、热、功所消费的能源。

(3)作为材料使用的能源,指一些能源的使用,只起辅助作用的消费而并不构成产品的实体,如洗涤用的汽油、柴油、煤油以及各种设备所使用的润滑油等。

(4)工艺用能,指在生产过程中既不作为原料使用,也不作为燃料、动力使用的工艺用能,如生产电石用电、电解用电等。

能源作为热、电、车用燃料的能源,是人们使用的主要形式。先进适用的节能技术,可以减少提供能源服务所需消耗的能源,从而减少能源的使用,降低环境和国家安全的成本,潜在地增加了其可靠性。

能源安全是一个国家或地区实现经济持续发展和社会进步所必需的保障。狭义的能源安全指的是液体燃料的供应安全,主要指石油供应安全。在20世纪的社会发展史中,以石油为主的化石能源占据着举足轻重的地位。石油的供应与一个国家的外交、军事和经济等领域息息相关。

自19世纪70年代产业革命以来,化石燃料的消费量急剧增长,初期主要是以煤炭为主,进入20世纪以后,特别是第二次世界大战以来,石油和天然气的生产与消费持续上升。石油的消费量于20世纪60年代首次超过煤炭,占居一次能源的主导地位。尽管20世纪70年代世界经历了两次石油危机,但世界石油消费量却没有丝毫减少的趋势。此后,石油、煤炭所占比例缓慢下降,天然气的比例上升。同时,核能、风能、水力、地热等其他形式的新能源逐渐被开发和利用,形成了目前以化石燃料为主和可再生能源、新能源并存的能源结构格局。到2003年底,化石能源仍是世界的主要能源,在世界一次能源供应中约占87.7%,其中石油占37.3%、煤炭占26.5%、天然气占23.9%。非化石能源和可再生能源虽然增长很快,但仍保持较低的比例,约为12.3%。

据统计,人类每年消耗掉的能源已经超过87亿t石油当量,而且这一数字正以惊人的速度(1.6%~2.0%)增长,预计到2015年将达到112亿~172亿吨石油当量。资料表明,1991年全球石油储量为1 330亿吨,按每年30亿吨消费计算,全球石油仅能维持到2050年。

过去的200多年中,建立在石油、煤炭、天然气等化石燃料基础上的能源体系,极大地推动了人类社会的发展。经济社会的发展以能源为重要动力,经济越发展,能源消耗越多,尤其是化石燃料消费的增加。这就有两个突出问题摆在我们面前:一是其造成的环境污染日益严重;二是地球上现存的化石燃料总有一天要枯竭。由于过快、过早地消耗了这些有限的资源,释放了大量的多余能量和碳素,直接导致了自然界的能量浪费和臭氧层被破坏、碳平衡被打破、温室效应增强、全球气候变暖和酸雨等灾难性后果。化石燃料日益枯竭和环境问题的日趋严重,使人们对不可再生的化石燃料储量的有限性和使用的局限性有了深刻的认识。

能源问题是当今世界各国都面临的、关系着国家安全和经济社会可持续发展的中心议题,已经成为全球关注的焦点。因此,人们开始把目光转移到有利于社会可持续发展的可再生能源体系方面。目前,世界能源发展已经步入一个崭新的时期,能源结构将呈现多元化的发展趋势,即世界能源结构正在经历由化石能源消耗为主向可再生能源为主的变革。在未来的能源结构中,将大力发展可再生能源的微生物转化技术,石油和煤炭的比例将逐渐下降,天然气、核能和可再生能源比例将逐渐上升。

1.1.2 全球能源现状

1.1.2.1 国内外能源消费结构比较

根据美国《油气杂志》发布的2009年世界油气资源储量年终统计显示,全球原油估算探明储量为1 855.04亿吨,而我国石油剩余可采储量为27.9亿吨,占世界总量的1.5%;全球天然气探明储量187.16万亿立方米,其中我国占3.11万亿立方米,占世界天然气可采储量总量的1.67%。就质量而言,我国能源资源以煤炭为主,按各种燃料的热值计算,在目前的探明储量下,世界能源资源中,固体燃料和液体、气体燃料的比例为4∶1,而我国则远远低于这一比值。目前,在世界能源产量中,高质量的液、气体能源所占比例为60.8%,而我国仅为19.1%。

2000年,煤炭占我国能源总消费量的70.06%,如图1.1所示。2004年,中国一次能源消费总量19.7亿吨标准煤,比上年增长15.2%。其中,煤炭消费量18.7亿吨,原油2.9亿吨,天然气415亿立方米。从人均水平来看,2004年中国人均一次能源消费量1.08 t石油当量,为世界平均水平1.63 t石油当量的66%,是美国人均8.02 t石油当量的13.4%,是日本人均3.82 t石油当量的28.1%。从能源结构来看,2004年一次能源消费中,煤炭占67.7%,石油占22.7%,天然气占2.6%,水电等占7.0%。

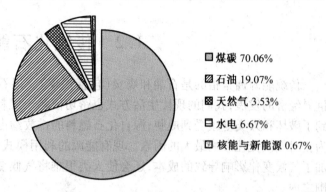

图 1.1　2000 年我国一次能源的消费结构

煤碳 70.06%
石油 19.07%
天然气 3.53%
水电 6.67%
核能与新能源 0.67%

1.1.2.2　我国的能源现状

中国的能源蕴藏量位居世界前列,同时也是目前世界上第二位能源生产国和消费国。能源供应持续增长,为经济社会发展提供了重要的支撑。能源消费的快速增长,为世界能源市场创造了广阔的发展空间。中国已经成为世界能源市场不可或缺的重要组成部分,对维护全球能源安全,发挥着越来越重要的作用。

中国拥有丰富的化石能源资源,其中煤炭占主导地位。2006 年,煤炭保有资源量为10 345亿吨,探明剩余可采储量约占世界的13%,列世界第三位。但是人均能源资源占有量和消费量远低于世界平均水平,煤炭和水力资源人均拥有量相当于世界平均水平的50%,石油、天然气人均资源量仅为世界平均水平的1/15 左右。由于中国能源资源具有分布广泛但不均衡的特点,使我国能源资源开发难度较大,大部分储量需要井工开采,仅极少量可供露天开采。石油天然气资源地质条件复杂,埋藏深,勘探开发技术要求较高。未开发的水力资源多集中在西南部的高山深谷,远离使用负荷中心,开发难度和成本较大。非常规能源资源勘探程度低,经济性较差,缺乏竞争力。

中国能源开发利用呈现出以下主要特点:

(1)能源以煤炭为主,可再生资源开发利用程度较低,环境压力较大。煤炭是中国的主要能源,已探明的煤炭资源占煤炭、石油、天然气、水能和核能等一次能源总量的90%以上,煤炭在中国能源生产与消费中占支配地位,而且以煤为主的能源结构在未来相当长时期内难以改变。在世界能源由煤炭为主向油气为主的结构转变过程中,中国仍是世界上极少数几个能源以煤为主的国家之一。煤炭消费是造成煤烟型大气污染的主要原因,同时也是温室气体排放的主要来源。

(2)能源消费总量不断增长,能源利用效率较低。随着经济规模的不断扩大,中国的能源消费呈持续上升趋势。但是中国能源资源分布不均,也增加了持续稳定供应的难度;优质能源资源相对不足,制约了供应能力的提高;经济增长方式粗放、能源结构不合理、能源技术装备水平低和管理水平相对落后,导致国内生产总值能耗和主要耗能产品能耗高于主要能源消费国家平均水平,进一步加剧了能源供需矛盾。单纯依靠增加能源供应,难以满足持续增长的消费需求。

(3)能源消费以国内供应为主,环境污染状况加剧,优质能源供应不足。中国经济发展主要建立在国产能源生产与供应基础之上,能源技术装备也主要依靠国内供应。随着能源消费量的持续上升,以煤炭为主的能源结构造成城市大气污染,过度消耗生物质能引起生态破坏,生态环境压力越来越大。世界银行认为,中国空气和水污染所造成的经济损失,大体占国内生产总值的3%~8%。

1.2　传统化石能源

传统能源通常指的是石油和煤炭(包括褐煤)。以石油和煤炭为基础的传统能源加快了世界经济的发展,我们的现代生活方式也密切依赖于燃料,但在经济快速增长的同时,环境遭到了破坏和人类健康受到威胁,源自化石燃料的排放约占全球温室气体排放量的2/3,是迄今为止对气候变化影响最大的因素。现有能源的利用模式将导致绝对排放量的增加,这不仅增加了气候变化影响导致的成本,还会使人类很难将气候变化不可控的风险控制在可接受的范围之内。

1.2.1　石　油

石油在国民经济中的地位和作用是十分重要的,有人誉它为"黑色黄金"、"工业的血液"等,它是自然界中以气态、液态或固态广泛存在的碳氢化合物,主要以烷烃和芳香烃化合物为主。石油是现代文明的神经动脉,没有石油,维持这个文明的一切工具便陷入瘫痪;我国石油工业本身就是国家综合国力的重要组成部分。这些都说明,石油对于任何一个国家都是一种生命线,它对于经济、政治、军事和人民生活的影响极大。世界石油资源主要分布在中东、拉丁美洲、北美洲、西欧、非洲、东南亚和中国,最大的油田是沙特阿拉伯的加沃尔油田,可采石油储量达104亿吨。

1.2.1.1　石油的形成

石油的原料是生物的尸体,生物的细胞体内含有脂肪和油脂,脂肪和油脂则是由碳、氢、氧三种元素组成的。生物遗体在海底或湖底并被淤泥覆盖之后,氧元素分离,碳和氢组成碳氢化合物。大量产生碳氢化合物的岩石即成为"石油源岩",埋没于地壳中的石油源岩受到地热和压力的影响,再加上其他多种化学反应之后就产生石油,而石油积存于岩石间隙之间便形成油田。

由于石油的原料是生物的遗骸,因此调查石油的性质便可以得知古老时期的生物演化过程和地球环境历史。生命于38亿年前诞生,并逐渐地进行演化,到了距今5亿5 000万年前的古生代寒武纪时期,爆发性的演化才开始,大约4亿4 500万年前,生命登上了陆地。

因此4亿4 000万年至4亿年前时期,石油源岩的主要成分是当时繁茂的浮游植物所形成的碳氢化合物。同一时期,羊齿类植物在此时期繁茂生长于海岸近处,因此以路上植物为原料的石油源岩也出现了。

2亿9 000万年前,广大的陆地普遍出现由裸子植物组成的森林,形成了被沼泽地包围的湖沼,藻类便在湖沼中开始繁殖,由此也产生了以藻类为原料的新种石油源岩。

9 000万年前,被子植物和针叶树林开始逐渐扩张到高纬度地区和高地,因而出现以陆地木材为原料的石油源岩,针叶树林的增加使得木材取代了藻类,成为石油源岩的主要原料。

大约1亿7 000万年到200万年前所发生的全球性规模"阿尔卑斯造山运动期"也造出了巨油田,在此时期,分布于大范围的1亿年前前后形成的石油源岩都没入地中。现有的石油和天然气大约2/3就是此时期形成的。

1.2.1.2　石油的使用历史

最早钻井并使用石油的是中国人,在4世纪或者更早时期,古代中国人用固定在竹竿一端的钻头进行钻井,深度可达 1 000 m,取出的石油经焚烧以蒸发盐卤制食盐,10 世纪时人们使用竹竿制成的管道连接油井和盐井。

8 世纪新建的巴格达的街道上铺有从当地附近的自然露天油矿中获得的沥青。9 世纪在阿塞拜疆巴库(Baku)的油田中开采出来的石油被用来生产轻石油。10 世纪地理学家阿布·哈桑·阿里·麦斯欧迪和 13 世纪马可·波罗都曾描述过巴库的油田,根据他们的描述,这些油田每日可以开采数百船石油。

现代石油历史始于 1846 年,当时生活在加拿大大西洋省区的 Abraham Pineo Gesner 发明了从煤中提取煤油的方法。1852 年波兰的 Ignacy Lukasiewicz 发明了利用石油进行煤油的提取方法,次年在波兰南部克洛斯诺附近开辟了第一座现代的油矿。这些发明很快就在全世界普及开来,1861 年在巴库建立了世界上第一座炼油厂,当时巴库出产世界上 90% 的石油。后来斯大林格勒战役就是为夺取巴库油田而开战的。

19 世纪石油工业的发展缓慢,提炼的石油主要是用于油灯的燃料。直到 19 世纪 50 年代中期为止,煤依然是世界上最重要的燃料,但石油的消耗量增长迅速。1973 年能源危机和 1979 年能源危机爆发后媒体开始关注石油的提供程度并对其进行报道,这使人们意识到石油是一种有限的资料,最后会耗尽。不过至今为止,所有有关石油即将用尽的预言都没有实现,所以也有人对这个讨论表示不以为然,但大部分人认为,由于石油的总量是有限的,因此 20 世纪 70 年代预言的"耗尽"今天虽然没有发生,但是这不过是被迟缓而已。也有人认为地球上还有大量焦油砂、沥青和油母页岩等石油储藏,它们足以提供未来的石油来源。目前已经发现的加拿大的焦油砂和美国的油母页岩就含有相当于所有目前已知的油田的石油贮量。随着技术的发展,人类总是能够找到充足的、便宜的碳氢化合物作为替代能源。

今天 90% 的运输能量是依靠石油获得的。石油运输方便、能量密度高,因此是最重要的运输驱动能源。此外它是许多工业化学产品的原料,因此它又是目前世界上最重要的商品之一。许多军事冲突(包括第二次世界大战和海湾战争)的重要因素就是占据石油来源。今天约 64% 可以开采的石油储藏位于中东,见表 1.1,其中大部分位于沙特阿拉伯、阿拉伯联合酋长国、伊拉克、卡塔尔和科威特等,世界主要产油国储量情况见表 1.2。

表 1.1　已探明的石油储存分布表　　　　　　　单位:%

中东	拉丁美洲	东欧	南美	亚洲和太平洋	非洲	西欧
64	12	6	3	4	9	2

表 1.2　2010 年世界石油储量情况

	已探明储量/亿桶	每日总产/万桶	日消费/万桶	出口到美国(2007 年)/万桶
沙特阿拉伯	2 667	1 070	229	149
加拿大	1 785.9	335	226	245
伊朗	1 384	417	180	—
伊拉克	1 150	239	63.8	48.4
科威特	1 040	274	32.5	18.1

续表 1.2

	已探明储量/亿桶	每日总产/万桶	日消费/万桶	出口到美国(2007 年)/万桶
阿联酋	978	305	46.3	1
委内瑞拉	870.3	264	76	136
俄罗斯	600	979	290	41.4
利比亚	415	188	27.3	11.7
尼日利亚	362	216.8	28.6	113

1.2.2　石化产品与能源

石油的一个很重要的功能就是生产化学原材料,其主要的石化产品为石蜡(包括乙烯和丙烯)及芳烃(包括苯和二甲苯异构体)。石蜡采用水蒸气或催化剂经化学裂解的过程制造,而芳烃用催化重整的过程制得。以这两大类基本产品为原料,可以生产多种类型的化合物和原材料,例如单体、聚合物以及黏合剂等,这些单体、聚合物或低聚物都用来生产塑料、树脂、纤维、人造橡胶、润滑剂以及凝胶等。

组成汽油的主要成分分别为石蜡、芳烃、煤油和环烷环烃。判断汽油优劣程度的主要指标包括密度、蒸汽压、蒸馏范围和化学组成。

柴油是由从基岩中提炼的原油经过蒸馏后得到的产物,也是化石燃料的一种。它的主要成分是含 9 到 18 个碳原子的链烷、环烷或芳烃,也包括少部分的硫、氮、氧元素和金属化合物。除此之外,在柴油中添加一些物质可以增强柴油的物理性质,其沸点范围为 445 ~ 640 K。质量好的柴油其中硫和芳烃化合物含量较低,燃烧时所释放出的污染物较少,并且具有良好的着火性、黏性和沸点。

1.2.3　煤

1998 年全世界范围内煤的产量和消耗量分别为 5 043 百万吨和 5 014 百万吨。据 1999 年的报道,全世界范围内煤的储量为 10 870 亿吨(AER, 1999; IEA, 2000)。煤在世界上的储量分布较平均:美国 25%,俄国 16%,中国 11.5%。尽管在全球范围内煤的储量比石油和天然气都丰富,但是煤田仍然会耗尽。据 1999 年统计世界上可供使用的煤的储量为 9 890 亿吨。

1.2.3.1　煤的形成

有文献报道,最古老的燃料是煤。在所有的能源储备中,煤的储量是世界上最大的。煤主要由碳、氢、氧、氮、硫和磷等元素组成,而碳、氢、氧三者总和约占有机质的 95% 以上,它是非常重要的能源,也是冶金、化学工业的重要原料。表 1.3 列出了典型煤矿样品的化学组成。

表 1.3　典型煤样品的化学组成

成分	低级煤	高挥发煤	高级煤
碳/%	75.2	82.5	90.5
氢/%	6.0	5.5	4.5

续表1.3

成分	低级煤	高挥发煤	高级煤
氧/%	17.0	9.6	2.6
氮/%	1.2	1.7	1.9
硫/%	0.6	0.7	0.5
水分/%	10.8	7.8	6.5
能量值/($MJ \cdot kg^{-1}$)	31.4	35.0	36.0

煤主要由埋藏于地下的植物遗体经微生物生物化学作用,再经地质作用转变而成。煤形成的过程大致可分为三步:第一步是形成泥炭,在地表常温、常压下,由堆积在停滞水体中的植物遗体经泥炭化作用或腐泥化作用,转变成泥炭或腐泥;第二步是形成褐煤或棕煤,泥炭或腐泥被埋藏后,由于盆地基底下降而沉至地下深部,经成岩作用而转变成褐煤;第三步,当温度和压力逐渐增高,再经变质作用转变成烟煤或无烟煤。泥炭化作用是指高等植物遗体在沼泽中堆积经生物化学变化转变成泥炭的过程。腐泥是一种富含水和沥青质的淤泥状物质,腐泥化作用是指低等生物遗体在沼泽中经生物化学变化转变成腐泥的过程。

在整个地质年代中,全球范围内有三个主要的成煤期:

(1)古生代的石炭纪和二叠纪,成煤植物主要是孢子植物,此时期的主要煤种为烟煤和无烟煤。

(2)中生代的侏罗纪和白垩纪,成煤植物主要是裸子植物,此时期的主要煤种为褐煤和烟煤。

(3)新生代的第三纪,成煤植物主要是被子植物,此时期的主要煤种为褐煤,其次为泥炭,也有部分年轻烟煤。

全世界范围内煤的产量仅次于石油的产量,并且与天然气的产量几乎相同。煤的挖掘分为深度挖掘(硬煤、无烟煤)和表面挖掘(褐煤)。煤炭是有机化学药品中最主要的组成部分,同时也是主要的一次能源。煤占世界主要能量消耗的26%,世界上用于发电的能源37%都来源于煤。

1.2.3.2 煤的分类

煤的种类繁多,质量相差也悬殊,不同类型的煤有不同的用途。为了合理利用煤炭,需把煤划分不同类别,按其加工方法和质量规格可分为精煤、粒级煤、洗选煤、原煤、低质煤五大类;按其煤质构成划分可分为烟煤、无烟煤、焦煤、成型煤和动力配煤;按其用途划分可分为动力用煤、冶金用煤和化工用煤三大类等。以下对几种常用煤分别进行介绍。

(1)无烟煤

俗称白煤或红煤,是煤化程度最大的煤。其具有高固定碳含量,高着火点(约360~420 ℃),高相对密度,低挥发分产量和低氢含量等特点,发热值很高。除了发电外,无烟煤主要作为汽化原料(固定床汽化发生炉)用于合成氨、民用燃料及型煤的生产、陶瓷、制造锻造等行业。

(2)褐煤

褐煤又名柴煤,是所有煤中煤化程度最低的煤,是一种介于泥炭与沥青煤之间的棕黑色、无光泽的低级煤,其特征是化学反应强、高水分、高氧含量(约 15% ~ 30%)等,并含有一些腐植酸。主要用于发电厂的燃料,也可作化工原料、催化剂载体、吸附剂、净化污水和回收金属等。

(3)贫煤

贫煤是煤烟中煤级最高的煤,它的特征是较高的着火点(350 ~ 360 ℃),高发热量,弱黏结性或不黏结。除一般锅炉用煤外,还可发电和民用。使用贫煤时,将其与其他一些高挥发分煤配合使用也不失为一个好的途径。

(4)贫瘦煤

贫瘦煤是一种具有弱黏性的炼焦用煤,在配煤炼焦中能起瘦煤的瘦化作用。当其与其他适合炼焦的煤种混合时,贫瘦煤的掺入将使焦炭产品的块度增大。贫瘦煤也可用于发电、电站锅炉和民用燃料等方面。典型的贫瘦煤产于山西省西山煤电公司。

(5)瘦煤

瘦煤是煤化程度最高的炼焦煤,中度的挥发分和黏结性,主要用于炼焦。在炼焦过程中可能会产生一些胶质物,胶质层的厚度为 6 ~ 10 mm。由瘦煤单独炼焦产生的焦炭,能得到块度大、裂纹少、抗碎强度较好的焦炭,但耐磨强度相对较差。除了部分高灰高硫的瘦煤,瘦煤经常与其他煤种混合炼焦。

(6)焦煤

焦煤是一种结焦性最好的炼焦用煤,它的碳化程度高、黏结性好,加热时能产生热稳定性很高的胶质体。焦煤是国内主要用于炼焦的煤种。但单独炼焦时,由于膨胀压力大,易造成推焦困难,一般都用焦煤炼焦配煤,效果较好。焦煤主要产于山西省和河北省。

(7)肥煤

肥煤是黏结性最强、中等煤化程度的煤,加热时能产生大量胶质体。用肥煤单独炼焦能产生熔融性好、强度高的焦炭,但焦炭的横裂纹多,气孔率高,易碎,因此多与黏结性较弱的气煤、瘦煤或弱黏煤等配合炼焦。肥煤是配煤炼焦中的基础煤,能起骨架作用。

除此之外,还有 1/3 焦煤、气肥煤、气煤、1/2 中黏煤、弱黏煤、不黏煤、长焰煤、粒级煤、选煤、洗精煤等,在此不赘述。

1.2.3.3 煤的综合利用

作为主要的能源物质,煤在各方面都发挥着极其重要的作用。煤是一种复杂的、多样化的物质,其综合利用包括:煤的干馏——干馏过程是将煤隔绝空气加强热,干馏出焦炭、煤焦油、焦炉气、粗氨水、粗苯等,以至充分利用;煤的汽化——汽化是把煤中有机物转化为可燃气体的过程,主要反应是碳和水蒸气的反应;煤的液化——液化是把煤转化成液体燃料的过程,是在高温高压下煤和氢气作用生成液体燃料的过程,液化过程分为直接液化和间接液化,直接液化是指煤在高温高压下加氢催化裂化,转变成油料产品,而间接液化就是先使煤转化为一氧化碳和氢气,然后在高温、高压以及催化剂的作用下生成液态烃、甲醇等有机物。图 1.2 显示了煤炭综合利用的系统图。

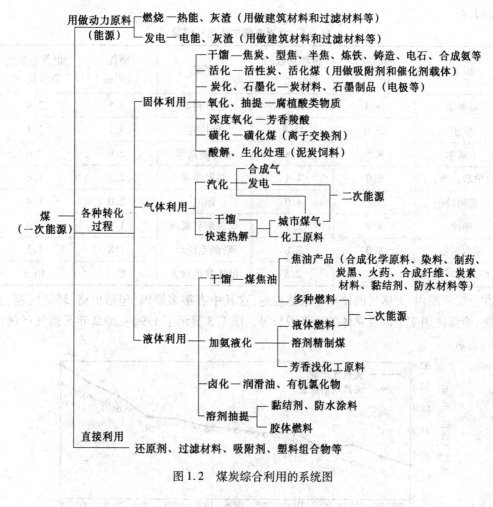

图 1.2 煤炭综合利用的系统图

1.3 非传统化石能源

1.3.1 天 然 气

天然气于 1659 年就开始使用,直到第二次世界大战以后才逐渐取代煤成为主要能源。广义上说,天然气是指自然界中天然存在的一切气体,包括大气圈、水圈、生物圈和岩石圈中各种自然过程形成的气体。而人们长期以来通用的"天然气"的定义,则是从能量角度出发的狭义定义,指天然蕴藏于地层中的烃类和非烃类气体的混合物,主要存在于油田气、气田气、煤层气、泥火山气和生物生成气中。中国人几千年前就开始使用天然气,早期天然气被用于点街灯,以及贵族的府邸。在全球主要能源消耗中天然气的增长速度最快。从 2001 年至 2025 年,预计天然气消耗的年平均增长率为 2.8%,而石油和煤分别为 1.8% 和 1.5%。

天然气是多组分的混合气体,主要成分是烷烃,其中甲烷占绝大多数(80%),另有少量的乙烷(7%)、丙烷(6%)、丁烷(4%)和戊烷(3%),此外一般还含有硫化氢、二氧化碳、氮和水汽,以及微量的惰性气体,如氦和氩等。天然气普遍存在于全世界,已探明的天然气储量在全世界范围内呈不规则分布,储量最丰富的是中东(41%)和前苏联(27%),全球天然气储量分布如表1.4。

表1.4　世界各国的天然气储量

国家	储备/$(10^{13}m^3)$	世界总数的百分比/%	国家	储备/$(10^{13}m^3)$	世界总数的百分比/%
俄罗斯	48.1	33.0	尼日利亚	3.5	2.4
伊朗	23.0	15.8	伊拉克	3.1	2.1
卡塔尔	8.5	5.8	土库曼斯坦	2.9	2.0
阿拉伯联合酋长国	6.0	4.1	马来西亚	2.3	1.6
沙特阿拉伯	5.8	4.0	印尼	2.0	1.4
美国	4.7	3.3	乌兹别克斯坦	1.9	1.3
委内瑞拉	4.0	2.8	哈萨克斯坦	1.8	1.3
阿尔及利亚	3.7	2.5	世界其他地方	23.8	16.5

在全球范围内,天然气的使用越来越普遍,这其中有很多原因,包括价格、环境问题、能源多样化、能源使用安全以及总体的经济增长等。图1.3显示了1990~2002年天然气产量与消耗量的关系。

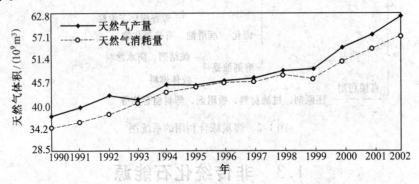

图1.3　1990~2002年天然气产量与消耗量的关系

如今天然气广泛应用于民用及商业燃气灶具、热水器、采暖及制冷,以及造纸、冶金、采石、陶瓷、玻璃等行业,也用于发电、废料焚烧及干燥脱水处理。高效能的天然气燃烧炉可以将90%的天然气转化为热量。天然气汽车的CO、NO_x和碳氢化合物排放水平都大大低于汽油、柴油发动机汽车,不积碳,不磨损,是一种环保型汽车。

无论是从改善公众健康情况和环境问题角度考虑,还是加快能源型汽车的转变,天然气汽车(Natural Gas Vehicles,NGVs)都是首选。与传统的柴油型汽车和石油型汽车相比,天然气汽车所释放出来的有害气体(如氮氧化合物、颗粒物质和其他致癌物质等)较少,天然气汽车同样能减少CO_2的释放量。氢能燃料汽车会是将来汽车市场的主导,天然气汽车的研究与一些基础设施的发展会加速此转变过程,使之更为便利的实现。尽管石油和压缩天然气(Compressed Natural Gas,CNG)的单位体积能量密度相差甚大,但是这并不影响压缩天然气的使用,天然气汽车的优点如下:

(1)CNG性能良好,辛烷值高,抗爆性好,在汽油机上应用时可适当增加发动机压缩比和点火提前角。

　　(2)使用安全性能优良,因纯 CNG 的成分是甲烷,自燃温度比汽油高;在空气中可燃范围下限值比汽油高 4%,CNG 同时又是一种高燃点的轻质气体,在常温常压下比空气轻,其密度约为空气的一半,泄露后很容易扩散,不至于达到燃烧下限值。因此使用天然气比汽油安全。

　　(3)CNG 具有优良的使用安全性,CNG 储气瓶一般耐压 20~25 MPa,在生产过程、选材、制造等各工序中都保持了较大的保险系数,并通过耐压、撞击、枪击、耐火、水力破坏等性能测试,确保万无一失。据国内外统计,尚无一辆天然气汽车由于天然气的燃烧或气瓶爆炸出现事故。

　　(4)可提高天然气汽车的可靠性及使用寿命。CNG 价格一般比汽油和柴油低,因此使用天然气汽车可节约燃料费;CNG 在汽缸中的燃烧属无爆震燃烧,故润滑油膜不易破坏,润滑良好,有关零部件免受爆震、冲击负荷,且燃烧安全,很少有固体微粒产生,因此减少了汽缸等运动件的磨损,提高了天然气汽车的可靠性及使用寿命。

　　(5)技术实现手段经济。当今世界上降低排放的技术有电喷、电控、排气再循环、三元催化、多气门、稀薄燃烧等,对于我国目前的工业水平和经济能力,不可能很快实现这些措施,而采用气体燃料,只需要换很少的零部件,改装费用低,是降低排放技术中最简便、最实用、最经济的一种。

1.3.2　焦 油 砂

　　焦油砂亦称油砂,是一种黏土、水、石油和沥青的混合物,是一种胶状的黑色物质,可以用来产生液体燃料。焦油砂具有沥青的性质,由于接近表面因此焦油砂中混合了大量的沙土。焦油砂占据了世界石油储量的 66%,主要分布在加拿大。约两吨的油砂才能提炼出一桶原油,油砂含油量约占本身两成左右。为了分离较重的泥沙,焦油砂在开采的过程中会使用大量的水,然后使用特殊的精炼过程以去除其中高含量的硫(一般原油中硫含量为 3%~5%)及其他物质,这个过程仍需要耗费大量的能量和水。

1.4　可再生能源

　　受 20 世纪 70 年代石油危机的影响,美国自 70 年代后期开始加强可再生能源开发和节能工作。可再生能源是一种洁净的、取之不尽的能源,如氢能、核能等。最重要的是在使用可再生能源的过程中,减少传统能源的使用在一定程度上能够减少 CO_2 以及其他污染物的排放量。不会造成社会、经济以及环境污染问题。

　　可再生能源物质(Renewable Energy Sources, RES)主要包括以下 6 种:生物质、水能、地热能、风能、海洋能以及太阳能。生物质指的地球上所有的植物、树木以及有机物。水能是由于全球气候及地形不同而产生的。地热能是指地壳深处的热量,一般用于发电。气候和地理因素等自然条件引起了风能,海洋能来源于海洋,而太阳能直接来源于太阳。

　　目前,可再生能源的使用已成为人们的共识,2008 年至 2009 年,全球风电装机容量增长 70%,太阳能发电(光伏)增长幅度更大,高达 190%。可再生资源投资总额从 2007 年的 1 000 亿美元增长到 2009 年的 1 500 多亿美元。2009 年,中国增加了 37 GW 的可再生能源,可再生能源总装机容量达到 226 GW,相当于英国高峰耗电总容量的四倍,整个非洲耗电总容量的两倍;在欧洲和美国,2009 年新增电力装机容量的一半以上都来自于可再生能源。在发展中国家,3 000 多万家庭用沼气烹饪和照明。超过 1.6 亿户家庭使用改良过的生物质能炉具,这种炉具不但能源效率高,而且产生的温室气体和其他污染物更少。全球有 7 000 万家庭在使用太阳能热水器。表 1.5 列举了欧盟委员会为欧盟 27 个成员国设定了至 2020 年可再生能源目标。

表 1.5 欧盟委员会为欧盟 27 个成员国设定了至 2020 年可再生能源目标

欧盟成员国	2005 年可再生能源所占比例/%	2020 年可再生能源所占比例/%	欧盟成员国	2005 年可再生能源所占比例/%	2020 年可再生能源所占比例/%
瑞典	39.8	49	希腊	6.9	18
拉脱维亚	34.9	42	意大利	5.2	17
芬兰	28.5	28	保加利亚	9.4	16
奥地利	23.3	34	爱尔兰	3.1	16
葡萄牙	20.5	31	英国	1.3	15
丹麦	17.0	30	波兰	7.2	15
爱沙尼亚	18.0	25	荷兰	2.4	14
斯洛伐克	16.0	25	斯洛伐克	6.7	14
罗马尼亚	17.8	24	比利时	2.2	13
立陶宛	15.0	23	塞浦路斯	2.9	13
法国	10.3	23	捷克	6.1	13
西班牙	8.7	20	匈牙利	4.3	13
德国	5.8	18	卢森堡	0.9	11
马耳他	0.0	10	欧盟 27 国	8.5	20

1.4.1 生物质能

1.4.1.1 概 述

生物质被认为是代替传统化石能源的可再生能源中潜力最大的能源,大部分的生物质来源于木质废弃物(64%)、复合型固体废弃物(24%)、农业废弃物(5%)以及垃圾填埋场产生的废气(5%)。

生物质能是太阳能以化学能形式贮存在生物质体内的一种能量形式,它以生物质为载体,直接或间接地来源于植物的光合作用。生物质能是唯一的可再生碳源,是绿色植物将太阳能转化为化学能而储存在生物质内部的能量,大部分的生物质由半纤维素、纤维素、木质素以及少部分的有机物组成。

1.4.1.2 生物质能的特点

(1)可再生

生物质能由于通过植物的光合作用可以再生,与风能、太阳能等同属可再生能源,资源丰富,可保证能源的永续利用。但是,如果利用超过其再生量(生长量、固定量),就会造成资源枯竭,因而可再生的前提是通过种植林木、草等措施填补利用掉的部分。

（2）低污染

生物质的硫、氮含量低，燃烧过程中生成的 SO_x、NO_x 较少，在利用转化过程中可以减少硫化物、氮化物和粉尘的排放；生物质生长过程中吸收大量的 CO_2 气体，燃烧过程排放的 CO_2 气体与吸收的相当，转化过程中排放的 CO_2 量等于生长过程中吸收的量，因而对大气的二氧化碳净排放量近似于零，可有效地减轻温室效应；由此看来，生物质能作为能源资源比石油、煤炭、天然气等燃料，在生态环境保护方面具有更大的优越性。

（3）分布广泛且总量丰富

生物质能分布广泛，从南极到北极，从海洋到陆地，从平原到高山，到处都有生物质能的分布。生物质能一直是人类赖以生存的重要能源之一，就其能源当量而言，是仅次于煤油、石油和天然气的第四位的能源。根据生物学家估算，地球陆地每年生产 1 000 ~ 1 250 亿 t 生物质，海洋年生产 500 亿 t 生物质。生物质能源的年生产量远远超过全世界总能源需求量，相当于目前世界总能耗的 10 倍。随着农林业的发展，特别是炭薪林的推广，生物质资源还将越来越多。

（4）可储存性与替代性

生物质能源是唯一可以储存与运输的可再生能源，这给其加工转换和连续使用带来一定的方便。同时，将液体或气体燃料运用于已有的石油、煤炭动力系统之中也是可能的。

1.4.1.3 生物质能的使用

生物质能是人类利用最早的能源之一，其使用范围广泛，包括发电、家庭取暖、给汽车供电以及工业用电等。传统使用生物质的技术可分为四个范畴：直接燃烧、热化学过程、生物化学方面以及农业化肥方面。热化学转化过程还可以继续分为汽化、热解、直接液化和超临界液化。生物质的使用主要有三个途径：燃烧供热、发电以及转变为如甲烷、氢气和一氧化碳或者转化为液体燃料。液体燃料又称为生物燃料，主要有两种醇类物质：乙醇和甲醇。由于生物质可以直接转化为液体燃料，因此在将来的某一天，生物质可以直接运用到我们的运输行业中，如汽车、卡车、公交车、飞机和火车等。

（1）直接燃烧

生物质燃烧技术是将生物质原料直接送入燃烧设备燃烧，利用燃烧过程中放出的热量加热介质以产生蒸汽用于供热或发电。这是最早采用的一种生物质开发利用方式，可以最快速度地实现各种生物质资源的大规模无害化、资源化利用，成本较低，因而具有良好的经济性和开发潜力。直接燃烧主要包括炉灶燃烧、锅炉燃烧、压缩成型燃料、联合燃烧等。该方法的缺点在于生物质燃烧过程的生物质能的净转化率在 20% ~ 40% 之间。

（2）热化学转化

热化学转化技术主要包括干馏技术、生物质汽化技术及热裂解技术等。干馏是把生物质转变成热值较高的可燃气、固定碳、木焦油等物质。可燃气含 CH_4、C_2H_6、H_2、CO、CO_2 等，可做生活燃气或工业用气，而木焦油是国际紧俏产品。生物质汽化是在高温条件下，利用部分氧化法，使有机物转化成可燃气体的过程。产生的气体可直接作为燃料，用于发动机、锅炉、民用炉灶等场合。目前研究的主要用途是利用汽化发电和合成甲醇以及产生蒸汽。生物质热解是指在隔绝空气的条件下将生物质原料加热裂解的过程；生物质的热解与汽化技术最大区别在于是否有氧化剂参与反应。

（3）生物化学转化

生化转化主要包括厌氧消化技术和酶技术。厌氧消化是利用厌氧微生物在缺氧的情况下

将生物质转化为 CH_4、CO 等可燃气体,同时得到效果很好的、可用做农田肥料的厌氧发酵残留物。厌氧发酵生产 CH_4 是比较成熟的技术,并且在生产过程没有能源消耗。酶技术是指利用微生物体内的酶分解生物质,生成液体燃料,如乙醇、甲醇等。利用生物发酵或酸水解技术,在一定条件下,可将生物质转化加工成乙醇,供汽车和其他工业使用。

1.4.1.4　生物质的利用现状

"现代生物质"的术语一般用来描述传统生物质的使用效率和清洁燃烧技术以及生物质的持续稳定供应、环境友好型燃料等。乙醇、生物柴油以及合成的柴油都是用在运输方面的生物质燃料。

我国政府对生物能源的开发利用高度重视。2006 年出台的《国家中长期科学和技术发展规划纲要》和 2007 年出台的《生物产业发展规划纲要》都将生物能源的研究开发列为重点;"十一五"期间,国家对生物质开发设立专项,累计投入在 8 亿元以上。2007 年 9 月中国政府专门发布了《可再生能源中长期发展规划》,将生物能源确立为可再生能源的重要组成部分,制定了到 2020 年我国生物能源的具体发展目标。

由于氢气不是一次能源,所以它必须通过化石能源或非化石能源的方式制取。广泛使用氢气能够改善全球气候、提高能源效率以及空气质量等。表 1.6 给出了能够转化成氢气的生物质以及其转化过程。氢能能够解决两个问题:① 减少对化石能源如石油等的依赖;② 减少温室气体的排放量。

表 1.6　能够转化成氢气的生物质以及其转化过程

生物质种类	转换过程	生物质种类	转换过程
干果壳	蒸汽汽化	城市固体废物	超临界水提取
橄榄壳	热解	粮作物残留	超临界流体萃取
茶废物	热解	纸浆及废纸	微生物发酵
农作物秸秆	热解	石油塑胶废料	超临界流体萃取
(造纸厂等工厂排放的)黑液	蒸汽汽化	肥料泥浆	微生物发酵

目前氢气比传统能源贵,但是已经有许多技术能够将生物质转化为氢气,由于生物制氢技术能够利用可再生的资源,因此将来会占据一个很大市场份额。

生物制氢技术具有很多范畴,包括直接生物光解作用、间接生物光解作用、光发酵作用以及暗发酵作用等,生物制氢过程相比之下具有环境友好性,整个过程中所耗费的能源也相对较少。研究人员在 20 世纪 80 年代就已经开始研究厌氧微生物厌氧发酵生物制氢过程。

一共有三种微生物能够制取氢气:蓝细菌、光合细菌以及发酵细菌。蓝细菌在光照条件下通过光解作用直接将水分解成为氢气以及氧气。光合细菌用有机底物如有机酸,厌氧细菌用有机底物作为电子和能源的唯一供体并将其转化为氢气。通过调节温度、pH 值、反应器的水力停留时间(Hydraulic Residence Time, HRT)以及其他条件可以使 Clostridia 等菌株利用底物生成氢气。

微生物(如绿藻、蓝细菌等)能够通过发酵有机化合物、光分解(光合细菌)等作用制得氢气。能否成功地将生物质转化为氢气,这在很大一部分程度上与所选用的底物原料有关。细菌以糖类物质作为底物进行发酵制氢也已经在许多实验中得到了验证,在这个制氢过程中已糖浓度对产氢量的影响大于 HRT 对产氢量的影响,在反应器运行过程中絮凝剂同样起到了影响作用。

1.4.2 水 能

河水以及蒸汽中的水都可以转化为水能,水能是一种可再生能源,或称为水力发电,是运用水的势能和动能转换成电能的方式。广义的水能资源包括河流水能、潮汐水能、波浪能、海流能等能量资源;狭义的水能是指河流水能。人们目前最易开发和利用的比较成熟的水能也是河流能源。水能目前提供了全世界 17% 的供电量,几乎整个挪威以及世界上 40% 的发展中国家都使用水能发电。

水电能是目前最重要的清洁、经济、可再生能源,可以从水中获得,然而在未来的发展中,无论从能源供应上还是从水资源的发展上看,水电能都将扮演着越来越重要的角色。其优点主要在于成本低、可连续再生、无污染,具体详述如下:

(1)水力是可以再生的能源,能年复一年地循环使用,而煤碳、石油、天然气都是消耗性的能源,逐年开采,剩余的越来越少,甚至完全枯竭。

(2)水能用的是不花钱的燃料,发电成本低,积累多,投资回收快,大中型水电站一般 3～5 年就可收回全部投资。

(3)水电站一般都有防洪、航运、养殖、美化环境、旅游等综合经济效益。

(4)水电投资跟火电投资差不多,施工工期也并不长,属于短期近利工程。其操作、管理人员少,一般不到火电人员的 1/3。

(5)有关工程同时改善该地区的交通、电力供应和经济,特别可以发展旅游业及水产养殖。比如美国田纳西河的综合发展计划,是首个大型的水利工程,带动着整体的经济发展。

当然水电也不可避免地存在着一些缺点,比如水能分布受水文、气候、地貌等自然条件的限制大,容易被地形、气候等多方面的因素所影响。而且水电利用的时候会带来不可避免的生态破坏,如大坝以下水流侵蚀加剧,河流的变化及对动植物的影响等。不过,这些负面影响是可预见并可减小的。降水季节雨量变化大的地区,少雨季节发电量少甚至停发电也是需要考虑的问题。

目前对于中型水电站并没有一致且通用的定义,大部分国家都将 10 MW 看做是普遍能接受的装机容量值,如果系统的总装机容量大于 10 MW,就被认为是"大水电系统"(Demirbas)。中型水电站还能继续细分为小型水电站(装机容量小于 500 kW)以及微水电站(装机容量小于 100 kW)。

我国在 20 世纪 50 年代,一般称 500 kW 以下的水电站为农村水电站;到 60 年代,小水电站的容量界限到 3 000 kW,并在一些地区出现了小型供电线路;80 年代以后,随着以小水电为主的农村电汽化计划的实施,小水电的建设规模迅速扩大,小电站定义也扩大到 25 000 kW;90 年代以后,国家计委、水利部进一步明确装机容量 50 000 kW 以下的水电站均可享受小水电的优惠政策,并出现了一些容量为几万至几十万千伏安的地方电网。

1.4.3 地 热 能

2011 年世界自然基金会《能源报告》还对地热能、海洋能发电、水电等进行了分析预测,认为到 2050 年,超过三分之一的建筑采暖来自地热源。地热能是来自地球深处的可再生热能。

它起源于地球的熔融岩浆和放射性物质的衰变。地热能是指其储量比目前人们所利用的总量多很多倍,而且集中分布在构造板块边缘一带,该区域也是火山和地震多发区。如果热量提取的速度不超过补充的速度,那么地热能便是可再生的。一般把高于150 ℃的称为高温地热,主要用于发电。低于此温度的叫中低温地热,通常直接用于采暖、工农业加温、水产养殖及医疗和洗浴等。

20 世纪 70 年代初以来,由于能源短缺,地热能作为一种具有广阔开发前景的新能源日益受到关注。地热能除了用于发电之外,更为大量地直接用于采暖、制冷、医疗洗浴和各种形式的工农业用热,以及水产养殖等。与地热发电相比,地热能的直接利用有三大优点:

(1)开发时间短得多,且投资也远比地热发电少。

(2)热能利用效率高达 50% ~ 70%,比传统地热发电 5% ~ 20% 的热能利用效率高出很多。

(3)地热直接利用时的应用范围远比地热发电广泛,既可利用高温地热资源也可利用中低温地热资源。当然,地热能直接利用也受到热水分布区域的限制,因为地热蒸汽与热水难以远距离输送。

在世界上 80 多个直接利用地热的国家中,中国直接利用热地装置采热的能力已经位居全球第一。鉴于西藏自治区居全国之首的地热资源,西藏有着开发利用地热的广阔前景。

1.4.4　风　　能

1.4.4.1　概　　述

人类利用风能的历史可以追溯到公元前,但数千年来,风能技术发展缓慢,没有引起人们足够的重视。但自 1973 年世界石油危机以来,在常规能源告急和全球生态环境恶化的双重压力下,风能作为新能源的一部分才重新有了长足的发展。长久以来风能都用来谷物碾磨以及带动抽水泵运动。20 世纪 80 年代后,随着空气动力学、材料、设计、控制以及计算机等的发展,风能技术也获得了快速发展。

风是地球上的一种自然现象,它是由太阳辐射热引起的。太阳照射到地球表面,地球表面各处受热不同,产生温差,从而引起大气的对流运动形成风。全球的风能约为 2.74×10^9 MW,其中可利用的风能为 2×10^7 MW,比地球上可开发利用的水能总量还要大 10 倍。

风能是一种重要的资源,它安全、清洁,而且储量丰富。由于它来自自然世界,因此它是可以永远获取,永不枯竭的。如果将风能代替化石能源,还能缓和温室效应。特别是对沿海岛屿,交通不便的边远山区,地广人稀的草原牧场,以及远离电网和近期内电网还难以达到的农村、边疆,作为解决生产和生活能源的一种可靠途径,有着十分重要的意义。即使在发达国家,风能作为一种高效清洁的新能源也日益受到重视。

但是风能不可避免地具有不可测的缺点:想用电时不刮风,不想用电时风不停。但对于这些问题,已经有可行的解决的办法:

(1)把风力发电整合入传统能源的体系中,当风力不足时由传统能源补充。

(2)在广大的区域建立风力发电网,当一个地区没有风时,可以由刮风的地区供电。而当今计算机的发达,又使上述两种系统的复杂调节成为可能。

1.4.4.2　风力发电的原理

利用风力带动风车叶片旋转,再透过增速机将旋转的速度提升,来促使发电机发电。依据目前的风车技术,大约是 3 m/s 的微风速度(微风的程度),便可以开始发电。风力发电正在世界上形成一股热潮,因为风力发电没有燃料问题,也不会产生辐射或空气污染。

小型风力发电系统效率很高,但它不是只由一个发电机头组成的,而是一个有一定科技含量的小系统:风力发电机+充电器+数字逆变器。风力发电机由机头、转体、尾翼、叶片组成,各部分功能为:叶片用来接受风力并通过机头转为电能;尾翼使叶片始终对着来风的方向从而获得最大的风能;转体能使机头灵活地转动以实现尾翼调整方向的功能;机头的转子是永磁体,定子绕组切割磁力线产生电能。

1.4.4.3　风能发展现状

中国的地理与气候条件,为发展风力发电提供了天然优势,我国地域广阔,大部处于季风气候区,东南沿海及其附近岛屿是风能资源丰富地区,有效风能密度大于或等于 200 W/m² 的等值线平行于海岸线;沿海岛屿有效风能密度在 300 W/m² 以上,全年中风速大于或等于 3 m/s 的时数约为 7 000 ~ 8 000 h,大于或等于 6 m/s 的时数为 4 000 h;云南、贵州、四川、甘肃、陕西南部、河南、湖南西部、福建、广东、广西的山区及新疆塔里木盆地和西藏的雅鲁藏布江,为风能资源贫乏地区,有效风能密度在 50 W/m² 以下,全年中风速大于和等于 3 m/s 的时数在 2 000 h 以下,全年中风速大于和等于 6 m/s 的时数在 150 h 以下,风能潜力很低;黑龙江、吉林东部、河北北部及辽东半岛的有效风能密度在 200 W/m² 以上,全年中风速大于和等于 3 m/s 的时数为 5 000 h,全年中风速大于和等于 6 m/s 的时数为 3 000 h。青藏高原北部有效风能密度在 150 ~ 200 W/m² 之间,全年风速大于和等于 3 m/s 的时数为 4 000 ~ 5 000 h,全年风速大于和等于 6 m/s 的时数为 3 000 h;新疆北部、甘肃北部和内蒙古的有效风能密度为 200 ~ 300 W/m²,全年中风速大于或等于 3 m/s 的时数为 5 000 h 以上,全年中风速大于或等于 6 m/s 的时数为 3 000 h 以上。目前,我国风能机组的产量和风能建设,都处于国际领先行列。

目前,风力发电在发达国家(特别是环境法律森严的欧洲国家)发展较快。除了技术的因素外,主要是因为这些国家对于能源产生的环境损害能够有效计价,同时国家对再生能源有相当的补贴。但是,国家补贴并不是风力发电崛起的根本原因。

风力发电为偏远贫困地区的能源供应提供了良好的解决方案。由于风力发电不需要建造庞大的基础设施,只需竖立起几个"风车",就可解决问题,操作和维修费用都比传统的能源低。也正因为如此,联合国把推广风力发电技术作为帮助第三世界发展经济的有力手段,希望借此解决第三世界农村的贫困问题。

风电目前占全球电力需求的 2%,而在丹麦,风能发电占国内总发电量的 1/5。全球风电装机容量在过去 4 年间增加了一倍多,如果持续现在的增长速度,那么到 2050 年时,风电可以满足世界用电需求的 1/4。当然要实现这个目标,还需要安装 100 万台陆上风机涡轮机和 10 万台海上风机。尽管风电场对景观有十分明显的影响,但是如果认真规划的话,它们对环境的影响是微乎其微的。在农田上安装风机,大部分土地仍可继续用于农业(例如放牧或耕种)。无论是发展陆上或者海上的风电项目,只要审慎规划,就可以把对海洋生物和鸟类的影响降低到最小。

1.4.5 海 洋 能

1.4.5.1 概　述

海洋能指蕴藏于海水中的各种可再生能源,包括潮汐能、潮流能、波浪能、海流能、海水温差能、海水盐度差能等,潮汐能和潮流能源自月球、太阳和其他星球引力,其他海洋能均源自太阳辐射。海水温差能是一种热能。低纬度的海面水温较高,与深层水形成温度差,可产生热交换。其能量与温差的大小和热交换水量成正比。潮汐能、潮流能、海流能、波浪能都是机械能。这些能源都具有可再生性和不污染环境等优点,是一项亟待开发利用的具有战略意义的新能源,海洋能有三个显著特点:

(1)海洋能具有可再生性。海洋能来源于太阳辐射能与天体间的万有引力,只要太阳、月球等天体与地球共存,这种能源就会再生,就会取之不尽,用之不竭。

(2)海洋能在海洋总水体中的蕴藏量巨大,而单位体积、单位面积、单位长度所拥有的能量较小。也就是说,要想得到大能量,就得从大量的海水中获得。地球表面积约为 5.1×10^8 km,其中海洋面积达 3.61×10^8 km,占71%,整个海水的容积多达 1.37×10^9 km³,一望无际的汪洋大海蕴藏着巨大的能量。

(3)海洋能有较稳定与不稳定能源之分。较稳定的为温度差能、盐度差能和海流能。不稳定能源分为变化有规律与变化无规律两种。不稳定但变化有规律的有潮汐能与潮流能,既不稳定又无规律的是波浪能。人们根据潮汐潮流变化规律,编制出各地逐日逐时的潮汐与潮流预报,预测未来各个时间的潮汐大小与潮流强弱,因此潮汐电站与潮流电站可根据预报表安排发电运行。

1.4.5.2 利用现状与前景展望

现今人们对海洋能的开发利用程度仍十分低。很多海洋能至今没被利用的原因主要有经济效益差、成本较高以及一些技术问题还没有过关。尽管如此,不少国家一面组织研究解决这些问题,一面在制定宏伟的海洋能利用规划,如英国准备修建一座100万kW的波浪能发电站,美国要在东海岸建造500座海洋热能发电站等。

海洋能的利用目前还很昂贵,但在目前严重缺乏能源的沿海地区(包括岛屿),把海洋能作为一种补充能源加以利用还是可取的。从发展趋势来看,海洋能必将成为沿海国家,特别是发达的沿海国家的重要能源之一。

1.4.5.3 我国海洋能利用现状

我国是一个海洋大国,拥有300多万平方公里的海域,6 500多个500 m² 以上的岛屿,18 000 km 海岸线,海洋能储量丰富,开发潜力可观,从总体上看,我国海流能、温差能资源丰富,能量密度位于世界前列。我国从20世纪50年代开始陆续进行海洋能研究开发,经过不懈努力,我国海洋电力产业正在稳步增长,"十五"期间,我国海洋电力产业增加值的年均增长速度为16%左右,2009年沿海风力发电和潮汐能发电全年实现增加值12亿元,比上年增长25.2%。我国海洋能开发在技术方面的特点是研发起步虽然有些晚,但已经拥有部分成熟技术,个别技术在国际上还具有一定影响,但存在的问题主要集中在技术方面发展不全面,对温差能、盐差能涉及很少;能量转换和能量稳定方面的关键技术亟待突破;已有技术的实用转换率不高,商业开发还需时日。

1.4.6 太 阳 能

1.4.6.1 概　述

在太阳内部进行的由"氢"聚变成"氦"的原子核反应,不停地释放出巨大的能量,并不断向宇宙空间辐射能量,这种能量就是太阳能。广义上的太阳能是地球上许多能量的来源,如风能、化学能、水的势能等。狭义的太阳能则限于太阳辐射能的光热、光电和光化学的直接转换。太阳能具有许多优点,如:

(1)普遍。太阳光普照大地,没有地域的限制,无论陆地或海洋,无论高山或岛屿,都处处皆有,可直接开发和利用,无需开采和运输。

(2)巨大。每年到达地球表面上的太阳辐射能约相当于130万亿t标准煤,其总量属现今世界上可以开发的最大能源。

(3)无害。只要有阳光,太阳能电池板就能产生电流,直接把光能转换成电能,没有传动部件,没有噪声,不经过任何中间步骤,所以发电过程中不会产生任何污染废弃物。

(4)长久。根据目前太阳产生的核能速率估算,氢的贮量足够维持上百亿年,而地球的寿命也约为几十亿年,从这个意义上讲,可以说太阳的能量是用之不竭的。

越来越多的国家认识到一个能够持续发展的社会应该是一个既能满足社会需要,又不危及后代人前途的社会。因此,用洁净能源代替高含碳量的矿物能源,是能源建设应该遵循的原则。我国是世界上最大的煤炭生产国和消费国,煤炭约占商品能源消费结构的76%,已成为我国大气污染的主要来源。大力开发新能源和可再生能源的利用技术将成为减少环境污染的重要措施。但是目前为止,太阳能仍然不可避免地存在一些缺点:

(1)分散性。到达地球表面的太阳辐射的总量尽管很大,但是能流密度很低。在垂直于太阳光方向1平方米面积上接收到的太阳能平均有1 000 W左右;若按全年日夜平均,则只有200 W左右。而在冬季大致只有一半,阴天一般只有1/5左右,这样的能流密度非常低。

(2)不稳定性。由于受到昼夜、季节、地理纬度和海拔高度等自然条件的限制以及阴、晴、云、雨等随机因素的影响,到达某一地面的太阳辐照度既是间断的,又是极不稳定的,这给太阳能的大规模应用增加了难度。

(3)效率低和成本高。目前太阳能利用的发展水平,因为效率偏低,成本较高,总的来说,经济性还不能与常规能源相竞争。

1.4.6.2 太阳能的利用

就目前来说,人类直接利用太阳能还处于初级阶段,主要有太阳能集热、太阳能热水系统、太阳能暖房、太阳能发电等方式。

(1)太阳能热水系统。早期最广泛的太阳能应用是将水加热,现今全世界已有数百万太阳能热水装置。太阳能热水系统主要元件包括收集器、储存装置及循环管路三部分。此外,可能还有辅助的能源装置(如电热器等)以供应无日照时使用。

(2)太阳能集热器。太阳能热水器装置通常包括太阳能集热器、储水箱、管道及抽水泵其他部件。另外在冬天需要热交换器和膨胀槽以及发电装置以备电厂不能供电之需。

(3)太阳能发电。即直接将太阳能转变成电能,并将电能存储在电容器中,以备需要时使用。

1.4.6.3 太阳能应用现状

2006 年德国世界杯足球赛场凯泽斯劳滕足球场,其屋顶是一个 1 MW 的太阳能光伏电站,这是目前世界最大的足球场太阳能屋顶发电工程,也是德国世界杯一个重要的绿色环保项目,这些太阳能电池板就是由中国公司提供的。

近些年来,国内光伏发电的市场发展迅速,我们的产业目前靠国际市场和产业政策拉动。2005 年全世界总的太阳能电池生产量是 1 800 MW,中国这一年,生产了 145.7 MW。但是在国内的销售只有 5 MW 左右,所占比例不到 4%,其余 96% 的太阳能电池出口到了国外市场,这就出现了一个产业和市场分离的现象。建议政府制定太阳能推广长远规划,尽快实施太阳能屋顶计划,结合西部地区实际,采取风光互补、小水电与太阳能互补,户外光伏电源系统、太阳能路灯、太阳能与建筑结合等多种形式,综合开发应用太阳能。

对于发展中国家来说,由于大多数处于光照充足的区域,太阳能是非常重要的能源,可以在乡村、岛屿和其他"离网"的偏远地区发电。但是太阳能最明显的缺点是供电波动。光伏电池天黑以后就无法运行,阴雨天效能大大降低,因此储能技术需要不断改进,如果太阳能聚热发电系统能够以热能形式储存能量长达 15 h,就可以用来生产电力。

1.4.7 氢　能

1.4.7.1 概　述

氢能是氢的化学能,氢在地球上主要以化合态的形式出现,是宇宙中分布最广泛的物质,它构成了宇宙质量的 75%。由于氢气必须从水、化石燃料等含氢物质中制得,因此是二次能源。工业上生产氢的方式很多,常见的有水电解制氢、煤炭汽化制氢、重油及天然气水蒸气催化转化制氢等。

氢能被视为 21 世纪最具发展潜力的清洁能源,人类对氢能应用自 200 年前就产生了兴趣,到 20 世纪 70 年代以来,世界上许多国家和地区就广泛开展了氢能研究。目前,氢能技术在美国、日本、欧盟等国家和地区已进入系统实施阶段。

1.4.7.2 氢能的特点

氢能具有许多优点,包括资源丰富、燃烧热值高、环保、可储存、可再生、安全的能源等。本书第 5、6 章将详细介绍,此处不赘述。

虽然氢能是一种理想的新的含能体能源。目前液氢已广泛用作航天动力的燃料,但氢能的大规模的商业应用还有待解决以下关键问题:

(1)廉价的制氢技术:因为氢是一种二次能源,它的制取不但需要消耗大量的能量,而且目前制氢效率很低,因此,寻求大规模的廉价的制氢技术是各国科学家共同关心的问题。

(2)安全可靠的贮氢和输氢方法:由于氢易汽化、着火、爆炸,因此如何妥善解决氢能的贮存和运输问题也就成为开发氢能的关键。

1.4.7.3 氢能发展现状与利用前景

氢能被视为 21 世纪最具发展潜力的清洁能源,20 世纪 70 年代以来,世界上许多国家和地区就广泛开展了氢能研究。

1970 年美国通用汽车公司的技术研究中心就提出了"氢经济"的概念。1976 年美国斯坦福研究院就开展了氢经济的可行性研究。20 世纪 90 年代中期以来,持久的城市空气污染、对较低或零废气排放的交通工具的需求、减少对外国石油进口的需要、CO_2 排放和全球气候变化、储存可再生电能供应的需求等多种因素增加了氢能经济的吸引力。

中国对氢能的研究与发展可以追溯到 20 世纪 60 年代初,中国科学家为发展本国的航天事业,对作为火箭燃料的液氢的生产、H_2/O_2 燃料电池的研制与开发进行了大量而有效的工作。从 20 世纪 70 年代开始将氢作为能源载体和新的能源系统进行开发。现在为进一步开发氢能,推动氢能利用的发展,氢能技术已被列入《科技发展"十五"计划和 2015 年远景规划(能源领域)》。

1.4.8 其他可再生能源

1.4.8.1 核 能

核能是核裂变能的简称,是通过转化其质量从原子核释放的能量。核能的获得途径主要有重核裂变与轻核聚变。核聚变要比核裂变释放出更多的能量。被人们所熟悉的原子弹、核电站、核反应堆等都利用了核裂变的原理。只是实现核聚变的条件要求的较高,即需要使氢核处于几千万度以上的高温才能使相当的核具有动能实现聚合反应。

(1)核能发电优点

①核能发电不像化石燃料发电时那样排放污染物质到大气中,不会产生加重地球温室效应的 CO_2,不会造成空气污染。

②核能发电所使用的铀燃料,除了发电外,没有其他的用途。

③核燃料能量密度比起化石燃料高几百万倍,故核能电厂所使用的燃料体积小,运输与储存都很方便,一座 1 MW 的核能电厂一年只需要用 30 t 的铀燃料,一航次的飞机就可以完成运送。

④核能发电的成本中,燃料费用所占的比例较低,核能发电的成本不易受到国际经济形势影响,故发电成本较其他发电方法相对稳定。

(2)核能发电缺点

①核电厂的反应器内有大量的放射性物质,如果在事故中释放到外界环境,会对生态及民众造成伤害。

②核能电厂产生的高低阶放射性废料以及使用过的核燃料具有放射线,其最终处理技术尚未完全解决,因此必须慎重处理,且需面对相当大的政治困扰。

③核能电厂投资成本太大,电力公司的投资风险较大,且反应堆的安全问题尚需不断监控及改进。

④兴建核电厂较易引发政治意见纷争。

1.4.8.2 可 燃 冰

可燃冰学名叫天然气水合物,主要成分是甲烷,因此也常称为"甲烷水合物",可燃冰可以看成是高度压缩的固态天然气,在常温常压下它会分解成水与甲烷。从微观上看可燃冰的分子结构就像一个个"笼子",由若干水分子组成一个笼子,每个笼子里"关"一个气体分子。目前可燃冰主要分布在东、西太平洋和大西洋西部边缘,是一种极具发展潜力的新能源,但由于开采困难,海底可燃冰至今仍原封不动地保存在海底和永久冻土层内。科学家估计,海底可燃冰分布的范围约占海洋总面积的 10%,相当于 4 000 万平方千米,是迄今为止海底最具价值的矿产资源,足够人类使用 1 000 年。

1.4.8.3　海洋渗透能

　　如果有两种盐溶液,其中一种溶液中盐的浓度高,另一种溶液的浓度低,那么把两种溶液放在一起并用一种渗透膜隔离后,就会产生渗透压,水就会从浓度低的溶液流向浓度高的溶液。江河里流动的是淡水,而海洋中存在的是咸水,两者也存在一定的浓度差,在江河的入海口,淡水的水压比海水的水压高,如果在入海口放置一个涡轮发电机,淡水和海水之间的渗透压就可以推动涡轮机来发电。这样的能量就称为海洋渗透能,是一种十分环保的绿色能源,它既不产生垃圾,也没有 CO_2 的排放,更不依赖天气的状况。而在盐分浓度更大的水域里,渗透发电厂的发电效能会更好,比如死海、地中海、我国盐城市的大盐湖、美国的大盐湖。当然前提是发电厂附近必须有淡水的供给。据挪威能源集团的负责人巴德·米克尔森估计,利用海洋渗透能发电,全球范围内年度发电量可以达到 16 000 亿 $kW \cdot h$。

第2章 生物质能源

本章提要 生物质是指非化石和可生物降解的有机物质。生物质能是世界上继煤炭、石油和天然气之后的第四大能源。生物质的组成部分包括纤维素、半纤维素、木质素、脂类、蛋白质、单糖、淀粉、水、碳氢化合物、灰分和其他化合物。本章从生物质能源的化学组成、能量生产以及农作物燃料等角度出发阐述了生物质能源的优越性。

2.1 概 述

生物质是指非生物化石的和可被生物降解的有机物质,如植物、动物和微生物等,包括来自农业、林业以及工业和城市固体废物中的非化石能源部分以及可被生物降解的有机部分的产物、副产物、残留物和废弃物,还包括通过非化石有机物及可生物降解的有机物腐烂时所释放出的气体和液体。

生物质能被公认是重要的可再生能源,如太阳能能量在植物和树木生长的过程中通过光合作用储存为化学能量,可以通过直接或间接的燃烧得以释放。太阳能经光合作用变成生物质能,再经过处理变成气态氢能或液态生物柴油、甲醇之类。氢气可以直接用于燃料电池发电,生成的水被生物再一次利用生成新的生物质。由生物质能变成的液态燃料可以供给发动机输出能量及 CO_2,这些生成的 CO_2 在生物的光合作用过程中被吸收,在燃烧时生成的 CO_2 与其生长过程吸收的 CO_2 相当,因此从整体看,生物质能在利用的过程中并不排放额外的 CO_2,如图 2.1 所示。

在生物圈内,能量的流动过程有多余路径。其源头可以是日光,其最终的消失不外乎自然耗散或者是被人类利用。追踪该能量流动过程中的势或能量,是分析生物圈的有效方法之一。光合作用是一个直接从空气中捕获和收集 CO_2 的自然机制。有机体直接或者间接地通过光合作用转化太阳能,从而获得了化学能和有机碳。为了将 CO_2 转化为有机物,这些微生物进化了新陈代谢的机制。大多数用于生化生物工程战略的衍生燃料都涉及将光合产物转化为有机物的方法。目前对光合产物的利用大部分都直接用于木材、粮食

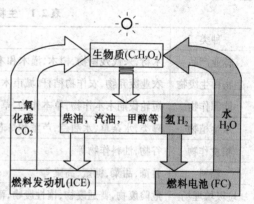

图 2.1 生物质能在能量循环中的关系

生产和饲料等。在消耗及处理过程中,会生成废弃有机材料,这些废弃物通过燃烧,高温分解产生能量或生化等过程能转换成乙醇、氢气、甲烷和异丙醇等能源物质。

所有的生物质都是绿色植物通过光合作用将太阳能转化为植物的产品。光合作用是生物质的基础过程,植物组织借此捕获转化太阳能,并将其能量储存在化学键中。光合作用是通过电化学反应将 CO_2 还原从而固定碳元素的过程,而 CO_2 的固定或还原过程都是不依靠光而独

立进行的过程。生物质的产率取决于阳光,水和各种营养元素的供应是否充足,合适的环境条件包括温度和湿度等也会影响生物质的产率。

在过去的四五十年中,人们对进行光合作用的器官和激制进行了深入的研究。光合作用是三个相互关联的一系列氧化还原反应:首先是通过水的光解作用释放出 O_2;第二步是氢原子转移到氢受体;第三步通过氢受体将 CO_2 还原成碳水化合物;光能进行光合作用所需的用于驱动对势梯度的氢原子,图 2.2 描述了生物量经光合作用增长的主要步骤。

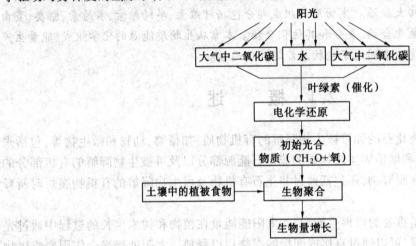

图 2.2　生物量经光合作用增长的主要步骤

生物界中存在着大量不同类型和不同性质的能量。生物质原料的特点是具有极大的多样性,这使得它们很难成为一个整体,生物原料的主要种类列于表 2.1,包括森林废物、农业废物、城市固体废物的有机部分、纸张、纸板、塑料、食品废物和其他废物等。破坏生物量的结构,生物基础材料需要经过化学、物理或生物等方法进行预处理。

表 2.1　生物质原料的主要类别

种类	举例
林业产品	木材,采伐残留物,树木,灌木和木材残渣,木屑,树皮等
生物再生废物	农业废弃物,农作物秸秆,城市木材废弃物,城市有机废物等
能源作物	短轮伐期木本作物,草本作物,草,淀粉作物,糖料,饲料作物,油籽作物,柳枝,五节芒等
水生植物	藻类,水杂草,水葫芦,芦苇和灯芯草等
粮食作物	谷物,油料作物等
糖料	甘蔗,甜菜,糖蜜,高粱等
垃圾填埋场	危险废物,普通废物,惰性废物,液态废物等
有机废物	城市固体废物,工业有机废弃物,城市生活污水和活性污泥等
藻类	原核藻类,真核藻类,海带等
藓类植物	苔藓植物,金发藓目等
地衣	壳状地衣,叶状地衣,枝状地衣等

生物质是全球继煤炭、石油和天然气之后的第四大能源物质。生物质的研究受到广泛关注,原因如下:首先,它是一种可再生资源,符合我国可持续发展的战略方针。第二,使用生物

质能源作为燃料时,所排放出的 CO_2 量等于生物质生长过程中所固定的碳元素,而且在生物质能源燃烧的过程中排放的 NO_x 和 SO_x 含量极少,因此其 CO_2 排放量可认为是"零排放",这些对环境问题的改善具有积极的影响。但是不可否认,生物质能源燃烧时也有一些负面影响,比如在燃烧的过程中会释放出多环芳烃化合物、二恶英、呋喃、挥发性有机化合物和重金属等,尤其是在传统炉灶燃烧的条件下。第三,随着化石燃料价格的上涨,不久的将来生物原料将表现出其重要的经济优势。

生物质是一种可持续的原料和能源,作为能量来源,由于其具有产量高、可再生、易于储存和运输等优点,近几年受到了全世界范围内极大的关注,但是值得一提的是,与高含氧量的化石能源相比,由于生物质中碳含量低而氧含量高,因此其燃烧时的热值相比之下就要低一些。最高有效能源,在理论上可以提取生物量及其化学原料,表 2.2 列出了一些生物质的元素分析和热值(HHV)。

表 2.2　元素分析(质量分数)和热值的生物样品

生物质	碳/%	氢/%	氧/%	氮/%	灰分/%	热值(HHV)/(MJ·kg^{-1})
橄榄壳	50.0	6.2	42.2	1.6	3.6	19.0
榛子壳	52.9	5.6	42.7	1.4	1.4	19.3
榛子种粒	51.0	5.4	42.3	1.3	1.8	19.3
软木	52.1	6.1	41.0	0.2	1.7	20.0
硬木	48.6	6.2	41.1	0.4	2.7	18.8
麦秸	45.5	5.1	34.1	1.8	13.5	17.0
树皮	53.1	6.1	40.6	0.2	1.6	20.5
废弃物质	48.3	5.7	45.3	0.7	4.5	17.1
水葫芦	39.8	5.0	34.3	1.9	19.0	14.6
玉米芯	49.0	5.4	44.6	0.4	1.0	18.4
玉米秸秆	45.1	6.0	43.1	0.9	4.9	17.4
海带	28.4	4.1	24.3	4.8	38.4	10.8
茶废物	48.6	5.5	39.5	0.5	1.4	17.1
蔗渣	45.3	5.1	40.2	0.1	9.3	16.6
云杉木材	51.9	6.1	40.9	0.3	1.5	20.1
榉木	49.5	6.2	41.2	0.4	1.4	19.2
杨木	49.0	6.1	42.0	0.6	1.0	18.8
臭椿木	49.5	6.2	41.0	0.3	1.7	19.0

家庭废弃物包括纸张、容器、铁罐、铝罐、食物残渣以及污水。工业和商业的废弃物包括纸张、木材和金属废料以及农业废弃物。这些可生物降解的废弃物,如纸张和工业污泥等,可以转化为混合乙醇燃料(如异丙醇、异丁醇、异戊醇等)。在处理的过程中,首先要向废物中加入石灰以此提高其反应能力;然后利用来自牛瘤胃中混合微生物或厌氧废水处理方法将其被转换为挥发性脂肪酸(如乙酸、丙酸和丁酸等)。

典型的固体废物包括木制材料、纸浆与造纸工业残留物、农业残余物、城市有机物质污水、粪便以及食品加工副产品等。城市固体废物包括家庭生活、商业活动和工业生产过程中的源耐用品、非耐用品、包装废物、食物残渣、庭院辅料以及无机废物。由于其巨大的经济、社会及环境效益潜力,生物质被认为是未来发展中主要的可再生能源之一。据估计,到2050年为止,生物量可提供全世界范围内38%直接燃料需求以及17%的世界电力需求。如果生物质能够更有效地生产,且使用现代转换技术,它可以大量供应,小规模相当大的范围和燃料的多样性。

　　森林是全球经济及生态资源主要的来源。森林在人类的社会发展史上起到了巨大作用,每年为全球的建筑、薪材、纸浆和造纸用木材等方面提供最主要的材料,合计大约340亿 m³。图2.3列出了1970年到2005年之间世界木材的使用量,包括木材、胶合板、纸张和纸板。由于肆意砍伐森林的情况不断恶化以及造林区的缓慢增长,薪材林的面积正以一个前所未有的速度持续下降。

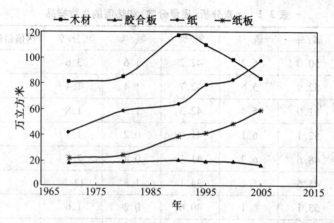

图2.3　1970年到2005年之间世界木材(木材、胶合板、纸张和纸板)的使用量

　　森林木质废弃物(包括商业建筑及传统的森林行业等)具有巨大的使用空间,但是收集、处理和运输成本等因素都制约其再利用过程。虽然森林木质废弃物燃烧时所释放出的热量要比石油和天然气所释放出的热量低,但与传统的化石能源相比其仍是非常具有发展潜力,这关键原因就在于其成本低廉以及热能稳定。表2.3列出了现有的森林和木材生产残留物的来源。森林残留物通常是指如树梢、树杈分支、小直径木材、树桩和朽木以及灌木丛等,这些残留物约占森林总生物量的50%,目前对这些残留物并没有系统的利用,而是任其在森林中经过微生物的作用而腐烂,最终回到土壤中作为营养元素。

表2.3　森林及树木生产工业中的残余物

残留物来源	类型举例
森林采运	树枝、树皮碎屑、树叶/针叶、树桩、树根、锯末
木材产物	树皮、锯末、碎叶、碎木
胶合板	树皮、锯末、胶合板碎片及废弃物、装饰板、砂磨粉
造纸业	平板碎片、浆状的废弃物、锯末、纸张碎片
纸板制造	树皮、锯末、筛分过程中产生的细粉末、装饰板、砂磨粉

　　农业废弃物、草、海藻、海带、地衣和苔藓也是很重要的世界生物质原料。如果有足够的阳

光,藻类几乎可以生长在每一个地方,有些藻类可以生长在盐水中。据估计,藻类油的产量比产量最高的植物油高出 200 多倍。

2.2　生物质的化学性质

生物质的组成包括纤维素、半纤维素、木质素、脂类、蛋白质、单糖、淀粉、水、碳氢化合物、灰分以及其他化合物等,碳水化合物可以广泛地划分为两个部分:纤维素和半纤维素,木质素组成部分的非糖型大分子,纤维素、半纤维素和木质素的化学结构式分别为 $CH_{1.67}O_{0.83}$,$CH_{1.64}O_{0.78}$ 和 $C_{10}H_{11}O_{3.5}$。

木质生物质由纤维素、半纤维素、木质素和萃取物组成,它们的组成成分见表 2.4。软木和硬木在结构和组成方面有很大的不同,与软木相比,硬木具有较大的导管和分生细胞,密度较大,并且其纤维素和可溶物的含量较高,而软木只是有些木质素含量较高。

表 2.4　木材结构组成比较(干燥无灰样品质量分数)　　　　单位:%

木材种类	纤维素	半纤维素	木质素	可溶物
硬木	43 ~ 48	27 ~ 35	16 ~ 24	2 ~ 8
软木	40 ~ 44	24 ~ 29	26 ~ 33	1 ~ 5

纤维素是一种天然有机高分子化合物,由葡萄糖组成的大分子多糖,每个纤维素分子中最少含有 1 500 个葡萄糖结构单位,纤维素的分子量为 250 000 ~ 1 000 000 或更大。这些葡萄糖酐单位通过 β-(1,4)-糖苷键联系在一起,其结构如图 2.4 所示。纤维二糖是由两个葡萄糖通过 β-(1,4)-糖苷键连接而形成的二糖,是纤维素的基本重复结构单位,因此纤维二糖在发酵成乙醇前必须先将 β-(1,4)-糖苷键打开,经过水解作用分解成葡萄糖。

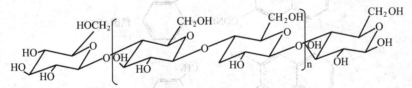

图 2.4　纤维素结构式

半纤维素是指在植物细胞壁中与纤维素共生、可溶于碱溶液,遇酸后较纤维素易于水解的那部分植物多糖。与纤维素不同,半纤维素是由不同的单糖单位组成,半纤维素的聚合物链短分支,呈无定形,因此半纤维素可溶于碱溶液,遇酸后远较纤维素易于水解。

构成半纤维素的糖基主要有 D-木糖、D-甘露糖、D-葡萄糖、D-半乳糖、L-阿拉伯糖、4-氧甲基-D-葡萄糖醛酸及少量 L-鼠李糖、L-岩藻糖等,其中最重要的是木糖。半纤维素主要分为三类,即聚葡萄甘露糖类、聚木糖类和聚半乳糖葡萄甘露糖类。

聚葡萄甘露糖类是由 D-吡喃型葡萄糖基和吡喃型甘露糖基以 1,4-β 型连接成主链。另一类聚半乳糖葡萄甘露糖类则还有 D-吡喃型半乳糖基用支链的形式以 1,6-α 型连接到此主链上的若干 D-吡喃型甘露糖基和 D-吡喃型葡萄糖基上,它们的结构如下:

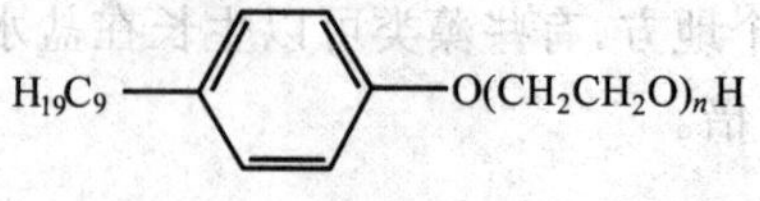

$$H_{19}C_9 - \langle\!\!\!\!\!\bigcirc\!\!\!\!\!\rangle - O(CH_2CH_2O)_nH$$

图 2.5 聚葡萄甘露糖结构

针叶材的半纤维素以聚半乳糖葡萄甘露糖类为主。主链上的葡萄糖基与甘露糖基的分子比也因木材种类不同而在 1:1 到 1:2 之间变动。大多数木材半纤维素的平均聚合度只有 200。

聚木糖类是以 1,4-β-D-吡喃型木糖构成主链,以 4-氧甲基-吡喃型葡萄糖醛酸为支链的多糖,其结构如图 2.6 所示。

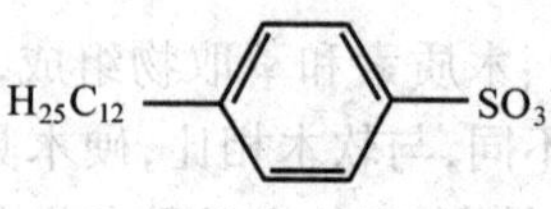

$$H_{25}C_{12} - \langle\!\!\!\!\!\bigcirc\!\!\!\!\!\rangle - SO_3Na^+$$

图 2.6 聚木糖类结构

阔叶材与禾本科草类的半纤维素主要是这类多糖,在禾本科半纤维素的多糖中,往往还含有 L-呋喃型阿拉伯糖基作为支链连接在聚木糖主链上。支链多少因植物不同而异。

复合体是半纤维素与纤维素间无化学键合,相互间有氢键和范德瓦耳斯力存在。半纤维素与木素之间可能以苯甲基醚的形式连接起来,形成木素-碳水化合物的复合体,如:

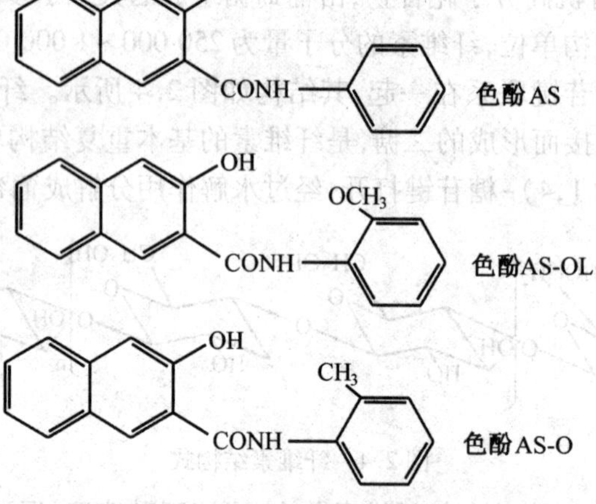

图 2.7 碳水化合物的复合体

木质素是一种芳香性高聚物,广泛存在于植物体中,无定形,分子结构中含有氧代苯丙醇或其衍生物,它们具有强化木质纤维的作用。木质素是一种高分子,并具有复杂的三维结构。木质素是共价连接,基本化学单位(以紫丁香、愈创木为例)如图 2.8 所示,该结构中存在一系列的连接,形成一个非常复杂的矩阵。这个矩阵包括羟基、甲氧基和羧基等。

在当前能量转换系统中,生物质有良好的生物化学性质。相对于其他碳源燃料,它具有低灰分和高反应活性等特性。生物质的燃烧是一个包含一系列化学反应的过程,该过程中碳被氧化成 CO_2,氢被氧化成 H_2O。氧气的供应不足会导致燃烧不完全,从而使许多燃烧产物的结构形成也不完全。空气需求量取决于燃料的化学及物理特性。生物质的燃烧受燃料燃烧率、燃烧产物、完全燃烧时所需要的过量空气、火的温度等限制因子的影响。

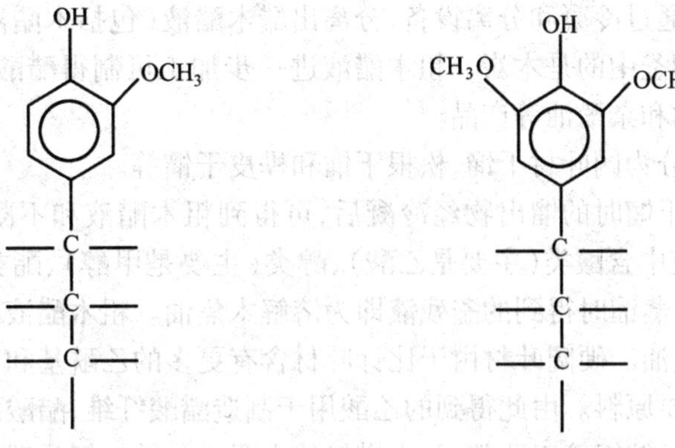

愈创木　　　　　　　　　　　　　紫丁香

图 2.8　木质素的结构示意图

2.3　木质中的能量生产

生物质包括 60% 的木材和 40% 非木质材料,人们采用一些技术将木材转换成生物燃料和生化药剂等。木材转化过程包括分馏、液化、热解、水解、发酵和汽化等。生物质快速热解后的产物既可以作为能源来源使用,同时也是具有直接经济价值的化学产品。木材热解过程中产生的生物油是由一系列环戊酮、甲氧基、乙酸、甲醇、丙酮、糠醛、苯酚、甲酸、左旋葡聚糖、邻甲氧基苯酚经过烷基化过程后的衍生物等组成的。当木材在缺氧环境中迅速加热时,继续添加额外的木材时并不能使这些木材完全燃烧,而是生成了一种由 H_2 和 CO 组成的合成气体。木材可以通过水解、发酵等过程转化成糖。

2.3.1　木材热解原理

木材热解是在隔绝空气或通入少量空气的条件下,将木材(如薪炭材、森林采伐和加工剩余物以及其他植物原料)加热使其分解并制成各种热解产品的方法。包括木材干馏、木材炭化、烧炭、木材汽化、桦皮干馏和以植物原料为基础的活性炭制造等。

(1)木材干馏(wood destructive distillation)

木材干馏是原料木材(薪炭材、森林采伐剩余物等)在干馏釜中隔绝空气的条件下加热使其分解,可以得到液体产物木醋液和木焦油。原料木材(如薪炭材和森林采伐剩余物等)在干馏釜中隔绝空气的条件下,加热分解生成液体、固体和气体产物,并进一步加工成各种产品的方法。干馏大体上可以分为四个阶段:

①干燥阶段。温度为 120 ~ 150 ℃,主要使木材中水分蒸发。

②预炭化阶段。温度为 150 ~ 275 ℃,使木材组分中较不稳定的半纤维素首先分解成 CO_2、CO、CH_3COOH 等。

③炭化阶段。温度为 275 ~ 450 ℃,木材此时急剧热解,生成大量液体产物,放出大量热,因此又称放热反应阶段。

④煅烧阶段。温度为 400 ~ 500 ℃,依靠外部加热进行木材煅烧,排除残留的挥发分,提高木炭的含碳量。

　　干馏时的馏出物通过冷凝和分离设备,分离出醋木醋液(包括木醋液和木焦油)与不冷凝的木煤气,残留在干馏釜中的是木炭。粗木醋液进一步加工可制得醋酸或醋酸盐、甲醇、木焦油抗聚剂、药用木留油和杂酚油等产品。

　　按干馏物种类可分为阔叶材干馏、松根干馏和桦皮干馏等。

　　①阔叶材干馏。干馏时的馏出物经冷凝后,可得到粗木醋液和不凝性的气体产物(如木煤气等)。澄清木醋液中含酸类(主要是乙酸)、醇类(主要是甲醇)、酯类、醛类、酮类、呋喃化合物和碳水化合物等,蒸馏时得到的釜残液即为溶解木焦油。粗木醋液澄清时,上层为澄清木醋液,下层为沉淀木焦油。硬阔叶材由于比针叶材含有更多的乙酰基和甲氧基,因此常被用作生产乙酸和甲醇的主要原料。由此得到的乙酸用于制造醋酸纤维、醋酸酯等;甲醇用于制造甲醛等;而溶剂用于油漆、纺织等工业部门;木煤气的主要成分是一氧化碳、二氧化碳、甲烷、乙烯和氢气等,可作燃料;木焦油抗聚剂可用于合成橡胶工业;轻油可作选矿用浮选起泡剂;杂酚油经加工后可得木馏油和工业杂酚,用于医药和有机合成工业;木沥青可用于制造铸造用型芯黏结剂和沥青漆等。

　　②松根干馏。又称"明子干馏",原料是明子,产物为松炭、液体产物和木煤气。液体产物澄清时,沉在下层的是松根原油,除含酚、酸和醛等一般木焦油组分外,还含有树脂酸、蒎烯和萜类化合物等。松炭比阔叶木炭容易活化,适于作活性炭原料,进一步加工可制得松焦油、干馏松节油和松油。松焦油是橡胶制品的软化剂,也用于电器工业和木材防腐;松油作为浮选油,用于煤炭和有色金属的浮选;干馏松节油用于油漆、医药和纺织等工业。

　　③桦皮干馏。以桦木外皮作原料进行干馏,可制取桦皮焦油,用于制革工业;可渗入皮革中,使之柔软和富有弹性,并有防腐作用,同时具有消毒杀菌作用,可用于治疗外伤和皮肤病等。

　　(2)木材汽化(wood gasification)

　　木材汽化是以森林采伐和木材加工剩余物为原料,在煤气发生炉内高温作用下,转变为煤气的方法。煤气是主产品,有时也收集其液体产物。活性炭制造是以植物原料(木屑、木炭、果壳、果核、水解木素等)、矿物原料(煤、石油焦炭等)和其他含炭工业废料作原料,在炭化和活化炉内进行炭化、活化制取活性炭的方法。

　　薪炭材、森林采伐和木材加工剩余物或木炭在煤气发生炉内,与高温下通入空气、氧气、水蒸气或他们的混合物作为汽化剂,使之转变成煤气。用空气作汽化剂时,煤气发生炉内可分为四个区域:

　　①干燥区。温度为 150~300 ℃,进行原料的干燥。

　　②炭化区。温度为 300~900 ℃,原料进行低温炭化。

　　③还原区。温度为 900~1 100 ℃,炭燃烧时生成的二氧化碳还原成一氧化碳。

　　④燃烧区。温度为 1 100~1 300 ℃,原料炭进行燃烧生成二氧化碳。用水蒸气作汽化剂时,主要的化学反应是炭和水蒸气作用生成一氧化碳和氢。

　　木材汽化时,除得到煤气外,有时还得到木焦油和木醋液等副产物。煤气中含有大量的一氧化碳和氢气等可燃性气体,作燃料用。由于汽化剂不同,所得的煤气成分和发热量也不同,如表2.5所示。

表 2.5 不同煤气成分的不同产物列表

名称	汽化剂	发热量/(kJ·m⁻³)	主要成分
空气煤气	空气	3 768 ~ 4 187	H_2、CO
混合煤气	空气、水蒸气	5 024 ~ 6 615	N_2、CO、H_2
水煤气	水蒸气	10 048 ~ 11 304	H_2、CO
二重煤气	水蒸气	11 723 ~ 13 398	H_2、CO、CH 物
正气、氧气煤气	氧气、水蒸气	10 048 ~ 10 467	H_2、CO

(3)木材炭化(carbonization of wood)

木材炭化是指薪材等原料在热解设备中,隔绝空气或适量通入空气进行加热,以制取木炭作为主产品的热解方法。所用原料有薪炭材、木材加工剩余物或果壳、果核等。除了传统的烧炭方法外,还有随活性炭生产而开发的木屑炭化炉和果壳炭化炉等。前者如立式多槽炭化炉,木屑在砖砌的炭化槽中炭化,制得的木屑炭用于制造粉状活性炭;后者用果壳或果核作原料,在炉内经预热段、炭化段、冷却断后经卸料器卸出,炉内通入适量空气,炭化 4 ~ 5 h,制得的果壳炭用于制造不定型颗粒活性炭。

2.3.2 木材热解产物

(1)木煤气(wood gas)

木材干馏时分离出的不凝气体。包括 CO_2、CO、CH_4、H_2 和不饱和碳氢化合物,除 CO_2 外,都是可燃性气体,可作燃料。其产量、组成和发热量,随炭化温度、加热速度、木材种类、加热设备和方法的不同而异。

(2)木醋液(pyroligneous acid)

木材干馏产物之一。干馏时从出口管导出的馏出物经冷凝分离得到的液体称粗木醋液,经澄清分离出沉淀木焦油后即得到澄清木醋液。红褐色,有刺激性气味,密度为 1.02 ~ 1.05 g/cm³。除水分外,还含有酸类、醇类、酮类、醛类和酚类等木材热解生成的许多有机化合物。稀木醋液可直接用于土壤消毒。加工后可制得醋酸、醋酸盐或醋酸酯、甲醇和其他溶剂等产品。用于纺织、皮革、食品、有机合成和其他工业。

(3)醋石(lime acetate)

醋石指粗制的醋酸钙,灰白色或褐色固体。由木材干馏得到的澄清木粗液经脱醇蒸馏分出粗甲醇后,用石灰乳中和,然后蒸发、干燥制得的称褐醋石,为棕褐色或深褐色固体,含醋酸钙62% ~67%。由脱醇木醋液经脱焦蒸馏,分离溶解焦油后得到的脱焦木醋液,用石灰乳中和后蒸发、干燥制得的称灰醋石,为灰白色固体,含醋酸钙78% ~85%。

(4)乙酸(acetic acid)

从木材干馏得到的澄清木醋液经脱醇(或进一步脱焦)后,用抽提法可制得粗醋酸。醋石用硫酸或盐酸分解并蒸馏也可制得粗醋酸。粗醋酸进一步精制可得冰醋酸、食用醋酸和工业醋酸。用于制造醋酸酯、醋酸盐、醋酸酐、醋酸人造丝、维尼纶、各种染料和药品等,用于纺织、皮革、染料、食品、药品和其他工业。

(5)醋酸钠(Sodium acetate)

无色单斜形晶体。从木材干馏得到的澄清木醋液在蒸馏时,使蒸出的蒸汽通过碳酸钠溶液,得到的中和液经浓缩、结晶和分离可得粗醋酸钠,进一步粗制可得醋酸钠成品。稀醋酸用碳酸钠中和并进一步加工精制,也可制得醋酸钠。在染料工业中用作媒染剂,医学上用于合成,又用于食品工业和皮革工业等。

（6）粗甲醇（crude methanol）

粗甲醇为木醋液脱醇蒸馏得到的低沸点物质的混合物。除含甲醇外,还含有丙烯醇、甲乙酮、丙酮、甲丙酮、甲酸甲酯、甲醛、乙醛、乙酸甲酯、糠醛、酸类、甲胺和呋喃类化合物等。加工后可得甲醇和木醇溶剂等产品。甲醇用于制造甲醛、甲基化合物、中间体和染料等。在皮革、纺织和油漆工业中用作溶剂。

（7）甲醇（methanol）

甲醇木材干馏得到的木醋脱醇时分出的粗甲醇用水稀释,除去浮出的木醇油,再经精馏和净化制成甲醇,也可由一氧化碳和氢合成。用于制造甲醛水、甲基化合物、胺仿、中间体和染料,也可用做溶剂、乙醇变性剂和内燃机燃料的抗冻剂等。

（8）木焦油（wood tar）

木材干馏所得液体产物（粗木醋液）在澄清时沉在下层的黑色油状黏稠液体,称为沉淀木焦油。含酚类、酸类、酮类、醇类、醛类、呋喃族化合物、吡喃的衍生物、吡啶类化合物、烃类和碳水化合物等,其中酚类含量达10%~20%,比煤焦油多得多,包括一元酚（甲酚、二甲酚）、二元酚（邻苯二酚、愈创木酚和它们的衍生物）、三元酚（连苯三酚及其衍生物）等。木焦油可直接用做木材防腐剂和防腐涂料,加工后可制得木焦油抗聚剂,杂酚油、药用木馏油、浮选起泡剂和木沥青等。用于合成橡胶、医药和冶金工业。澄清木醋液脱焦时得到的釜残称溶解木焦油,含左旋葡萄糖酐、酸类和酚类等。

（9）木焦油抗聚剂（wood tar antipolymerizer）

木焦油真空蒸馏时得到的相当于常压下230~310 ℃的馏分,用稀碳酸钠溶液中和洗涤后,再进行真空蒸馏、收集相当于常压下 230~310 ℃的馏分。一级抗聚剂的酸酯不大于20 mg KOH/g,水分含量小于6%,总酯含量不少于65%（体积）,馏分组成为:240 ℃以前不大于20%,260 ℃以前不小于50%,300 ℃以前不少于90%,比色不深于3%的碘的甲醇溶液的颜色。

（10）杂酚油（wood creosote）

杂酚油也称木杂酚油。主要含酚类化合物如苯酚、邻甲酚、间甲酚、对甲酚、乙基酚、二甲酚、愈创木酚、甲氧基甲酚等。用于制造要用木馏油、杂甲酚、工业杂酚、合成鞣料和塑料、皮毛染料和显影剂,也可用做木材防腐剂和浮选起泡剂等。

（11）木沥青（wood pitch）

木沥青是木焦油产品之一。木焦油蒸馏时蒸馏釜中的残留物冷却而成的黑色硬脆固体。用于制造木沥青增塑剂、铸造用型芯黏结剂、缝纫树脂蜡和沥青漆等。热加工制得的沥青焦炭含灰分很少,是制造电极和渗碳剂的好原料。

由于森林和工业木材残余物通过热解过程可以很容易且快速地转换成液体产物,因此木材热解受到大家越来越多的重视,而这些液体产物作为生物原油、油浆等在运输、储存、改造、销售等过程中十分具有优势。

为了优化气体产物,汽化过程一般都在高温下进行。大多数木材汽化系统利用空气或氧气进行氧化或燃烧。此过程产生的气体是一种包含了 CO、H_2、CH_4、CO_2 以及 N_2 的混合气体。

综上所述,当木材在缺氧环境中迅速加热时,木材可以燃烧生成由 CO 和 H_2 组成的合成气体,这种合成气体可以用来在锅炉中燃烧或者在燃气涡轮机中发电。合成气体中的 H_2 也可以单独分离出来,在燃料电池等方面直接使用。

2.4 农作物中生产的燃料

液体燃料、生物油、炭和消化气体等生物燃料都可以从农作物中制取。以农业为基础的液体生物燃料包括生物乙醇、生物柴油、生物甲醇、CH_4 以及生物油等。各种农业残留物如谷粉、作物以及果树残渣等都可作为农业能源的来源。生物质既是农业剩余残留物,同时又是能源作物,通过一些现代手段可以将其转变为现代能源的载体。生物乙醇来自可再生能源物质,如小麦、甜菜、玉米、麦秆和木材等。生物柴油作为石油等化石能源替代品的非化石能源,可以通过酯交换反应从植物油和动物脂肪中提取获得。生物油是从生物质材料中通过生物化学或热化学过程提取出的液体或气体,这些生物质材料包括农作物、城市垃圾和林业副产物。

2.4.1 谷物中生产的燃料

生物能源(如乙醇和生物柴油等)来自谷物,如植物油、甜菜等。目前从谷物中制取生物乙醇的成本仍然过高,这也是生物乙醇作为燃料物质的研究始终没有取得突破性进展的主要原因之一,比如利用玉米或甘蔗来制取生物乙醇的过程中,原材料的加工费用就占生物乙醇制取整个过程花费的 40% ~70%。

生物乙醇的原料主要是甘蔗和甜菜,这两种作物生产在不同的地区。甘蔗种植在热带和亚热带国家,而甜菜生长在温带气候国家。在欧洲,甜菜加工厂中废弃的糖蜜是最常用的蔗糖原料,欧盟成员国中的大多数国家都能种植甜菜。甜菜是一种短周期作物,产量高,能够适应极大范围内的气候变化,对水量和肥料的需求不高。另一种淀粉基材料可用于生产生物乙醇。淀粉是一种由 D-葡萄糖单体组成的同聚物生物大分子,包括直链淀粉和支链淀粉两种类型。淀粉的结构简式 $(C_6H_{10}O_5)_n$,直链淀粉的分子量较小,为 50 000 左右,而支链淀粉相对分子质量则比直链淀粉大得多,在 60 000 左右,图 2.8 列出了从谷物中生产生物乙醇的流程图。

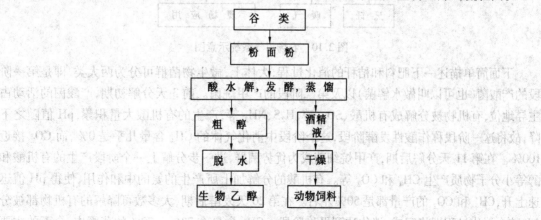

图 2.9 谷物制取生物乙醇的流程图

生物乙醇可以从大部分具有 $(CH_2O)_n$ 的通式结构的碳水化合物中制取出来。这个化学反应包括蔗糖的酶水解过程以及单糖发酵过程。蔗糖发酵过程通过酵母菌如 Saccharomyces cerevisiae 进行。首先,酵母内的转化酶催化蔗糖将其转化为葡萄糖和果糖

$$C_{12}H_{22}O_{11}(蔗糖)\longrightarrow C_6H_{12}O_6(葡萄糖)+C_6H_{12}O_6(果糖)$$

第二步,酵母中的另一种酒化酶,将葡萄糖和果糖转变成乙醇

$$C_6H_{12}O_6\longrightarrow 2C_2H_5OH+2CO_2$$

糖-淀粉酶将淀粉转化成 D-葡萄糖。经过了酶水解过程之后,就是发酵、蒸馏及脱水等过程,最后生成无水生物乙醇。

用玉米生产乙醇花费最大,而且这个过程中价格变化最大的是玉米的价格变化。但是目前为止,在全球范围内,通过淀粉转化制取生物乙醇的产业中,玉米由于其淀粉含量较高(淀粉含量为 60% ~ 70%)仍然是主要原料。

而多年木本植物(如短轮伐期灌木、草本等)由于其具有产量高、成本低、在贫瘠的土地上也能较稳定的生长、受环境影响小等优点,因此其也具有成为能源原料的巨大潜力。

2.4.2　非谷物中生产的燃料

非谷物中生产的燃料包括麦秆、坚果壳、果壳、水果种子、植物秸秆、绿叶和糖蜜等,这些都是具有潜力的可再生能源资源。

厌氧消化装置是将非俗物中生产的燃料及粪便等有机物进行消化分解成小分子有机物以及消化气体等产物的设备。一些厌氧消化床装置得到了比较全面的发展,包括浮鼓、推流式厌氧污泥床沼气池和升流式厌氧污泥床沼气池等,图 2.10 是一个农场沼气系统的简单示意图。

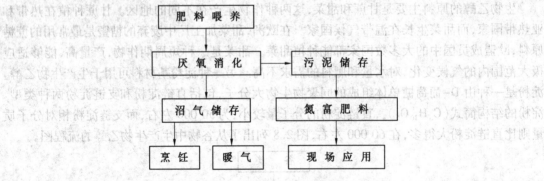

图 2.10　农场沼气系统示意图

下面简单描述一下肥料和秸秆的消化过程,大体上,微生物菌群可分为两大类,即是第一阶段的产酸菌(也可以叫做水解菌)以及第二阶段的产甲烷菌。前 3 天分解初期,产酸菌的活动占主导地位,有机物被分解成有机酸、SO_2、醇、H_2S、NH_3 等,产生的有机酸大量积累,pH 值随之下降,故将这一阶段称作酸性发酵阶段,这个阶段中消化气体的 CH_4 含量几乎是 0%,而 CO_2 接近 100%。在第 11 天分解后期,产甲烷细菌成为优势菌群,进一步分解上一个阶段产生的有机酸和醇等小分子物质产生 CH_4 和 CO_2 等。有机酸的分解加上所产生的氨的中和作用,使得 pH 值迅速上升,CH_4 和 CO_2 的产量都是 50% 左右。在第 20 天发酵后期,大多数可降解的有机物都被分解,整个消化过程即将完成,消化达到平稳阶段。CH_4 含量在 73% ~ 79% 的范围内,余下的主要是 CO_2。厌氧消化利用厌氧微生物的活动,产生沼气等生物气体,生产清洁的可再生能源,且动力消耗低,不需要提供氧气;但是厌氧发酵效率低、消化速率低、稳定化时间长。

污泥的厌氧消化产量见表 2.6。由于粪便中的脂类含量很高,因此其甲烷产量比小麦秸秆厌氧消化后的产量高。秸秆中的脂质和蛋白质的总含量相对粪便中的低,因此秸秆产甲烷量在理论上明显低于粪便产甲烷量(表 2.6)。肥料的平均产甲烷量和秸秆的平均产甲烷量分别为 14.7% 和 10.4%。

表 2.6 污泥的厌氧消化产量

运行序号	接种量 /mL	粪便 /g	秸秆 /g	挥发性固体 /%	产气量 /%	产甲烷量 /%
1	930	280	0	89.2	29.8	14.7
2	960	0	294	81.3	21.6	10.4
3	945	143	144	85.3	26.8	12.9
4	900	90	180	83.4	24.0	11.9
5	927	185	93	85.7	27.6	14.2
6	936	70	210	82.9	23.5	11.5
7	942	214	72	88.3	28.4	14.0

图 2.11 描述了不同时间内小麦秸秆和粪便厌氧发酵过程中 pH 值的变化。反应器内的 pH 值是衡量厌氧消化利率的敏感参数。在消化过程中,挥发性脂肪酸含量较低,而 pH 值较高。添加了粪便的消化池内的起始 pH 值为 6.4,随着反应的进行,CH_4 产量达到最大值,此时 pH 值为 6.9 ~ 7.0。而秸秆在发酵过程中当 CH_4 达到最大值时的 pH 值为 7.0 ~ 7.1。由于厌氧发酵过程稳定运行以及产甲烷活性细菌达到最佳活性,消化池内的 pH 值上升至中性范围内(6.9 ~ 7.0)。

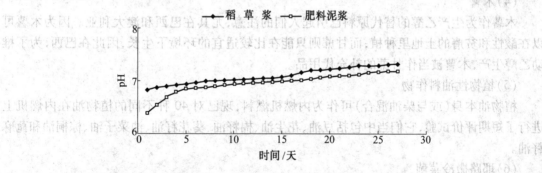

图 2.11 麦秆和粪便厌氧消化过程中消化池内 pH 值随时间的变化示意图

2.4.3 能源作物

能源作物泛指所有的生物质庄稼,包括那些虽然投入较低但是每公顷能有较高产出的生物质庄稼,以及那些可以转化为其他生物燃料的特殊产物。比如糖、淀粉等通过发酵能制取生物乙醇,而植物油可转化为生物柴油,短轮伐期木本作物、草本木本作物、草、饲料作物、油籽作物、柳枝和五节芒可以转换为液体生物燃料,这些都可以被称为"能源作物"。以下简要介绍几种潜在的能源作物。

（1）短轮伐期林木

为了满足工业对木材的需求（如加工造纸木浆和建筑用材等），世界各处早就开展了植树造林活动，而以能源为目的的植树造林则是最近几年才发展起来的。

能源用林和造纸用林之间的目标都是既要产量高而又要使生长期（轮伐期）短。应当注意，燃料木材生产不必同其他木材生产分开。从商用林中砍伐下过密的林木可以用做燃料，而建筑上用的轻质木料也可以从能源用林里获得。欧洲有人认为，种植能源型作物（其中包括轮伐期短的速生林木）是解决欧盟农业生产过剩问题的唯一有效办法。在巴西，桉树已被广泛用作能源，能源用林的覆盖面积总计约 200 万 hm^2。桉树从种植到成树砍伐一般需 7 年的时间。砍伐后还会自然再生，通常是在重新栽种之前反复砍伐两次或更多次，每公顷林地的年产量可达 30 ~ 50 t。

（2）草本作物

高粱属作物作为一种能源作物正受到人们的极大关注。它的气候适应性强，种植方法简单，有很好的遗传可变性。高粱的耐干旱性比玉米强，而且对水分的利用效率也远高于玉米，如干旱时，它可以保持在休眠状态，一旦湿度增大就能很快恢复生机。它还有很强的土壤适应性，对营养的要求也较低。

（3）甘蔗

甘蔗在世界很多地方都可以生长，传统上用它作为生产糖和酒精的原料。除此之外，它还是潜在的纤维素原料。现在已培育出一些高产的"能源型甘蔗"杂交品种，其试验产量已达到 253 t/hm^2（约 76 t/hm^2）。澳大利亚新培育的甘蔗通过发酵作用，每吨甘蔗可生产 90 L 乙醇。巴西已有 12 个效益最好的酒精厂，其种植的甘蔗产量已达到 89 t/hm^2，每吨甘蔗的酒精产量为 79 L。

（4）木薯

木薯作为生产乙醇的替代原料已引起人们的注意，尤其在巴西和澳大利亚。因为木薯可以在酸性和贫瘠的土地里种植，而甘蔗则只能在比较适宜的环境下生长，因此在巴西，为了推动乙醇生产，木薯被当作甘蔗的补充代用品。

（5）植物性油料作物

植物油本身（或与柴油混合）可作为内燃机燃料，现已对 40 种不同的植物油在内燃机上进行了短期评价试验，它们当中包括豆油、花生油、棉籽油、葵花籽油、油菜子油、棕榈油和蓖麻籽油。

（6）耶路撒冷菜蓟

耶路撒冷菜蓟是一种块茎状植物，原生长在北美东部。它的生命力极强，能忍受恶劣条件，尤其是能在干旱、寒冷和土质相对贫瘠的条件下生长，是一种适合于在条件不良地区种植的优良品种。块茎内含有丰富的菊粉，它们在酸或水解酶的作用下生成果糖，然后将果糖发酵生成乙醇。根据法国和美国的试验结果，每吨块茎可以生产 85 L 乙醇，若每公顷生产 40 t 块茎，就相当于每公顷生产出 300 ~ 400 L 乙醇。

（7）芒属植物

原产于中国华北和日本，具有许多优点，如生长迅速——当季就能长 3 m 高，所以当地人称它为"象草"；对生长环境的适应力强——这种作物从亚热带到温带的广阔地区到处都能生长，它在强日照和高温条件下生长尤其茂盛，生长期间可不施化肥和农药，凭它根状茎上的强大根系能有效地吸取养料;燃烧完全——芒属植物在收割时比较干燥,植株体内只会有20% ~30%的水分;产量高——根据试验结果其每公顷产量达44 t。

第 3 章 生物燃料

本章提要 本章节主要阐述生物乙醇、生物柴油、生物炼制以及生物气体的性质、利用现状展望、生产原理工艺等。生物燃料影响的问题包括能源安全、环境问题以及有关农业部门的社会经济问题。生物燃料包括生物乙醇、生物甲醇、植物油、生物柴油、沼气、生物合成气、生物油、生物碳、费托液体及氢气等。生物燃料的优点包括减少二氧化碳排放量，这将有助于国际温室气体排放量缩减，丰富燃料结构的多样性、扩宽农产品的生物降解性、可持续性以及额外的海外市场。

生物燃料一般指由生物质生产的液体、气体和固体燃料，它对能源安全、环境保护、外汇储备以及与农业相关的社会经济问题等都具有重要的影响。生物燃料包括生物乙醇、生物甲醇、植物油、生物柴油、沼气、生物合成气（biosyngas）、生物油、生物炭和生物氢气等。

与传统矿物燃料相比，生物燃料提供了大量的技术和环境效益，这些效益中包括减少 CO_2 等温室气体的排放、使燃料种类多样化等，见表 3.1。

表 3.1　生物燃料的优点

方面	举例
经济	可持续发展、燃料多样性、就业人数增加、增加收入税、工厂和设备投资的增加、农业发展、国际化、减少对进口石油的依赖
环境	温室气体减排、降低环境污染、生物降解、燃烧效率更高、改善土地和水利用
能源安全	供电可靠、减少使用化石燃料、随时性、国内销售、可再生

第一代生物燃料是指利用传统方法从糖类、淀粉、植物油或者动物脂肪中提炼出来的生物燃料。生产第一代生物燃料使用的基础原料一般是种子或谷物，如小麦产生的淀粉可用来生产生物乙醇；葵花籽可用来生产植物油，进而得到生物柴油。第二代和第三代生物燃料也被称为先进生物燃料。第二代生物燃料来自非粮食作物，如麦秸、木材等。藻类燃料，也称为第三代生物燃料，是一种从海藻中提取得到的生物燃料。利用先进技术加工海藻并生产生物燃料是一项低投入/高回收（是陆地同亩产出能量的 30 倍）的技术。第四代生物燃料，即利用最先进的技术将植物油和生物柴油转化成生物汽油。表 3.2 是根据生产技术的不同将可再生生物燃料进行的分类。

表 3.2　可再生生物燃料的基础上的分类及其生产技术

阶段	原料	举例
第一代生物燃料	糖,淀粉,植物油,动物脂肪	生物醇类,蔬菜石油,生物柴油,生物沼气
第二代生物燃料	麦秸,玉米,木材,固体废物,能源作物	生物醇类,生物油,生物二甲基甲酰胺,生物制氢,生物费托柴油,木柴油

续表 3.2

阶段	原料	举例
第三代生物燃料	藻类	植物油,生物柴油
第四代生物燃料	植物油,生物柴油	生物汽油

1991～2001 年之间,世界乙醇产量从 160 亿 L/年增加至 185 亿 L/年,2001 年～2007 年,乙醇产量呈三倍增长,几乎为 600 亿 L/年。一直以来巴西是世界乙醇产量最大的国家,直到 2005 年美国的乙醇产量与巴西几乎持平,美国在 2006 年成为世界乙醇产量最大生产商,之后分别为巴西、中国、印度、法国、德国以及西班牙。

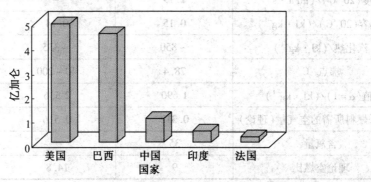

图 3.1　2006 年世界五大乙醇生产商

3.1　生物乙醇

乙醇,俗称酒精,可从天然糖中获得(例如甘蔗、甜菜),也可利用淀粉(如玉米、小麦),和纤维素生物质(如玉米秸秆、稻草、草、木)经发酵、蒸馏而制成,是一种重要的能源物质和工业原料。如今乙醇是最普遍的燃料,生物乙醇是以生物质为原料生产的可再生能源。燃料乙醇是通过对乙醇进一步脱水,使其含量达 99.6% 以上,再加上适量变性剂而获得的。经适当加工,燃料乙醇可以支撑乙醇汽油、乙醇柴油、乙醇润滑油等用途广泛的工业染料。

约 60% 的全球生物乙醇生产来自甘蔗和 40% 来自其他作物。巴西和美国占世界主导地位,分别占世界利用甘蔗和玉米生产生物乙醇的 70%。早在 1894 年乙醇已被在德国和法国作为当时的内燃机的燃料。自 1925 年巴西利用乙醇作为燃料。利用生物质提取乙醇生产是降低原油消费和环境污染的一种方法。乙醇汽油的使用量(乙醇和汽油的混合物作为替代汽车燃料)一直在稳步增加,国内生产和使用乙醇燃料可以减少对外国石油的依赖,减少贸易赤字,创造农业地区的就业机会,减少空气污染和全球气候变化,减少二氧化碳积聚。

3.1.1　生物乙醇的燃料特性

3.1.1.1　乙醇的物理、化学性质

乙醇与汽油、柴油的理化性质很接近,见表 3.3。虽然乙醇的热值较低,只相当于汽油的 2/3,但因其在燃烧时需要的氧气量较少,因此可燃混合气的热值(单位混合气的发热量)基本和汽油一致。因为燃烧的有效功率不仅取决于燃烧的热值,更主要是由燃料与空气混合气的

热值来确定。

表 3.3　乙醇和汽油、柴油的理化性质比较

比较项目	乙醇	汽油	柴油
化学式	C_2H_5OH	C_9H_6	$C_{14}H_{30}$
分子量	46	114	198
辛烷值	90	70	十六烷值
密度(20 ℃)/(g·cm^{-3})	0.79	0.70~0.75	0.80~0.95
黏度(20 ℃)/(mPa·s)$^{-1}$	1.19	—	3.5~8.5
比热容(20 ℃)/(kJ·kg^{-1})※	0.15	0.14	0.11
汽化热/(kJ·kg^{-1})	~850	~335	251
沸点/℃	78.4	40~200	270~340
热值($\alpha=1$)/(kJ·kg^{-1})※	1 690	2 536	2 381
每公斤燃料所需的空气量(理论)	0.312	0.516	0.497
含氧量	35	—	—
理论空燃比	9	14.8	14.4

　　醇可以看做是烃分子中的氢原子被羟基取代后生成的化合物,它的主要化学特性是由羟基引起的,故羟基是醇类化合物的官能团。乙醇属于饱和一元醇。

　　乙醇能够燃烧,能够和多种物质如强氧化剂、酸类、酸酐、碱金属、胺类发生化学反应。在乙醇分子中,由于氧原子的电负性比较大,使 C—O 键和 O—H 键具有较强的极性而容易断裂,这是乙醇易发生反应的两个部位。乙醇是可再生能源,若采用小麦、玉米、稻谷壳、薯类、甘蔗、糖蜜等生物质发酵生产乙醇,其燃烧所排放的 CO_2 和作为原料的生物源生长所消耗的 CO_2,在数量上基本持平,这对减少大气污染及抑制温室效应意义重大。

3.1.1.2　乙醇的燃烧性质

　　乙醇在较高的温度下可以发生分子内脱水生成烯烃,因而可以认为乙醇燃烧反应机理首先是分子内脱水形成烯烃,烃再裂解形成碳和氢气,然后碳和氢气在空气中燃烧,生成二氧化碳和水,乙醇燃烧反应的总反应式为

$$CH_3CH_2OH+3O_2 \longrightarrow 2CO_2+3H_2O+\triangle H$$

　　乙醇的引燃温度为 434 ℃,在空气中燃烧表观活化能为 176.7 kJ/mol,火焰呈蓝色,最高火焰温度可以达到 1 000 ℃以上,其闪点较低,闭口仅 12.5 ℃,最小点火能量为 0.63 mJ,所以非常易于引燃。

　　乙醇的含氧量高达 34.7%,可以较 MTBE(甲基叔丁基醚)更少的添加入汽油中(美国含氧汽油中通常需添加 7.7%乙醇,新配方汽油通常乙醇添加量为 5.7%,MTBE 添加量通常为12%~15%)。

　　通过添加乙醇或其他含氧化合物,并改变汽油组成,美国新配方汽油可以有效降低汽车尾气排放,美国汽车/油料(AQIRP,汽车/油料改善空气质量研究计划)的研究报告表明:使用含

6% 乙醇的弗吉尼亚州新配方汽油,与常规汽油相比,HC(碳氢化合物)排放降低 10% ~27% ,CO_x 排放减少 21% ~28% ,NO_x 排放减少 7% ~16% ,有毒气体排放降低 9% ~32% 。

3.1.2　燃料乙醇发酵技术

3.1.2.1　发酵原料

从乙醇生产工艺的角度来看,乙醇生产所用原料可以这样定义:凡是含有可发酵性糖或可变为发酵性糖的物料都可以作为乙醇生产的原料。

由于乙醇生产工艺和应用的发酵微生物范围不断扩大,技术不断改进,乙醇发酵的原料范围也不断在扩大。生产燃料乙醇的生物质原料资源可以分为三类:糖类,包括甘蔗、甜菜、糖蜜、甜高粱等;淀粉类,包括玉米、小麦、高粱、甘薯、木薯等;纤维类,包括秸秆、麻类、农作物壳皮、树枝、落叶、林业余料等。

(1)糖类生物质原料

甘蔗,甘蔗产量或糖分较低。甘蔗是 C_4 植物,光饱和点高,二氧化碳补偿点低,光呼吸率低,光合强度大。因此,甘蔗产量很高,一般可达 75 ~100 t/hm^2。目前,甘蔗按用途不同形成了两大种类:一类用于制糖,其纤维较为发达,利于压榨,糖分较高,一般为 12% ~18% ,出糖率高,这一类称为糖料蔗或原料蔗;另一类主要作为水果食用,其纤维较少,水分充足,糖分较低,一般为 8% ~10% ,称为果蔗或肉蔗。用于生物乙醇生产的甘蔗属于糖料蔗。目前,巴西利用能源甘蔗生产无水乙醇作为汽车燃料最为成功。2005 年春,河南天冠集团在广西博庆食品有限公司石别糖厂进行了甘蔗燃料乙醇生产性试验。试验结果表明:每 13.5 t 的甘蔗可生产 1 t 燃料乙醇,且利用甘蔗进行燃料乙醇生产具有发酵快、周期短、原料成本(与粮食类相比较)低廉的特点。甘蔗制糖-联产乙醇这一路线巴西实施得最为成功,在我国能否实施以及能实施多大规模,要看国内糖和乙醇的价格比和国内白糖市场的供需情况,在保证白糖市场供应的情况下,可以适当生产乙醇。

甜高粱又称糖高粱、甜秆等,以茎秆含有糖分汁液为特点。甜高粱光合速率极高,且具有多重抗逆性,如抗旱、抗涝、耐盐碱、耐瘠薄等,非常适合在我国水资源缺乏的干旱和半干旱地区种植。甜高粱茎汁可发酵成乙醇,是一种取之不尽的生物能源库,有“高能作物”之称。国外的试验结果表明,每公顷甜高粱最多可产乙醇 6 160 L。因此,用甜高粱加工转化乙醇受到许多国际组织和国家(如欧盟、巴西、中国等)的重视,发展势头非常强劲。甜高粱在我国种植区域广泛,几乎全国各地均有种植,但秦岭、黄河以北(特别是长江以北)是当前中国甜高粱的主产区。由于甜高粱栽培区的气候、土壤、栽培制度的不同,栽培品种的多样性特点也不一样,故甜高粱的分布与生产带有明显的区域性。

用甜高粱、甘蔗以及这些原料制糖中产生的废糖蜜生产燃料乙醇的技术,都不需进行原料的蒸煮、液化和糖化,极大地降低了燃料乙醇生产的能耗,但由于这些糖类作物的季节性较强,因此目前在我国还不能进行全年生产,这也是糖类作物目前尚未大规模用于生产燃料乙醇的原因之一。

(2)淀粉类生物质原料

甘薯的主要成分是淀粉,此外,还含有 3% 的糊精、葡萄糖、蔗糖、果糖和微量的戊糖。蛋白质含量不多,其中,2/3 为纯蛋白,1/3 为酰胺类化合物。尚有少量脂肪、纤维素、灰分和树胶等。新鲜甘薯可以直接作乙醇生产的原料。但是,为了便于储存,供工厂全年生产,一般都将甘薯干切成片、条或丝,晒成薯干。约 3 kg 鲜薯晒制 1 kg 薯干。目前,国家非常支持甘薯燃料乙醇的产业发展,拟核准多个甘薯燃料乙醇工厂,并在原料基地建设方面出台政策予以扶持。

木薯:木薯是世界三大薯类之一,广泛栽培于热带和亚热带地区,其生长适应性强,耐寒、耐瘠,在各种颜色的土壤里都能生长。乙醇生产用的是木薯的块茎,呈纺锤形或柱形,直径 5 ~ 15 cm,长 30 ~ 80 cm,每株 4 ~ 6 个。如今,木薯已成为世界公认的综合利用价值较高的经济作物,也是一种不与粮食作物争地的有发展前途的乙醇生产原料。中国木薯产量有限,不能全面供应乙醇生产的需要,需要从东南亚等地进口,近年来由于木薯需求旺盛,引起价格飞涨,对我国以木薯为原料生产乙醇造成不小的影响。

木薯具备甘薯所具有的一切优点,而且果胶质含量少,醪液黏度小,可实现浓醪发酵。木薯作为原料的缺点主要是:含氢氰酸;种植面积分布在山区,收集运输较困难;生产周期较长,在一年以上。

(3)纤维素类生物质原料

纤维素是世界上最丰富的天然有机高分子化合物,它是所有生物分子(植物或动物)最丰富的胞外结构多糖。农作物秸秆、木材、竹子等均含有丰富的纤维素。尽管植物细胞壁的结构和组成差异很大,但纤维素的含量一般都占其干重的 30% ~ 50%。

世界上来源最为广泛的生产燃料乙醇的生物质原料是纤维素类,包括秸秆、麻类、农作物壳皮、树枝、落叶料等。纤维素类原料具有数量大、可再生、价格低廉等特点。中国是农业大国,每年仅农作物秸秆就可达 7 亿多 t(其中,玉米秸秆占 35%,小麦秸秆占 21%,稻草占 19%、大麦秸秆占 10%、高粱秸秆占 5%、谷草占 5%、燕麦秸秆占 3%、黑麦秸秆占 2%),相当于标准煤 2.15 亿 t。此外城市垃圾和林木加工残余物中也有相当量生物质存在。而大部分地区依靠秸秆和林副产品作燃料,或将秸秆在田间直接焚烧。这不仅污染了环境也破坏了生态平衡,而且也造成了资源的严重浪费。

纤维素可作为乙醇的原料,虽然目前利用纤维原料生产燃料乙醇仍然存在纤维素酶活性低、酶解速度慢、原料预处理难度大、戊碳糖不能有效利用等各种技术障碍,因此目前纤维类物质只能作为生产燃料乙醇的潜在原料。但从发展的眼光看,最终解决燃料乙醇大量使用的原料问题的方法将转向纤维素类,依靠现代生物技术、基因工程技术等高新技术,通过筛选种植高能、高产纤维素资源,利用我国大量的农业废弃资源和工业废弃物资源,开发和实现利用纤维质生产乙醇技术的产业化,可以为燃料乙醇提供取之不尽、用之不竭的可再生植物原料。

3.1.2.2　发酵工艺

(1)糖类原料燃料乙醇生产工艺

利用糖类生物质原料生产乙醇,工艺过程和设备均比较简单,生产周期较短。但是由于糖类生物质原料的干物质浓度大,糖分高,产酸细菌多,灰分和胶体物质很多。因此对糖类生物质原料发酵前必须进行预处理,下面主要介绍几种新型的糖质原料生产乙醇的工艺。

糖蜜的乙醇发酵分为前发酵期、主发酵期和后发酵期三个时期。前发酵期指糖液和酵母加入发酵罐后 10 h 左右,本阶段主要进行酵母菌的增殖,发酵作用不强,乙醇和二氧化碳产量很少,前发酵期温度一般不超过 30 ℃。在主发酵期,主要进行乙醇发酵作用,主发酵期的温度一般控制在 30 ~ 34 ℃,时间持续 12 h。在后发酵期,乙醇发酵作用显著减慢,此时发酵液温度控制在 30 ~ 32 ℃,大约需要 40 h 才能完成该阶段。发酵之后的醪液进行蒸馏获得乙醇。

　　采用甘蔗糖蜜、甜菜糖蜜来生产乙醇的技术在我国及巴西等地得到了广泛的应用。此外利用甜高粱糖蜜来生产乙醇在我国也已取得了成功。图 3.2 是巴西甘蔗糖蜜或蔗汁乙醇生产流程。

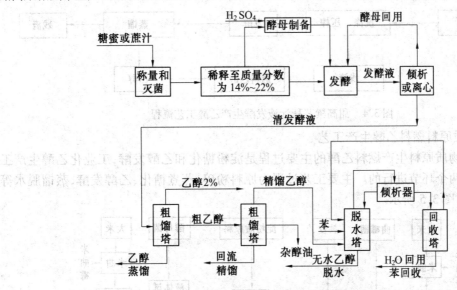

图 3.2　甘蔗糖蜜燃料乙醇生产工艺流程图

　　近年来，随着燃料乙醇生产的迅速发展，一些热带和亚热带的国家用甘蔗直接生产乙醇。其中，巴西是最成功地用甘蔗直接生产乙醇的国家。我国广西等省、自治区也开始了对直接用甘蔗生产乙醇的研究。图 3.3 为甘蔗榨汁生产燃料乙醇的一般工艺流程，甘蔗经过喷水初洗去除泥沙，用切蔗机切断后经过撕裂机撕裂，用多级轴辊式压榨，即得粗蔗汁。撕裂破碎后的蔗料在压榨过程中，可以用喷淋热水的方法来提高糖汁得率。喷淋用水量一般控制在甘蔗量的 25% ~ 28%，糖的挤出率可达 85% ~ 90%。制得的粗蔗汁中含有 12% ~ 16% 的可发酵糖。通常 100 kg 甘蔗可得糖 12.5 ~ 14 kg。在酵母扩增培养过程中，必须补充氮源，同时加强对蔗汁中杂菌的杀灭和控制。蔗汁乙醇发酵时间一般为 8 ~ 12 h，发酵醪乙醇含量 6% ~ 8%（体积分数）。

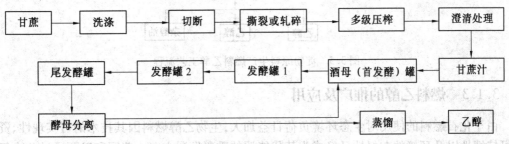

图 3.3　甘蔗榨汁生产燃料乙醇工艺流程

　　甜高粱茎秆汁液制取燃料乙醇的工业流程如图 3.4 所示。甜高粱乙醇发酵可以根据不同生产需求和规模选择不同的发酵工艺，一般有间歇式发酵法（发酵时间需 70 h）和单双浓度连续发酵法（发酵时间 24 h）等。目前，较为先进的发酵工艺是采用固定化酵母流化床技术，该工艺可以缩短发酵时间至 6 ~ 8 h（间歇发酵），乙醇得率在 90% 以上。发酵成熟后，发酵成熟醪进入乙醇蒸馏系统进行乙醇蒸馏。甜高粱茎秆发酵成熟醪液一般采用三塔蒸馏工艺，通过该工艺的蒸馏后一般可以获得体积分数 95% 左右的乙醇,通过脱水工艺,去除残余的水分后,可以获得体积分数 99.5% 以上的无水乙醇。

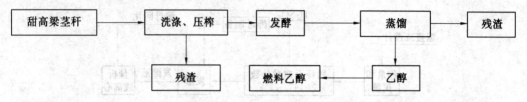

图 3.4　甜高粱茎秆汁液发酵生产乙醇工艺流程

(2)淀粉质原料燃料乙醇生产工艺

淀粉类生物质原料生产燃料乙醇的主要过程是淀粉糖化和乙醇发酵,工业化乙醇生产工艺就是围绕这两个环节进行的。主要工艺过程为原料粉碎、蒸煮糖化、乙醇发酵、蒸馏脱水等几个环节,如图图 3.5 所示。

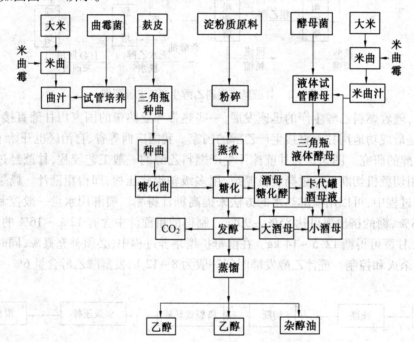

图 3.5　淀粉原料生产燃料乙醇工艺流程

3.1.3　燃料乙醇的推广及应用

由于化石燃料的使用对生态环境负荷日益加大,生物乙醇燃料因其技术的可实现性、资源的可持续性以及环境的友好性已经成为替代能源的重要发展方向。美国和巴西通过几十年的探索和实践已经在燃料乙醇的推广和应用方面取得了显著的成效。相关数据表明,2000 ~ 2007 年,全球生物燃料的产量增长了近 2 倍。

在燃料乙醇的规模化生产方面,美国、巴西、德国和中国处于世界领先位置。燃料乙醇需求量以每年 5% ~10% 的速度增长,2010 年世界燃料乙醇产量可能达到 4 700 万 t,其产量增长将减缓汽油供应的压力,改善环境效果并对汽油市场产生重要影响。

20 世纪 70 ~90 年代,美国发展燃料乙醇的主要目的是为了解决石油危机对国家经济造成不利的影响,保障国家能源安全。而从 20 世纪 90 年代开始,美国发展燃料乙醇的目的主要是保护环境。

纤维乙醇最有可能成为车用替代燃料,纤维乙醇的产业化技术研究已经成为美国可再生能源研究的重点。在美国,纤维乙醇的研究和推广已经纳入到国家战略的范畴。美国能源法案要求到 2012 年纤维素来源的生产乙醇达总量的 3%,到 2022 年达到 44%。为了推动目标的实现,美国政府投入大量资金支持纤维乙醇的研究和应用。

巴西政府发展燃料乙醇计划始于 1975 年。为了满足经济快速增长对能源的需求,实现能源自给,巴西政府于 1975 年 11 月颁布了“国家乙醇计划”,大幅增加政府投资,鼓励研发乙醇利用技术,加快研发乙醇燃料汽车,改进汽车发动机以提高乙醇汽油中的乙醇比例。这是当时世界上最大的用生物质生产乙醇的计划。实施燃料乙醇计划之后,给巴西带来了巨大的效益,简单概括为三大收益:一是形成了独立的经济能源运行系统;二是刺激了农业及乙醇相关行业大发展;三是大气和生态环境显著改善,CO_2 含量降低 50%。

在国家发展和改革委员会等有关部门积极推动下,我国以生物燃料乙醇为代表的生物能源发展迅速。按照《燃料乙醇及车用乙醇汽油“十五”发展专项规划》,国家批准建设吉林、黑龙江、河南和安徽的 4 家定点厂生产燃料乙醇,2006 年实际生产燃料乙醇 133 万吨,按照国家制定的 10% 的调配标准,车用乙醇汽油产量已达到 1 330 万吨,乙醇汽油消费量已占全国汽油消费量的 30%,成为继巴西、美国之后第三大燃料乙醇生产和消费国。

在市场应用方面,“十一五”期间,河南、安徽和东北三省率先实现了全境全面封闭推广使用车用乙醇汽油;湖北、山东、河北、江苏等省的 27 个地市建立乙醇汽油使用试点,已经采用乙醇汽油的 9 个省份将实现全省封闭。我国未来发展乙醇汽油产业遵循的基本原则是:统一规划,稳步推进;政府引导,严格准入;因地制宜,非粮为主;政策扶持,市场推动;发展循环经济,节能降耗,保护环境;能化并举,鼓励生物能源与发展生物化工相结合,提高资源开发利用水平。发展的主要目标是把燃料乙醇产业培育成国民经济发展中的一个新兴战略产业。

3.2　生物柴油

3.2.1　生物柴油的燃料特性

生物柴油于 1988 年诞生,由德国聂尔公司发明,它是以菜子油为原料,提炼而成的洁净燃油,通常包括低级烷基脂肪酸(链长 $C_{14} \sim C_{22}$),短链醇,主要是甲醇或乙醇酯。生物柴油突出的环保性和可再生性,引起了世界发达国家,尤其是资源贫乏国家的高度重视。

表 3.4 是目前已开发的生物柴油燃料品种。表中数据和一些研究表明生物柴油的燃料性能与石油基柴油较为接近,生物柴油的最大优势是比汽油和石油柴油更环保。作为柴油燃料的生物柴油具有许多优点,包括它的便携性、易获取性、可再生性、提高燃烧效率、降低硫和芳烃含量以及高十六烷值和高生物降解性等,它的大量生产明显降低了国内对进口石油的依赖性。生物柴油的诸多优点如下所述:

(1)燃烧更充分

生物柴油含氧量高于石化柴油,可达 11%,在燃烧过程中所需的氧气量较石化柴油少,燃烧、点火性能优于石化柴油。

（2）点火性能佳

十六烷值是衡量燃料在压燃式发动机中燃烧性能好坏的质量指标,生物柴油十六烷值较高,大于45(石化柴油为45),抗爆性能优于石化柴油。

（3）适用性广

除了作为公交车、卡车等柴油机的替代燃料外,生物柴油又可以做海洋运输、水域动力设备、地质矿业设备和燃料发电厂等非道路用柴油机的替代燃料。

（4）通用性好

无需改动柴油机,可直接添加使用,同时无需另添设加油设备,无需储运设备及人员的特殊技术训练(通常其他替代燃料有可能需修改引擎才能使用)。

（5）保护动力设备

生物柴油较柴油的运动黏度稍高,在不影响燃油雾化的情况下,更容易在气缸内壁形成一层油膜,从而提高运动机件的润滑性,降低机件磨损。

（6）功用多

生物柴油不仅可做燃油又可作为添加剂促进燃烧效果,从而具有双重功能。

（7）安全可靠

生物柴油的闪点较石化柴油高,生物柴油不属于危险品,有利于安全储运和使用。

（8）节能降耗

生物柴油本身即为燃料,以一定比例与石化柴油混合使用可以降低油耗、提高动力性能。

（9）气候适应性好

生物柴油由于不含石蜡,低温流动性佳,适用区域广泛。

（10）具有优良的环保特性

由于生物柴油中硫含量低,使得二氧化硫和硫化物的排放低,可减少约30%(有催化剂存在时为70%);生物柴油中不含对环境造成污染的芳香族烷烃,因而废气对人体损害低于柴油。检测表明,与普通柴油相比,使用生物柴油可降低90%的空气毒性,降低94%的患癌率;由于生物柴油含氧量高,使其燃烧时排烟少,一氧化碳的排放与柴油相比减少约10%(有催化剂存在时为95%);生物柴油的生物降解性高。

生物柴油以一定比例与石化柴油调和使用,可以降低油耗、提高动力性,并降低尾气污染,也可以单独使用,最常见的结合是20%的生物柴油与80%石化柴油。

生物柴油的优良性能使得采用生物柴油的发动机废气排放指标不仅满足目前的欧洲Ⅱ号标准,甚至满足随后即将在欧洲颁布实施的更加严格的欧洲Ⅲ号排放标准。而且由于生物柴油燃烧时排放的二氧化碳远低于该植物生长过程中所吸收的二氧化碳,从而改善由于二氧化碳的排放而导致的全球变暖这一有害于人类的重大环境问题。因而生物柴油是一种真正的绿色柴油。

表3.4　生物柴油的品种与燃料性质

植物油脂	运动黏度 /(mm² · s⁻¹)	密度 /(g · L⁻¹)	低热值 /(MJ · L⁻¹)	闪点/℃	浊点/℃	十六烷值	碘值
2#柴油	2.6 ~ 4.0(40 ℃)	0.85	43.39	60 ~ 72	−15 ~ 5	40 ~ 52	8.6
米糠油甲酯	4.7(20 ℃)	0.89	39.43	>105	−4	—	—

续表 3.4

植物油脂	运动粘度 /(mm²·s⁻¹)	密度 /(g·L⁻¹)	低热值 /(MJ·L⁻¹)	闪点/℃	浊点/℃	十六烷值	碘值
花生油甲酯	4.9(37.8 ℃)	0.88	33.60	176	5	54	—
豆油甲酯	4.1(40 ℃)	0.88 ~ 0.89	37.24	110 ~ 120	−3 ~ −2	54 ~ 56	133.2
豆油乙酯	4.4(40 ℃)	0.88	—	160	−1	48	—
菜子油甲酯	4.8(40 ℃)	0.88 ~ 0.89	37.01	150 ~ 170	−4	51 ~ 52	97.4
菜子油乙酯	6.2(40 ℃)	0.88	—	185	−2	65	99.7
向日葵油甲酯	—	0.88	38.59	183	—	49	125.5
棉籽油甲酯	—	0.88	38.96	110	—	51	106.7
棕榈油甲酯	4.5(40 ℃)	0.87	—	165	—	52.0	—
动物油甲酯	—	—	—	96	12	—	—
废菜子油甲酯	9.5(30 ℃)	0.90	36.70	192	—	53	—
废棉子油甲酯	6.2(30 ℃)	0.88	42.30	166	—	64	—
废食用油甲酯	4.5(40 ℃)	0.88	35.50	—	—	51	—
巴巴酥油甲酯	3.6(37.8 ℃)	0.88	31.80	164	—	63	—

　　近来许多研究证实,无论是小型、轻型柴油机还是大型、重型柴油机或是拖拉机用柴油机,燃烧生物柴油碳氢化合物都减少 55% ~ 60% 以上,颗粒物减少 20% ~ 50% 以上,CO 减少 45% 以上。提高运输燃料中生物柴油的比例可能会减少二氧化碳的净排放量,缓解全球气候变暖问题。

　　生物柴油具有生物可降解性,作为新的废物处理方案,生物降解燃料(如生物柴油)的应用范围受到越来越多的关注。可降解的生物柴油,其降解速度比石化柴油快 4 倍。在水环境中进行的生物柴油降解实验表明所有的生物柴油燃料都是可以进行稳定的生物降解的。

　　生物柴油甲酯改善柴油混合燃料的润滑性能。喷油器和燃油泵依靠某些类型的燃料润滑。燃料润滑性能的重要是减少发动机零部件的摩擦磨损。生物柴油改善了重要的石油柴油燃料润滑性。生物柴油和石油柴油的润滑效果测试表明,当向传统的柴油燃料中添加生物柴油时,会增强其润滑性。即使生物柴油的含量低于 1%,也能够提高 30% 的润滑性。

　　当然生物柴油同时也具有一些缺点,如:

　　(1)与石油柴油相比,生物柴油的主要缺点是冷启动问题,低热量,高铜片腐蚀和燃料泵黏度较高。在满载燃料和低速条件下,一般是高消耗。燃料消耗首先随着速度的增加而减少,之后却随速度增加而增加,这是因为在低转速条件下产生的功率低,燃油主要被消耗用来克服发动机的摩擦力。

　　(2)黏度较高,能源含量较低,浊点和倾点高,氮氧化物(NO_x)的排放量相对较高,发动机转速和功率较低。与柴油机额定负荷相比,生物柴油平均功率降低 5%。

　　(3)以菜子油为原料生产的生物柴油成本高。据统计,生物柴油制备成本的 75% 来自于原料成本,因此采用廉价原料及提高转化从而降低成本是生物柴油能否实用化的关键。

（4）用化学方法合成生物柴油有以下缺点：酯化产物难于回收，回收成本高；工艺复杂、醇必须过量，后续工艺必须有相应的醇回收装置，能耗高，设备投入大；生产过程有废碱液排放；色泽深，由于脂肪中不饱和脂肪酸在高温下容易变质，为了保持生物柴油的燃料质量，应采取正确的保存方法，但是长时间的保存过程中，与周围空气的接触仍然会使生物柴油发生氧化腐蚀（自发氧化反应）。物理属性对脂肪油氧化的影响很敏感，包括黏度、折射率和介电常数等。

3.2.2　生物柴油行业现状及展望

生物柴油是清洁的可再生能源，它以大豆和油菜子等油料作物、油棕和黄连木等油料林木果实、"工程微藻"等油料水生植物以及动物油脂、废餐饮油等为原料制成的液体燃料，是优质的石油柴油代用品。生物柴油是典型"绿色能源"，大力发展生物柴油对经济可持续发展，推进能源替代，减轻环境压力，控制城市大气污染具有重要的战略意义。

纵观国际，许多国家都在致力于开发高效、无污染的生物质能利用技术。欧洲已成为全球生化柴油的主要生产地。美国、意大利、法国已相继建成生物柴油生产装置数十座。

美国是最早研究生物柴油的国家，其总生产能力130万 t，对生物柴油的税率为0%。美国在黄石公园进行的60万 km 的行车实验，没有任何结焦现象，空气污染物排放降低了80%以上，使用生物柴油甚至还吸引了附近300 km 外的棕熊来到公园。日本1995年开始研究用饭店剩余的煎炸油生产生物柴油，在1999年建立了用煎炸油为原料生产生物柴油的工业化实验装置，可降低原料成本。目前日本生物柴油年产量可达40万 t。

生物柴油在中国是一个新兴的行业，表现出新兴行业在产业化初期所共有的许多市场特征。许多企业被绿色能源和支农产业双重"概念"凸显的商机所吸引，纷纷进入该行业，有人以"雨后春笋"形容生物柴油目前的状态。截至2007年，中国有大小生物柴油生产厂2 000多家，而且，各地相同项目的立项、审批还在继续。还有更大的威胁来自于国外。一些外国公司资金实力雄厚，生产技术成熟，产业化程度高，可以借规模经济效应获取成本优势，抢占原料基地和市场份额的综合能力更强。

我国动植物油脂缺口较大，并且有些油料作物的生物柴油生产已经受到了国家限制，但可以利用地域优势种植油料树木；微生物油脂由于不受环境、气候影响等诸多自身优势，将得到大力推广；每年产生大量的废弃油脂，虽然还存在技术上的问题，但用于生物柴油生产已经进入了工业化阶段，这也必将是未来发展的一大趋势。2007年中国生物柴油产业发展分析及技术开发研究报告指出：到2020年，年产生物柴油将达到约900万吨。预计2020年微生物油脂等各类原料生物柴油使用比例如图3.6所示。

从未来的发展看，生物柴油的购买商主要有石油的炼油厂、发电厂、轮船航运公司以及流通领域的中间商。当人们更多地了解生物柴油优良的性能，接受的程度会更大，市场需求也会不断提高。强大的市场需求与有限的生产能力，使购买者的议价能力降低。同时，也对生物柴油生产企业提出了更高的要求，应加大对技术创新的投入，不断提高油品的质量，以保持生物柴油良好的品质形象。

随着改革开放的不断深入，在全球经济一体化的进程中，中国的经济水平将进一步提高，对能源的需求会有增无减，只要把生物柴油的研究成果转化为生产力，形成产业化，则其在柴油引擎、柴油发电厂、空调设备和农村燃料等方面的应用前景是非常广阔的。

我国石油储量有限，大量进口石油对我国的能源安全造成威胁。因此，提高油品质量对我

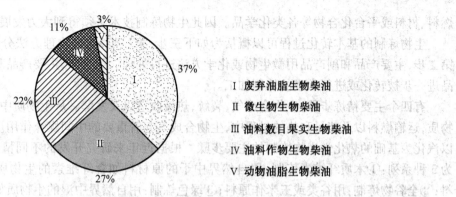

图 3.6 2020 年各类原料生物柴油预计比例图

国来说就更有现实意义,同时生物柴油对我国农业结构调整、能源安全和生态环境综合治理有十分重大的战略意义。目前,汽车柴油化已成为汽车工业的一个发展方向,发展生物柴油产业还可促进中国农村和经济社会发展。如发展油料植物生产生物柴油,可以走出一条农林产品向工业品转化的富农强农之路,有利于调整农业结构,增加农民收入。

我国政府为解决能源节约、替代和绿色环保问题制定了一些政策措施,早有一些学者和专家已致力于生物柴油的研究、倡导工作。我国生物柴油的研究与开发虽起步较晚,但发展速度很快,一部分科研成果已达到国际先进水平。研究内容涉及油脂植物的分布、选择、培育、遗传改良及其加工工艺和设备。目前各方面的研究都取得了阶段性成果,这无疑将有助于我国生物柴油的进一步研究与开发。

对生物柴油的系统研究始于中国科学院的"八五"重点科研项目:"燃料油植物的研究与应用技术",完成了金沙江流域燃料油植物资源的调查及栽培技术研究,建立了 30 公顷的小桐子栽培示范片。自 20 世纪 90 年代初开始,长沙市新技术研究所与湖南省林业科学院对能源植物和生物柴油进行了长达 10 年的合作研究,"八五"期间完成了光皮树油制取甲脂燃料油的工艺及其燃烧特性的研究,"九五"期间完成了国家重点科研攻关项目"植物油能源利用技术"。

但是,与国外相比,我国在发展生物柴油方面还有相当大的差距,长期徘徊在初级研究阶段,未能形成生物柴油的产业化,政府尚未针对生物柴油提出一套扶植、优惠和鼓励的政策办法,这些都值得更进一步的完善及发展。

3.3 生物炼制

3.3.1 概 述

1982 年,生物炼制的概念在《科学》上首次被提出,指以生物质为原料,将生物质转化工艺和设备相结合,将生物原料转化成最有价值的燃料、化学物质、生物基材料和能量,并且产生最少的废物。生物炼制是共同的生物基原材料和生物质能谱生产。该生物炼制的概念类似于今天的炼油厂。生物基产品生产的目的是通过整合多种不同的加工过程和方法(诸如物理的、化学的、生物的和热的等方法)以达到经济适用的目的。从本质上说,现代生物炼制平行于石油炼制,主要是借助于微生物的自然能力并重组微生物细胞,使之通过一系列的生物化学途径(类似于石油炼制中的裂解、裂化、重整等操作),利用生物质原料替代石油原料,高效转化为燃料、材料或平台化合物等各类化学品。因此生物炼制技术必须得到大力发展。

生物炼制的基本转化过程可以概括为如下三步:第一步,通过物理方法分离生物质前体。第二步,主要产品和副产品用微生物或化学方法进行处理。第三步,主要产品和副产品的终产品进一步被转化或进行常规的炼制加工。

有四个主要精炼步骤:生物合成气,裂解,热液改造以及发酵。从生物质中获得材料,化学物质,运输燃料以及能量和热的过程中,生物合成气起着重要的中间媒介作用。图3.7显示了以汽化为基础的热化学生物炼制的主要步骤。根据近年来研究开发的不同情况,生物炼制分为3种系列:①木质纤维素炼制:用自然界中干的原材料如含纤维素的生物质和废弃物作原料;②全谷物炼制:用谷类或玉米作原料;③绿色炼制:用自然界中湿的生物质如青草、苜蓿、三叶草和未成熟谷类作原料。

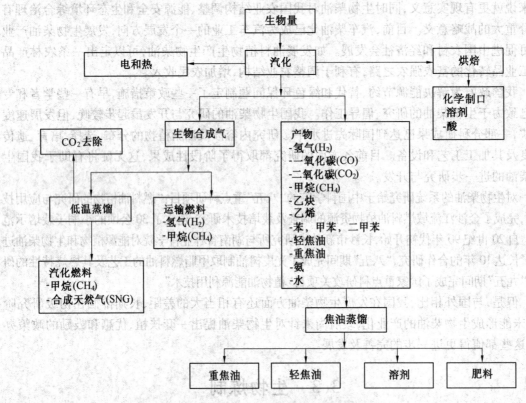

图3.7　以汽化为基础的热化学生物炼制

热解油(生物油)生产于闪速热解过程,在传统发电中用于间接发电,并且可作为化学物质和运输燃料等终产物的高能量密度的媒介。表3.5列出了用气象色谱分析的山毛榉木材为原料的热解产物,产生的生物质原油可用于材料、化工、运输燃料、电力和热力等,发酵产生的混合糖($C5$和$C6$糖)进一步丰富了化学和生物底物的提炼。

表 3.5 气相色谱分析的山毛榉木材为原料的热解产物(质量分数) 单位:%

化合物	反应温度/K					
	625	675	725	775	825	875
醋酸	16.80	16.50	15.90	12.60	8.42	5.30
乙酸甲酯	0.47	0.35	0.21	0.16	0.14	0.11
1-羟基丙酮	6.32	6.84	7.26	7.66	8.21	8.46
甲醇	4.16	4.63	5.08	5.34	5.63	5.82
1-羟基-2-丁酮	3.40	3.62	3.82	3.88	3.96	4.11
1-羟基-2-丙烷酯	1.06	0.97	0.88	0.83	0.78	0.75
脱水内醚糖	2.59	2.10	1.62	1.30	1.09	0.38
1-羟基-2-酮酯	0.97	0.78	0.62	0.54	0.48	0.45
甲酸	1.18	1.04	0.84	0.72	0.60	0.48
愈创木酚	0.74	0.78	0.82	0.86	0.89	0.93
巴豆酸	0.96	0.74	0.62	0.41	0.30	0.18
丁内酯	0.74	0.68	0.66	0.67	0.62	0.63
丙酸	0.96	0.81	0.60	0.49	0.41	0.34
丙酮	0.62	0.78	0.93	1.08	1.22	1.28
2,3-二酮	0.46	0.50	0.56	0.56	0.58	0.61
2,3-戊二酮	0.34	0.42	0.50	0.53	0.59	0.64
戊酸	0.72	0.62	0.55	0.46	0.38	0.30
异戊酸	0.68	0.59	0.51	0.42	0.35	0.26
糠醛	2.25	2.26	2.09	1.84	1.72	1.58
5-甲基糠醛	0.65	0.51	0.42	0.44	0.40	0.36
丁酸	0.56	0.50	0.46	0.39	0.31	0.23
异丁酸	0.49	0.44	0.38	0.30	0.25	0.18
内酯	0.51	0.45	0.38	0.32	0.34	0.35
丙酮	0.41	0.35	0.28	0.25	0.26	0.21
丁酮	0.18	0.17	0.32	0.38	0.45	0.43
巴豆酸内酯	0.12	0.19	0.29	0.36	0.40	0.44
丙烯酸	0.44	0.39	0.33	0.25	0.19	0.15
2-1-环戊烯酮	1.48	1.65	1.86	1.96	2.05	2.13
2-甲基-2-1-环戊烯酮	0.40	0.31	0.24	0.17	0.13	0.14
2-甲基环戊烯酮	0.20	0.18	0.17	0.22	0.25	0.29

续表 3.5

化合物	反应温度/K					
	625	675	725	775	825	875
环戊烯酮	0.10	0.14	0.16	0.23	0.27	0.31
甲基-2-呋喃甲醛	0.73	0.65	0.58	0.50	0.44	0.38
苯酚	0.24	0.30	0.36	0.43	0.54	0.66
2,6-二甲氧基苯酚	2.28	2.09	1.98	1.88	1.81	1.76
二甲基苯酚	0.08	0.13	0.18	0.42	0.64	0.90
甲基苯酚	0.32	0.38	0.44	0.50	0.66	0.87
4-甲基-2,6-二甲氧基酚	2.24	2.05	1.84	1.74	1.69	1.58

在 725 K 条件下生成的生物油的化合物浓度很高,如醋酸、1-羟基-2-丁酮、1-羟基-2-丙酮、甲醇及 4-甲基-2,6-二甲氧基酚等。生物油重要的特性是烷基化合物所占百分比很高,特别是甲基衍生物。

生物质样品的结构部件主要对热解产物有影响。反应机理指出了油中特征化合物的可能形成的反应路线。超临界水提取和液化局部反应也发生在热解。酚的含量提高到 52% ,中性油的产量随温度的升高从 18% 上升至 33% ,而甲氧基含量却随着温度的升高而下降,如在 675 K 的条件下甲氧基含量为 11.8% ,而在 875 K 条件下仅为 5%。

3.3.2 生物质原料问题

地球上每年植物产生的生物质总量约 1 700 亿吨,其中糖类物质占 75% ,木质素占 20% ,而剩下 5% 则为油脂、脂肪、蛋白质、萜烯和生物碱之类的其他物质。据估计现在只有 60 亿吨生物质(3.5%)被人类利用,其中 37 亿吨(62%)作为人类食物,20 亿吨的木材(33%)作为能源,3 亿吨(5%)用于满足人类其他需求。生物质将为未来世界不断地提供可再生能源和材料。美国能源部提出到 2030 年生物质要为美国提供 5% 的电力、20% 的运输燃料和 25% 的化学品,相当于当前石油消耗量的 30% ,每年需要 10 亿吨干生物质原料,是当前消耗量的 5 倍,要达到此目标的关键问题在于廉价原料的持续供应,而农作物废弃物生物质可作为近期生产燃料和化学品的纤维素原料。但是,必须要开发一个综合的原料供应系统,以合理的价格提供原料。

当前,玉米是工业应用的主要生物原料。2003 年美国玉米生产量 1.01×10^{11} bu(bu:bushel 的缩写,谷物,水果等容量单位,美 1bu = 35.238 L,英 1bu = 36.368 L),玉米炼制产品量约 5.6 $\times 10^{11}$ bu。其中 1.7×10^{10} bu 玉米(相当于玉米作物的 17%)用于生产淀粉、甜味剂、乙醇、饲料添加剂、植物油、有机酸、氨基酸和多元醇。2004 ~ 2005 年,美国用 1.4×10^{10} bu(12%)玉米生产乙醇,是 2000 年产量的 2 倍多。随着美国乙醇生产装置的不断增建,用作乙醇的玉米量将不断增加。

在美国,秸秆是最大量的生物质废弃物,每年约有 2.2 亿吨,其中 30% ~ 60%(0.8 ~ 1.2 亿吨)可以利用。其组分是 70% 纤维素和半纤维素,15% ~ 20% 木质素。美国为农业生物质原料供应而开发的实施计划的总体目标是能以 30 美元/吨的价格售与生物炼制。当前生物质原料的售价大约为 50～55 美元/吨。

玉米加工厂转为全玉米生物炼制的主要技术变化在于增加加工木质纤维素材料的可能性。现在的生物炼制模型是用稀酸预处理,再用过量石灰解毒,此工艺过程中产生大量废渣,最近美国国家可再生能源实验室(NREL)的中试厂改进了此工艺过程,还有一些工艺极具工业化应用潜力,其中欧洲和加拿大的蒸汽裂解原来是用于纸浆厂,现在看来有可能扩大利用到其他工业上。还有一些玉米转化技术可望组合到这类全玉米生物炼制模式中,其中有些技术已在工业规模上实施,处于不同的技术阶段,大致有以下几种:

(1)发酵技术

将糖或混合糖转化生成燃料和化学品,已开发了转化混合糖为乙醇的酶,用基因组合方法可以有效地转化水解玉米淀粉在有氧条件下生成 PDO。

(2)糖平台技术

从木质纤维素生物质分离出糖。用稀酸水解半木质素纤维生成 C5 和 C6,但其副产品对发酵微生物有毒。

(3)研磨技术

可以粉碎玉米芯,生成糖,同时开发了淀粉液化和糖化技术。

3.4　生物气体

3.4.1　沼　气

3.4.1.1　概　述

沼气实质上是人畜粪尿、生活污水和植物茎叶等有机物质在一定的水分、温度和厌氧条件下,经沼气微生物的发酵转换而成的一种环保、方便、清洁、优质、高品位气体燃料,因此,又称为生物气(biogas)。沼气中的主要成分是甲烷(CH_4,约占 50%～70%)、二氧化碳(CO_2,约占 30%～40%)和极少量的硫化氢(H_2S)、氢(H_2)、一氧化碳(CO)和氮气(N_2)等气体。沼气中的 CH_4、H_2、CO 等是可以燃烧的气体,可以直接用于炊事和照明,也可以供热、烘干、储粮。沼气发酵剩余物是一种高效有机肥料和养殖辅助营养料,与农业主导产业相结合,并进行综合利用,可产生显著的综合效益。

沼气中的各可燃气体由于温度急剧升高,由稳定的氧化反应转变为不稳定的氧化反应,从而引起燃烧的一瞬间,称为着火。沼气的着火温度随其中 CO_2 成分的增加而增高,所以沼气的着火温度高于甲烷的着火温度,一般情况下沼气着火点燃温度为 650～750 ℃。在沼气与空气混合物中,可燃气体的含量只有在一定界限内方可着火燃烧,这个界限称为着火极限,混合气体的温度、压力以及混合气体中惰性气体的含量等都会对其产生影响。

3.4.1.2　发酵原理及工艺

各种有机质,包括农作物秸秆、人畜粪便以及工农业排放废水中所含的有机物等,在厌氧及其他适宜的条件下,通过微生物的作用,最终转化成沼气,完成这个复杂的过程,即为沼气发酵,该过程主要分为水解、产酸和产甲烷三个阶段,如图 3.8 所示。

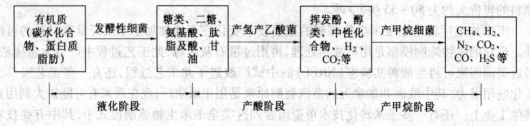

图 3.8　厌氧发酵的三个阶段

（1）水解阶段

这个阶段又称液化阶段。沼气池中使用的原料都是复杂的有机物质，它们不能被产甲烷细菌直接利用，而是通过一些微生物的作用先将粪便、农作物秸秆、青草等有机物进行腐烂，分解为结构比较简单的化合物，即把固体的有机物质通过酶的作用转变为可溶于水的物质。

在沼气发酵中，首先是发酵性细菌利用它所分泌的胞外酶，如淀粉酶、纤维酶、蛋白酶和脂肪酶等，对有机物进行体外酶解成能溶于水的单糖、氨基酸、甘油和脂肪酸等小分子化合物。然后，细菌再吸收这些简单化合物，并将其继续分解成为不同产物。高分子有机物的水解速率很低，它取决于物料的性质、微生物的浓度，以及温度、pH 值等环境条件。

（2）产酸阶段

水解阶段产生的可溶于水的物质进入微生物细胞，在胞内酶的作用下进一步将它们转化成为小分子化合物。再由产氢产乙酸菌把发酵性细菌产生的丙酸、丁酸转化为产甲烷菌可利用的乙酸、氢和二氧化碳。另外还有耗氧产乙酸菌群利用氧和二氧化碳生成乙酸，还能代谢萜类产生乙酸，它们能转变多种有机物为乙酸。此阶段主要的产物是挥发性有机酸，其中，以乙酸为主，约占 80%，故此阶段称为产酸阶段。

（3）产甲烷阶段

在此阶段中，产甲烷细菌群（产甲烷菌有 70 多种）可以分为食氢产甲烷菌和食乙酸产甲烷菌两大类群，这两大菌群可以将甲酸、乙酸、氢和二氧化碳等小分子分解成 CH_4 和 CO_2，或通过氢还原二氧化碳的作用，形成甲烷，这个过程称为产甲烷阶段。除了转化为细胞物质的电子外，被处理废液中几乎所有的能量都以甲烷形式被回收了。

在发酵过程中，上述三个阶段的界线和参与作用的沼气微生物菌群都不是截然分开的。微生物种群之间通过直接或间接的共生关系，相互影响、相互制约，组成一个复杂的共生网络系统，现在通常称之为微生态系统。

3.4.1.3　沼气的综合利用

沼气是一种可无限再生优质气体燃料，除可用于炊事、点灯、发电、蔬菜大棚、孵化禽类、育蚕、升温育苗、烘干、储粮、保鲜水果等农业生产领域外，甚至还可用于适当的尾气净化，如发动机、燃气轮机、燃料电池的燃料适当的除尘，或锅炉等。利用沼气发电对于缓解商品电能供应不足的紧张局面找到了一条有效途径。目前小沼电站在中国各地农村发展迅速，农村庭院经济、生态循环系统正在兴起，小沼电在其中日益发挥出良好的作用。

利用沼气发电的方法有三种：一是将发电机组改装成全烧沼气的发电机组，这种方法改装工作量比较大，成本也高；第二种方法是以沼气作为主燃料，用柴油引燃，当沼气供应不足时，发电机自动调节供油量以适应负荷的变化，沼气供应一旦中断，全部转换成纯柴油运行，这种方法需增加附加机构，技术较复杂；第三种方法则是利用简单的沼气、空气混合器，用柴油引燃发电机,采用手动控制沼气的供给量,或者通过调速器增加燃油量以适应负荷的变化,达到双燃料运行的目的,这种方法简单易行,特别适合于在农村小沼电中推广。

在日光温室内燃烧沼气不仅能增加光照、提高棚温,而且产生的 CO_2 作为气体肥,能促进蔬菜的生长,因此增加棚内 CO_2 浓度有利于蔬菜的生长,据测算在日光温室内燃烧沼气时,每立方米沼气可产生 $0.98\ m^3$ 的 CO_2 气体。

沼气储粮是根据"低氧储粮"原理,即利用沼气含氧量低的特性,将沼气输入粮仓而置换出空气,形成低氧环境,使粮中的害虫窒息死亡的方法。该方法具有简单、操作方便、投资少、无污染、防虫效果好、经济效益显著等诸多优点,可为农户和中、小型粮仓采用。

用沼气储藏水果、蔬菜,可降低其呼吸强度,减弱其新陈代谢,推迟后熟期,达到较长时间的保鲜和储藏目的。以一个容积 $25\ m^3$,储藏面积 $10\sim15\ m^2$ 的储藏室为例,其储藏技术要点:

(1)输入沼气

将储藏水果、蔬菜的储藏室密封一周后输入沼气,时间 $20\sim60\ min$,每次每立方米容积输入沼气 $11\sim28\ L$,每隔 3 天输入一次。

(2)换气排湿

根据储藏室内温度高低,湿度大小而定,湿度不够向室内添加水分,温度过高应通风降温。

(3)倒翻去劣

入库一周后倒翻一次,将损伤的水果、蔬菜取出,以后结合换气均应倒翻一次。

第一个沼气厂于 1859 年建于印度孟买。大多数沼气工厂利用动物粪便和污泥进行生产。利用牛粪进行沼气生产的工厂示意图如图 3.9 所示。在处理高浓度有机废水的工艺中厌氧消化是一个成熟的工艺并且被广泛使用。沼气可直接用于火花点火式天然气发动机(SIGEs)和燃气涡轮机。沼气在 SIGEs 中作为燃料时仅用于发电,其总转化效率约为 $10\%\sim16\%$。

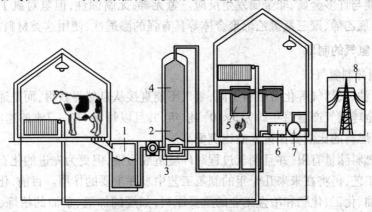

图 3.9 沼气厂利用牛粪示意图

1—堆肥储存;2—泵;3—内部加热器;4—沼气池;5—燃烧室;6,7,8—发电机

沼气虽然具有如此巨大的经济效益以及社会效益,但是不可忽略的是沼气仍然具有一些缺点,这在沼气的使用过程中应该注意:

(1)沼气中甲烷(CH_4)和二氧化碳(CO_2)约占气体体积的 90%,这两者都是温室气体。然而,二氧化碳可被植物回收,但甲烷则造成全球变暖。沼气中同时含有硫化氢(H_2S)、一氧化碳(CO)等有毒气体,还含有多种杂气,散发出较难闻的臭气。

(2)发酵周期长,从挖坑、垒池、装料至产气的时间耗时约需一个月时间。

（3）受环境温度的影响很大，通常在夏季产气量大，使用不完；冬季又因为环境温度低而产气不足，不能满足正常的使用。

（4）整体设备在强压下工作，且压力不稳定，如果出现漏气，就要清池，重新修补，很多人就是在清池时失去了生命。每年的大换料，无论自动还是人工出料，都要准备一个较大的出料储备场，沼渣流淌，臭气熏天。每天的流动进、出料方式，普遍存在生、熟料混杂现象，不能有效杀灭各种病原体又容易在生产"绿色产品"施肥时受到二次污染，使沼液、沼渣的综合利用受到很大影响。

3.4.2　氢　气

3.4.2.1　概　述

氢位于周期表中诸元素的第一位，原子序数为1，相对原子质量为1.008，分子量为2.016，是已知元素中最轻的一个。在通常情况下，氢气是无色无味的气体。极难溶于水，也很难液化。氢气以游离气态分子分布在地球的大气层中，但地表数量很少。地球大气圈底层含氢量为$(1\sim1\,500)\times10^{-6}$，其浓度随着大气圈高度的上升而增加。在标准大气压下，氢气在-252.77 ℃时，变成无色的液体；在-259.2 ℃时，能变成雪花状的白色固体。在标准状况下，1 L氢气的质量为0.089 9 g，氢气与同体积的空气相比，质量约是空气的1/14。在自然界中，氢主要以化合状态存在于水和碳氢化合物中。

常温下，氢气比较稳定。除氢与氯可在光照条件下化合，及氢与氟在冷暗处化合之外，其余反应均在较高温度下才能进行。虽然氢的标准电极电势比Cu、Ag等金属低，但当氢气直接通入这些盐溶液后，一般不会置换出这些金属。在较高温度（尤其存在催化剂时）下，氢很活泼，能燃烧，并能与许多金属、非金属发生反应。氢无毒，无腐蚀性，但氢对氯丁橡胶、氟橡胶、聚四氟乙烯、聚氯乙烯、聚三氟氯乙烯聚合体等具有强的渗透性，使用这类材料需要注意。

3.4.2.2　氢气的制取

（1）化石能源制氢气

与煤炭、石油、天然气等化石燃料不同，氢气不能直接从自然界获得，而是通过人为方法制取而得。目前全球氢气产量每年约为5×10^8 吨/年，并且以每年6%～7%的速度增加，我国制氢原料中，化石燃料的比例要比世界的比例要高。

尽管化石燃料储量有限，并且制氢过程对环境造成污染，但更为先进的化石能源制氢技术作为一种过渡工艺，仍将在未来几十年的制氢工艺中发挥重要的作用。目前，化石燃料制得的氢主要作为石油、化工、化肥和冶金工业的重要原料，如烃的加氢、重油的精炼、合成氨和合成甲醇等。某些含氢气体产物，亦作为气体燃料供城市使用。化石燃料制氢在我国具有成熟的工艺，并建有许多工业生产装置。

传统的化石能源制取氢气的方法包括：水法制氢、煤法制氢以及天然气法制氢。其中水法制氢包括压力电解、水电解制氢、热化学制氢以及高温热解水制氢等；煤法制氢包括煤的汽化、煤的焦化、煤蒸馏、煤炭汽化制氢等；天然气法制氢包括甲醇裂解-变压吸附制氢技术、甲醇重整、以重油为原料部分氧化法制取氢气等。这些传统的制氢方法原料来源广泛，但这些制氢方法突出的问题在于，制氢过程所需反应温度较高（>850 ℃）、消耗大量的电能、消耗大量的矿物资源和化石能源，而且生产过程产生的污染物对地球环境造成破坏。

(2)生物质制氢气

生物制氢技术是目前制氢领域的研究热点。生物制氢是利用可再生能源(如太阳能、生物质能等),通过生物的转化作用制取氢气。

生物制氢方法可以分为 5 类:利用藻类或蓝细菌的生物光解水法、有机化合物的光合细菌光分解法、有机化合物的发酵制氢法、光合细菌和发酵细菌的耦合制氢法以及酶法制氢。已研究的产氢生物类群有光合生物(绿藻、蓝细菌和厌氧光合细菌)、非光合生物(严格厌氧细菌、兼性厌氧细菌和好氧细菌)等,现将这些制氢方法的特点、代表产氢生物以及产氢速率等比较列于表 3.6。

表 3.6 产氢生物及其产氢特点比较

产氢体系	特点	可产氢生物
绿藻	需要光;可由水产生氢气;转化的太阳能是树和农作物的 10 倍;体系存在氧气威胁;产氢速率慢。	莱茵衣藻(Chlamydom reinhardtii)
蓝细菌	需要阳光;可由水产生氢气;固氮酶主要产生氢气;具有从大气中固氮的能力;氢气中混有氧气;氧气对固氮酶有抑制作用。	鱼腥蓝细菌(Anabaena sp.) 颤蓝细菌(O scillatoria sp.) 丝状蓝细菌(Calothrix sp.) 聚球蓝细菌(Synechococcus sp.) 黏杆蓝细菌(Gloebacter sp.) 丝状异形胞蓝细菌(A. cylindrica) 多变鱼腥蓝细菌(A. variabilis)
光合细菌	需要光;可利用的光谱范围较宽;可利用不同的废料;能量利用率高;产氢速率较高。	球形红细菌(Rhodobacter spheroids) 夹膜红细菌(R. capsulatus) 嗜硫小红卵菌(Rhodovulum sulfidophilum W-1S) 深红红螺菌(Rhodospirillum rubrum) 沼泽红假单胞菌(Rhodopseudom onas palustris) 沼泽红假单胞菌(R. palsutris DSM131)
发酵细菌	不需要光;可利用的碳源多;可产生有价值的代谢产物如丁酸等;多为无氧发酵;不存在供氧;产氢速率相对最高;发酵废液在排放前需处理。	丁酸梭菌(C lostridiu buytricum) 嗜热乳酸梭菌(C. therm olacticum) 巴氏梭菌(C. pasteurianum) 类腐败梭菌(C. paraputrificum M-21) 产气肠杆菌(Enterobacter aerogenes) 阴沟肠杆菌(E. cloacae) 大肠杆菌(E. coli) 蜂房哈夫尼亚菌(Hafnia alveibiferm entant)

我们通常说的生物质,是由植物或动物生命体而衍生得到的物质的总称,主要由有机物组成,它们通过光合作用将太阳能以碳水化合物的形式存储起来,在它生命周期中吸收的 CO_2 和作为能源使用时排出的 CO_2 相当,因此成为今天的"洁净能源"。生物质能不可以作为能源

直接使用于现代工业设备,往往要转化为气体燃料或液体燃料。图3.10给出生物质制氢的主要方法。如图所示,前者主要是产生液体燃料,如甲醇、乙醇及氢。后者为热化工转化,即在高温下通过化学方法将生物质转化为可燃的气体或液体;目前广泛被研究的是两大类,生物质的裂解(液化)和生物质汽化。严格来说,后者生产含氢气体燃料或液体燃料。

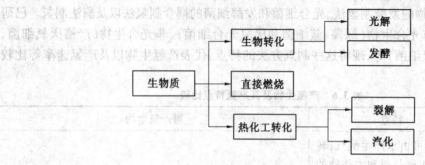

图3.10　生物质制氢方法

3.4.2.3　氢气的综合利用

氢气是一种新型、无污染、零排放的可再生能源。用氢气做燃料有许多优点,首先是干净卫生,氢气燃烧后的产物是水,不会污染环境,非常有利于环境的保护。其次是氢气在燃烧时比汽油的发热量高。一般的内燃机通常使用柴油或汽油燃料,氢能汽车则改为使用气体氢。燃料电池和电动氢会取代一般的引擎。氢能汽车行车路程远,使用寿命长。氢能也越来越多的应用在各行各业中。

(1)作为高能燃料用于航天飞机、火箭等航天行业及城市公共汽车中

作为燃料,氢能主要的使用方式是直接燃烧和电化学转换。氢能在发动机、内燃机燃烧过程中转换成动力,成为交通车辆、航空的动力源或固定式电站(集中式大规模电站或分布式电源)。燃料电池可用作为电力工业的分布式电源,交通部门的电动汽车电源以及电子工业部门微小型便携式移动电源等。特别值得提出的是氢气和天然气的混合气的燃烧应予充分重视,这是因为燃氢比燃料电池要便宜得多,对我们发展中国家尤为适用。由于氢气在天然气中的比例可以任意加入,但要考虑其对后面用氢设备的要求。添加10%～15%氢气的混合气对后续设备没有改造的要求,而且推广成本低,见效快。

20世纪50年代,美国利用液氢作为超音速和亚音速飞机的燃料,使B57双引擎轰炸机改装了氢发动机,实现了氢能飞机上天。1957前苏联宇航员加加林乘坐人造地球卫星遨游太空,1963年美国的宇宙飞船上天,紧接着1968年阿波罗号飞船实现了人类首次登上月球的创举。这一切都是氢燃料的功劳。面向21世纪,先进的高速远程氢能飞机和宇航飞船,商业运营的日子已为时不远。

(2)广泛的用于燃料电池中

氢气作为燃料电池的燃料与其他燃料相比具有无可比拟的优越性,如氢气热值高、对空气无污染等。

不同种类的燃料电池处于不同的发展阶段,碱性燃料电池(AFC)处于逐渐退出的趋势。质子交换膜燃料电池(PEMFC)已有商业示范,应用于固定电站和便携式装置中,我国也已有多辆PEMFC汽车示范。磷酸性燃料电池(PAFC)是发展较早的一种燃料电池,全世界已建立几百个固定的分布式电源,为电网提供电力,或作为可靠的后备电源,也有的为大型公共汽车

提供了电力。目前 200 kW 的熔融碳酸盐燃料电池(MCFC)电站及 100 kW 级的固体氧化物燃料电池(SOFC)电站均有示范装置。

　(3)在炼油工业中

　用氢气对燃料油、粗柴油、重油等进行加氢精制,提高产品的质量及除去产品中的有害物质如硫化氢、硫醇、水、含氮化合物、金属等,还可以使不饱和烃进行加氢精制。

　(4)应用于冶金工业中

　作为还原剂将金属氧化物还原为金属,在金属高温加工过程中可以作为保护气或填充气;在电子工业中用做保护气在集成电路、电子管、显像管等的制备过程中,也都是用氢气做保护气。

　(5)应用于食品工业中

　食用的色拉油就是对植物油进行加氢处理的产物,植物油加氢处理后性能稳定、易存放,且有抵抗细菌生长、易被人体吸收的功效。

　(6)在合成氨工业中

　氢气是重要的合成原料之一。

　作为新能源,氢气的安全性受到人们的普遍关注。从技术方面讲,氢气的使用是绝对安全的。氢气在空气中的扩散性很强,氢气泄漏或燃烧时,可以很快地垂直升到空气中并消失得无影无踪,而同时氢气本身由于没有毒性及放射性,不会对人体产生伤害,也不会产生温室效应。大量的氢能安全试验证明氢气是安全的燃料,如在汽车着火试验中,分别将装有氢气和天然气油燃料罐点燃,结果氢气作为燃料的汽车着火后,氢气剧烈燃烧,但火焰总是向上冲,对汽车的损坏比较缓慢,车内人员有较长的时间逃生,而天然燃料的汽车着火后,由于天然气比空气重,火焰向汽车四周蔓延,很快包围了汽车,伤及车内人员的安全。

3.5　其他生物醇类

　可用于汽车燃料的醇类燃料主要包括甲醇(CH_3OH)、乙醇(C_2H_5OH)、异丙醇(C_3H_7OH)和丁醇(C_4H_9OH)等。从技术和经济的水平上看,只有前两中物质适合作为燃料内燃机能源材料。然而从可再生的角度来看,在全球能量市场上,生物乙醇和生物甲醇将是主要的生物醇类。

　甲醇是另一个可能的替代传统汽车燃料的新燃料。在第二次世界大战期间的德国,甲醇被广泛用作汽车燃料。在 20 世纪 70 年代的石油危机时,由于其可用性高、成本低,因此将甲醇混入电机溶液技术受到重视。甲醇被称为"木醇",无色、透明、易燃,是易挥发的有毒液体,常温下对金属无腐蚀性(铅、铝除外),略有酒精气味。分子量32.04,相对密度 0.792 g/cm,熔点-97.8 ℃,沸点64.5 ℃,燃烧热725.76 kJ/mol,具有较高的辛烷值。

　甲醇的生产是密集型化学过程,目前多采用成气或沼气生产,在经济上以及环境保护问题上都非常具有可持续性。

　煤与焦炭是制造甲醇粗原料气的主要固体燃料,用煤和焦炭制甲醇的工艺路线包括燃料的汽化、气体的脱硫、变换、脱碳及甲醇合成与精制。

　用蒸汽与氧气(或空气、富氧空气)对煤、焦炭进行热加工称为固体燃料汽化,所得可燃性气体通称煤气,是制造甲醇的初始原料气,用煤和焦炭制得的粗原料气组分中氢碳比太低,故在气体脱硫后要经过变换工序,使过量的一氧化碳变换为氢气和二氧化碳,再经脱碳工序将过量的二氧化碳除去,原料气经过压缩、甲醇合成与精馏精制后制得甲醇。

甲醇也可以通过天然气制取获得,反应式如下

$$2H_2 + CO \longrightarrow CH_3OH$$

该反应在有镍、铜/锌、Cu/SiO_2、Pd/SiO_2、Pd/ZnO 等催化剂存在时能顺利进行。从天然气中获取甲醇的方法已经非常成熟,并获得广泛使用。

以天然气生产甲醇原料气有蒸汽转化、催化部分氧化、非催化部分氧化等方法,其中蒸汽转化法应用得最广泛。

天然气蒸汽转化法制的合成气过程中氢过量而一氧化碳与二氧化碳量不足,工业上解决这个问题的方法一是采用添加二氧化碳的蒸汽转化法以达到合适的配比,二氧化碳可以外部供应,也可以由转化炉烟道气中回收;另一种方法是以天然气为原料的二段转化法,即在第一段转化中进行天然气的蒸汽转化,只有约 1/4 的甲烷进行反应,第二段进行天然气的部分氧化,不仅所得合成气配比合适而且由于第二段反应温度提高到 800 ℃以上,增加了合成甲醇的有效气体组分。

天然气进入蒸汽转化炉前需进行净化处理清除有害杂质,净化后的气体含硫量必须低于 0.1 mL/m^3,转化后的气体经压缩去合成工段合成甲醇。

从生物质中可以生产甲醇,基本上是所有的主要能量来源。因此,生物质在一定程度上决定了燃料运输部门的选择。考虑到制氢成本与制甲醇成本的差异,一般情况下,利用天然气,生物质和木炭生产氢气比生产甲醇所得到的能源效率高并且成本更低。

第4章 能量的转化

本章提要 今天我们使用的部分燃料是经过数亿年地质演变形成的。这些燃料包括石油、煤和天然气，统称化石燃料。化石燃料并不创造能量，只是储存了能量。当太阳光到达地球时，地球上的藻类、植物和一些细菌利用光能合成有机物，将来自太阳的能量以化学能的形式储存起来。这些能量的一部分被植物的生命活动所消耗，剩余部分则被储藏了起来。古生物死亡后，它们储存的化学能被保留下来，这也正是煤炭、石油、天然气中的化学能的来源。然而化石燃料的燃烧却是大气污染的主要来源，并且世界上的石油基燃料可能被消耗殆尽。随着科学技术的发展，人们发现了一些其他可供选择的燃料，并且这些燃料能够成为石油燃料的替代品。通过代替石油基燃料，我们将不再需要依赖于非再生能源——化石燃料。使用替代燃料也存在很多好处。现代的车辆多数燃烧汽油，而这些车辆的主要的替代燃料有乙醇、液化石油气、压缩天然气、氢气和电力等。

能量以多种形式出现，包括辐射、物体运动、处于激发状态的原子、分子内部及分子之间的应变力。所有这些形式的重要意义在于其能量是相等的，也就是说一种形式的能量可以转变成另一种形式。宇宙中发生的绝大部分事件，例如恒星的崩溃和爆炸、生物的生长和毁灭、机器和计算机的操作中都包括能量由一种形式转化为另一种形式。

能量的形式可以用不同的方法来描述。声能主要是分子前后有规律的运动，热能是分子的无规则运动，重力能产生于分隔物体的相互吸引，而分离的电行相互吸引则形成了储存在机械应力中的能量。尽管每种能量的表现形式有所不同，但是每种能量都可以采用一种或多种方法进行测量，这样就能够搞清楚在一种形式转化为另一种形式的过程中能量的变化情况。不论什么时候，一种形式的能量减少了，那么另一种形式就会增加同应数量的能量。在一个系统中不论发生渐变还是骤变，只要没有能量进入或者离开这个系统，那么系统内部各种能量立和将不发生变化。但是，能量确实可以从系统边界渗漏出去。能量转换会产生热能，能够通过辐射和传导的方式泄漏出去，例如使用发动机、电线、热水罐，以及我们的躯体和立体音响等。而且，当热在流体中传导或辐射时，激起的流动通常促发了热量的转移。尽管传导或辐射热能很少的材料可用来减少热能的损耗，但也无法完全避免热能的流失。

现如今，我们所使用的能源大部分来自化石燃料，如煤炭、石油和天然气等。化石燃料主要被应用于交通运输和电力等行业，然而化石燃料的燃烧却是大气污染的主要来源。而世界上的石油基燃料可能被消耗殆尽，这个问题如今也受到越来越多的研究学者的关注。随着科学技术的发展，人们发现了一些其他可供选择的燃料，并且这些燃料能够成为石油燃料的替代品。这些替代燃料的发现和发明是非常重要的，虽然他们可以取代石油燃料，但是有些燃料中仍有少量的石油成分。通过代替石油基燃料，我们将不再需要依赖于非再生能源——化石燃料。使用替代燃料也存在很多好处。现代的车辆多数燃烧汽油，而这些车辆的主要的替代燃料有乙醇、液化石油气、压缩天然气、氢气和电力等。

4.1　液化石油气

4.1.1　液化石油气来源

液化石油气的主要供应来源：①原油炼制的副产气；②油田伴生气；③天然气田伴生气；④乙烯生产装置裂解气。

我国的液化石油气主要以炼油厂在进行原油催化裂解与热裂解时所得到的副产品为主。催化裂解气的主要成分如下：氢气 5% ~6%、甲烷 10%、乙烷 3% ~5%、乙烯 3%、丙烷 16% ~20%、丙烯 6% ~11%、丁烷 42% ~46%、丁烯 5% ~6%，含 5 个碳原子以上的烃类 5 ~12 种。热裂解气的主要成分如下：氢气 12%、甲烷 5% ~7%、乙烷 5% ~7%、乙烯 16% ~8%、丙烷 0.5%、丙烯 7% ~8%、丁烷 0.2%、丁烯 4% ~5%，含 5 个碳原子以上的烃类 2 ~3 种。这些碳氢化合物都容易液化，将它们压缩到只占原体积的 1/250 ~1/33，贮存于耐高压的钢罐中，使用时拧开液化气罐的阀门，可燃性的碳氢化合物气体就会通过管道进入燃烧器。点燃后形成淡蓝色火焰，燃烧过程中产生大量热（发热值约为 92 100 ~121 400 kJ/m³）。

4.1.2　液化石油气的物化特性

液化石油气（Liquefied Petrol Gas，LPG），是油气田开采和炼油厂加工过程中产生的一种副产品，也可以以煤为原料制取。随着石油化学工业的发展，液化石油气作为一种新型燃料和化工基本原料，已愈来愈受到人们的重视。液化石油气，实际上是由含三个或者四个碳原子的烃类如丙烷（C_3H_8）、丁烷（C_4H_{10}）为主的一种混合物。石油气成分的组成和其较高的热值如表 4.1。液化石油气和天然气、汽油等燃料的物化性质对比表 4.2。

表 4.1　液化石油气的组成成分和高热值（HHVs）

组成	按体积百分比/%	HHV/(MJ · kg⁻¹)
丙烷（C_3H_8）	60 ~85	50.4
丁烷（C_4H_{10}）	14 ~38	49.6
戊烷（C_5H_{12}）	0 ~6	49.1
异戊烷（C_5H_{12}）	0 ~0.2	49.0
环戊（C_5H_{12}）	0 ~0.1	45.5
乙烯（C_2H_4）	0 ~1.5	49.6
其他	0 ~2	—

表 4.2　液化石油气和天然气、汽油等燃料的物化性质

燃料种类 性　质	液化石油气		天然气	汽油
	丙烷	丁烷		
H/C 原子比	528	2.5	42	−230
密度（液相）/(kg · m⁻³)	2.69	602	424	700 ~800

续表4.2

性 质 \ 燃料种类	液化石油气		天然气	汽油
	丙烷	丁烷		
分子量	44.092 7	58.124	16.043	96
沸点/℃	−42.1	−0.5	−161.5	30~90
凝固点/℃	−187.7	−138.4	−182.5	−(56~60)
临界温度/℃	96.7	152	−82.6	310~340
临界压强/MPa	4.25	3.8	4.62	—
汽化热/(kJ·kg⁻¹)	426	385	510	—
比热(液体,沸点)/(kJ·kg⁻¹·k⁻¹)	2.48	2.36	3.87	2.0~2.2
比热(气体,250℃)/(kJ·kg⁻¹·k⁻¹)	1.67	1.68	2.23	1.6~1.7
理论空燃比(15℃)	273	236	624	—
质量比	15.65	15.43	17.25	14.8
体积比	23.81	30.95	9.52	8.586
低热值/(MJ·kg⁻¹)	45.77	46.39	50.05	43.9
混合气热值/(MJ·m⁻³)	3.49	3.52	3.39	3.73
混合气热值/(MJ·kg⁻¹)	2.79	2.79	2.75	2.783
辛烷值(RON)	111.5	95	130	92
着火极限/%	2.2~9.5	1.9~8.5	5~15	1.3~7.6
着火温度(常压下)/℃	466	430	537	390~420

4.1.3 液化石油气的燃料特点

(1)液化石油气的体积低热值和质量低热值略高于汽油,但是理论混合气热值要比汽油低。

(2)液化石油气比汽油着火温度高,火焰传播速度慢,因此需有较高的点火能量。

(3)发热量高。同样重量液化石油气的发热量液化石油气的发热量相当于煤的 2 倍,液态发热量为 45 185~45 980 kJ/m³。

(4)易于运输。液化石油气在常温常压下是气体,在一定的压力下或冷冻到一定温度可以液化为液体,可用火车(或汽车)槽车、液化石油气船在陆上和水上运输。

(5)液化石油气是比汽油更加"清洁"的燃料。由于液化石油气燃烧温度低,NO_x 生成少,与空气同为气相,混合均匀,燃烧比较完全,HC 和 CO 的排放降低。未燃烧燃料成分性质稳定,在大气中不会形成有害的光化学烟雾,但是其对大气温室效应影响比 CO_2 严重,应该引起注意。

(6)储存设备简单,供应方式灵活。与城市煤气的生产、储存、供应情况相比,液化石油气的储存设备比较简单,气站用液化石油气储罐储存,又可装在气瓶里供用户使用,也可通过配气站和供应管网,实行管道供气;甚至可用小瓶装上丁烷气,用做餐桌上的火锅燃料,使用方便。

（7）抗爆震性能高。液化石油气的辛烷值在 100 ~ 110 范围内，与汽油相比具有较高的抗爆震性能，所以液化石油气不需要添加剂或者加铅抗爆剂等。当液化石油气用于汽油机，可适当地增大发动机压缩比和点火提前角，从而提高了汽车的动力性、经济性潜力。

（8）使用液化石油气可以延长发动机使用寿命。由于液化石油气均与空气先混合后进入燃烧室，混合均匀，燃烧完全，燃烧室内积炭少，进气通道和气缸内无燃料冷凝物，因而气缸壁和活塞表面的油膜不会被冲刷，机油盘内机油不会被稀释，从而能够降低气缸和活塞组零件的磨损，提高其寿命。同时可以延长机油使用期限，降低机油消耗量。

（9）气态的液化石油比空气重约 1.5 倍，该气体的空气混合物爆炸范围是 1.7% ~ 9.7%，遇明火即发生爆炸。所以使用时一定要防止泄漏，不可麻痹大意，以免造成危害。

我国正在大量开采液化石油气，以期缓解目前能源消耗日益加剧方面的压力，我国在液化石油气储量上有很大的优势，因此以液化石油气来作为汽车用燃料的应用研究非常有必要，不但能够减轻石油能源的消耗压力，而且可以减少有害气体的排放。根据液化石油气的理化性质，在技术层面上看，替代石油作为汽车燃料是可行的。正是由于液化石油气燃烧时能够很大程度上降低碳积累和油污染，减少发动机磨损并使像环和轴承之类的一些部件的使用寿命比使用汽油时变长，以及石油气的高辛烷值也使发动机磨损降到最低。因此液化石油气技术的迅速发展，包括液化石油气型车辆改装和增加液化石油气供应缓解的发展表明：不久的将来液化石油气会成为公认的高档汽车燃料。

与其他道路运输燃料相比较，液化石油气和生物柴油可能是最为安全的。在暖气和电力市场方面，液化石油气的安全性能同其他燃料相比优势并不显著。风险评估顾问 Demirbas 与其同事接受委托，对气体燃料型车辆的过往所发生的意外进行了调查。风险评估顾问在调查以往发生意外的过程中发现，只有极少数事故涉及了气体发动机的燃料系统。仅有 4 则关于道路液化石油气车辆事故的报告。值得注意的是，这 4 例改装过的石油气车辆，在香港并不允许使用，而是只有定制液化石油气汽车制造商生产的汽车才被允许使用，它有着十分严格的安全性能标准。风险评估顾问证实，只有定制的石油气车辆燃料系统没有发生过任何事故。

发生爆炸或在使用液态石油气的车辆内使用移动电话而引发火灾的概率是非常小的。这是因为液态石油气车辆的燃料系统是封闭的安全设备，足以防止石油气意外泄漏。燃料泄漏的风险较汽油和柴油车辆更低。其次，液化石油气混合空气在一定比例范围内才易燃并且燃烧需要火源。高压力条件下的燃油系统的工作需要特殊的工具和安全防范措施。其操作技巧应该接受专门的培训和认证。这种培训应包括液化石油气的燃烧和存储的基本原理，使用高压管道、连接器、稳压器、汽缸、安全法规和行业标准，汽缸检查，转换系统校准工作，以及发现并修理故障。许多液体燃料蒸气如汽油和液态石油气的蒸汽都比空气重。当它们蒸发式，汽油和液化石油气蒸气往往围绕积累在燃料附近比较容易引起爆炸等危险的发生。

4.1.4　液化石油气的产量

近年来，除了北美地区外，全球大部分地区的液化石油气产量均呈增长趋势。液化石油气生产总量从 2000 年的 1.99 亿吨上升至 2007 年的 2.29 亿吨，只有北美地区的产量呈小幅度的下降趋势，从 2000 年的 5 924 万吨降至 2007 年的 5 491 万吨。其中产量增长最快的是中东地区。该地区 2007 年的液化石油气产量为 4 330 万吨，比 2000 年的 3 454 万吨，增长了 25%（见图 4.1）。

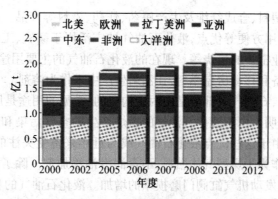

图 4.1　2000 ~ 2012 年全球液化石油气供应

　　由于亚洲地区炼油行业正在进行大规模的扩建,该地区的液化石油气产量正在快速增长,这一趋势在中国尤其明显。自 2000 年以来,亚洲地区的液化石油气供应量每年增长近 1 000 万 t;到 2012 年,该地区的液化石油气供应将会每年再增加 900 万 t,年均增长率为 4% (见图 4.2)。

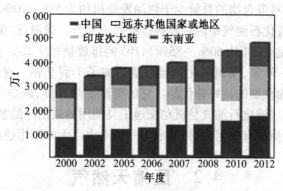

图 4.2　2000 ~ 2012 年亚洲地区的液化石油气供应

4.1.5　液化石油气的消耗量

　　从事能源咨询的美国 Purvin & Gertz 公司在 2007 年 3 月初的第 20 届液化石油气国际年会上分析,较高的油价和天然气价格也推高了世界液化石油气价格,这使得发展中国家的液化石油气市场的需求受到抑制。特别是中国和印度,在几年稳步增长之后,较高的液化石油气价格抑制了对液化石油气的需求。另一方面,较高的石油生产量使液化石油气生产增多,尤其是在中东地区。以沙特阿拉伯为首的中东地区历来引领世界液化石油气出口。供应的增长是由于世界新的液化石油气生产项目的大大增多,包括与许多新的液化石油气生产相关的项目。分析认为,在近 3 年时间内,世界液化石油气贸易已经从需求驱动模式转变为供应驱动模式,造成全球供过于求,并开始影响"价格关联"模式。随着液化天然气(LNG)大规模应用于城市燃气,逐渐取代燃料液化石油气时代即将到来,C_4 烃的合理利用已经是急需解决的问题。如何合理、经济地优化利用 C_4 液化气资源,已成为石化炼油企业提高资源综合利用率和自身竞争能力的重要课题。由此可以看出,液化石油气的综合利用受到了人们的关注。

4.1.6　液化石油气的应用

　　在化工生产方面,液化石油气经过分离得到的乙烯、丙烯、丁烯、丁二烯等,这些物质可被用来合成橡胶、生产合塑料、合成纤维及生产医药、炸药、染料等产品。由于化石油气热值高、无烟尘、无炭渣,操作使用方便等优点,液化石油气被广泛用于家庭、工业和农业,如金属的切割、农产品的烘烤和工业窑炉的焙烧等。现在的液化石油气的主要用途是采暖和制冷,作为天然气的补充,为工业设备和移动房屋燃料,在乙烯生产中来作为溶剂。

当作为一种燃料时,石油气大部分是由丙烷构成的;常见的用途是用于汽车驱动、做饭、取暖以及在农村地区的照明。由于液化石油气的燃烧产生的空气污染和固体残留废物量少,无需稀释润滑剂等优点,由于这些优点液化石油气成为近年来备受关注的一种内燃机燃料。与汽油不同,液化石油气作为干燥型气体燃料,不含润滑油添加剂。除了用铅做润滑剂,一些早期液化石油气转换导致发动机气缸阀门磨损率的增加。液化石油气的着火点高于汽油的着火点,增加对点火操作系统的适当维修是非常重要的。如果维持不当,容易引起非正常的燃烧和车辆性能的迟缓。液化石油气燃料和空气混合的燃烧效果很好,所以发动机启动的问题要小于液体燃料。因为液化石油气具有较低的能量密度,但是辛烷值高于汽油,液化石油气每英里所用的加仑数少,但其值允许更高的压缩比、功率以及燃油效能。在相同压缩比的条件下,气态液化石油气空气和燃料混合物的总量少于汽油发动机约为 5% ~ 10%。

HC、CO 和 NO_x 是液化石油气中丙烷燃烧排放的一部分。据调查,在各种车辆使用液化石油气时,通过改变其丙烷浓度(从 60% ~ 85%),HC 的排放量相应减少了 30% ~ 44%,一氧化碳的排放减少了 73% ~ 95%,而氮氧化物排放量增加了 7 到 9 倍。在火花点火汽油发动机中,液化石油气可以作为汽油的良好替代品。它的清洁燃烧性能,减少了废气的排放,延长了润滑油和火花塞的寿命。液化石油气是机动交通工具使用的最洁净的替代燃料之一。目前液化石油气燃烧和储存性质的有效组合,使其成为一种潜力巨大的车用燃油。

4.2　压缩天然气

通常情况下,天然气中含有超过 90% 的甲烷,少量的乙烷以及其他碳氢化合物少量共同组成。天然气中也可能含有少量的氮、二氧化碳和微量的水蒸气。天然气与其他气体相比,具有非常低的能量密度。平均而言,0.921 m^3 的天然气与 11 m^3 的汽油中含有的能量相同。这说明在常温和常压下,天然气不可作为运输燃料。要使用天然气作为运输燃料必须是压缩或者液化气等条件下,以增加其单位体积的能量密度。

压缩天然气(Compressed Natural Gas,CNG)是天然气加压并以气态形式储存在容器中。它与管道天然气的组分相同,主要成分为甲烷(CH_4),甲烷是最简单的碳氢化合物。压缩天然气是最为清洁的石油替代燃料。与使用汽油的车辆相比较,使用压缩天然气的车辆排所放的废气中二氧化碳的含量较低,但是在进行奥托过程时则二氧化碳释放量的增加。在汽油发动机中,压缩天然气燃烧产生的二氧化碳总量同柴油机中柴油燃烧所产生的二氧化碳总量相当,这是由能源单位进行衡量的。

4.2.1　压缩天然气的优点

(1)开采方便,价格低廉

天然气开采较石油容易,只需进行常规的现场处理便可作为车用燃料,其价格仅为汽油的 54%(以 1 m^3 约等于 1.13 L 计算)。若一辆出租车行驶 10 万 km/d,就可节省燃油成本约

20 000 元。

（2）安全性好

天然气是一种高燃点的轻量气体。其燃烧点大约为 650 ℃，而汽油的燃烧点为 390 ℃，因此在正常温度下，天然气比汽油安全。更为重要的是甲烷与空气的分子量分别为 16 和 29，所以天然气的密度为空气的 58%，万一高压储存瓶或者管道损坏出现泄露时，气体会很快在大气中散发，不会滞留形成可燃混合气。需要注意的是，压缩天然气是无色无味的气体，一旦发生泄漏不易察觉，因此在生产过程中应在天然气中添加具有独特臭味的加臭剂。

毋庸置疑，压缩天然气的燃烧所排放的有毒物质量比任何其他碳氢燃料都要低。这是因为，天然气是一种单一的碳氢化合物，其成分的 90% 是甲烷，而其他的燃料都是由复杂的碳氢化合物所构成的。液化石油气是由丙烷、丁烷和戊烷等相对简单的碳氢化合物共同组成的，多种碳氢化合物构成了在加油站所出售的汽油和柴油。汽油和柴油化合物燃烧排放到空气中的物质有：甲醇、甲醛、乙醛、丙烯醛、苯、甲苯、二甲苯等，其中还有一部分尚未既定排放标准的物质，但肯定对人类的健康产生不良的影响。

（3）污染少

采用压缩天然气作为汽车燃料，可以大大减少对环境的污染。碳氢化合物燃烧排放的烟尘是一个非常重要的课题，因为它涉及辐射传热和空气污染两方面的内容。内部燃烧（IC）压缩天然气发动机的使用降低了氮氧化物的排放，并且没有增加烟尘量的生成量。压缩天然气燃料的生产、加工、运输和车辆使用对环境的影响低于汽油或柴油燃料的生产，原油加工和运输到服务站对环境的影响。另外，由于压缩天然气本身呈现气体状态，燃烧时不需要进行雾化就可以充分地燃烧。从各燃料化学成分可知，天然气的含氢量比汽油和柴油高，因此压缩天然气与空气能够混合的更加充分，燃烧的更加彻底，燃烧后的排放尾气比汽油和柴油干净，所以压缩天然气发动机被视为低排放型发动机。

在墨西哥的研究人员曾采用 ftp-75 测试程序对私家车和出租车进行了大量测试，结果表明：与汽油车相比，排放物中一氧化碳（CO）下降约 88%，氮氧化合物（NO_x）下降约 40%，非甲烷碳氢化合物（HC）下降约 91%，但是含甲烷的碳氢化合物增加了约 13%。此外，根据其他的一些研究报告可以得出结论：压缩天然气发动机排放中，基本不含硫化物，也没有苯和铅等致癌的有害物质。国外的一项研究还指出，排放的废气中潜在的臭氧量极少。这些都说明了压缩天然气型汽车对减轻环境污染物起到了重大作用。

（4）发动机的使用寿命长

首先，压缩天然气的辛烷值高于汽油辛烷值的 30% 以上，其发动机运转更加平稳，抗爆性能好；其次，压缩天然气作为一种清洁能源在汽车上使用，能够减轻发动机零部件的磨损，并且不积炭，无需经常更换机油和火花塞等，从而降低了汽车维修保养的费用。

4.2.2　压缩天然气的不足

用压缩天然气作为汽车燃料，虽然减轻了对大气的污染，但是由于天然气本身就是开采时日不多的资源加上现在城市生活的主要能源，使得本来资源的就不丰富的天然气，更加供不应求。也许现阶段石油作为汽车等的能源的现象不能发生根本的改变。

压缩天然气含有大量甲烷，而甲烷是造成温室效应的气体之一，同时也会破坏臭氧（O_3，也是温室效应气体之一），如果发生泄露，其危害也是极大的。甲烷燃烧生成水和二氧化碳，水虽然无害,但从化学式上看生成的二氧化碳数量相当可观,二氧化碳也是温室效应气体之一。

4.2.3 压缩天然气的应用

压缩天然气是一种最理想的车用替代能源,其应用技术经数十年发展已日趋成熟,由于具有成本低、效益高、无污染、使用安全便捷等特点,正日益显示出强大的发展潜力。压缩天然气在汽车上的应用主要包括:①压缩天然气单一燃料;②柴油/压缩天然气双燃料;③汽油/压缩天然气两用燃料3种形式,具体的区别应用见表4.3。

表4.3 压缩然气在汽车上应用形式

形式	结构	优点	缺点	应用
压缩然气单一燃料	改变发动机压缩比、点火提前角等参数,只采用压缩天然气为发动机燃烧燃料	能充分发挥气态燃料高抗爆性;稀混合比;只有一套供给系统,结构更简单	行驶距离较短;成本高;技术不成熟	适用于运行线路固定,行程较短车辆,如城市公交车
柴油/压缩天然气双燃料	以柴油为着火剂,以燃气为主的油气混燃方式	动力性不变,甚至还略有增大,且在气态燃料完后可方便地转换为纯燃柴油工况。	排放只能达到欧洲排放标准	运输客货车适用于行程较长车辆,如大型长途
汽油/压缩天然气两用燃料	在保留原车供油系统的情况下,增加一套专用的压缩天然气供给装置,形成可以燃气燃油两种选择	排放得到很好的改善,技术成熟,现已得到广泛应用	动力性能略有下降	适用于行驶路线多变,行程较长车辆,如城市出租车

使用天然气作为运输燃料,需要建立一个完全不同的燃料供应系统。天然气必须通过气体分配系统进行输送,运输过程中的压强通常为0.3 MPa~1 MPa,然后需要用车用压缩天然气罐压缩到20 MPa。在压缩天然气汽车加油站没有任何中间储存设备,只利用压缩机而形成的一个缓慢的加油系统。每次加油需要大约8 h,因此需要一些大型的压缩机和中间储存装备,以缩短加油的时间。

在使用压缩天然气的汽车维修车库内必须保持空气流通,因为储存汽车的车库需要借助天花板排气系统排放天然气,以防止具有危险性的压缩天然气聚集。在车辆运行过程中,当压力调控器降低了压缩天然气的压力时,其温度便会下降,导致天然气中水蒸气浓缩,冷凝水会限制或阻止燃料流量。使用压缩天然气的汽车加油站通常将天然气脱水,其目的在于防止水的凝结。

目前,国际汽车业尚未建立一个关于放置压缩天然气的标准压力。在20 MPa时,压缩天然气的体积能量密度相当于大约汽油体积能量密度的四分之一。因此,当效率一样时,压缩天然气汽车油箱的大小相当于汽油油箱的4倍。通过冷却液化天然气到约400 K增大它的能量密度。液化天然气(LNG)的通常存储在0.07 MPa~0.34 MPa的压力下,其目的是保持天然气的液体状态,但是液化天然气是在多数市上是不允许上市的。运输距离的延长就会增加费用的投入,减少储罐重量和空间使我们使用压缩天然气变成可能。天然气的辛烷值为 130,大大高于汽油的辛烷值(其辛烷值为 84～97)。辛烷值较高的压缩天然气能够为发动机的性能提供了良好的特质。

尽管汽油和压缩天然气的体积能量密度有很大的差异,但是压缩天然气能量密度对发动机性能的影响并不显著。天然气作为一种气体,有几个冷启动的问题。与汽油相比,天然气的辛烷值较高,因此可以承受压缩比率较高的发动机。高的压缩比使得发动机有更高的功率和燃油效率。然而,在相同的压缩比下,天然气的空气/燃料的混合物的总量,每活塞产能比汽油少 10%～15%。因此,发动机的输出功率有 10%～15% 的损失。

为了安全地使用压缩天然气,技术人员和司机需要知道压缩天然气与汽油之间的区别,以及知道如何进行正确的操作。必须掌握的方面的知识有:天然气的燃烧和储存,运输用的高压管道,连接器,稳压器,汽缸,安全法规和行业标准的工作,并需要检查储存压缩天然气的气瓶。详细的操作安装说明和维修技术人员的培训通常应该由制造商提供。在一般情况下,天然气的优点有使用清洁和引擎耐用等。

4.3　电　　力

电力是以电能作为动力的能源。发明于 19 世纪 70 年代,电力的发明和应用掀起了第二次工业化的高潮。成为人类历史 18 世纪以来,世界发生的三次科技革命之一,从此科技改变了人们的生活。20 世纪出现的大规模电力系统是人类工程科学史上最重要的成就之一,是由发电、输电、变电、配电和用电等各环节组成的电力生产与消费系统。它将自然界的一次能源通过发电动力装置转化成电力,再经输电、变电和配电将电力供应到各用户。即使是在当今的互联网时代我们仍然对电力有着持续增长的需求,因为我们发明了家电、电脑等更多使用电力的产品。不可否认新技术的不断出现使得电力成为人们的必需品。

4.3.1　电能的生产

生产电能的方式主要有:大容量风力发电技术、生物发电、太阳能发电、火力发电(煤等可燃烧物)、核能发电、水力发电、氢能发电等。21 世纪能源科学将为人类文明再创辉煌。燃料电池是将氢、天然气、甲醇、煤气、肼等燃料的化学能直接转换成电能的一类化学电源。生物质能是以生物质为载体产生能量的高效和清洁利用技术。

4.3.1.1　风力发电

目前,风力发电现已经成为风能利用的主要形式,受到世界各国的高度重视,而且发展速度最快。风力发电通常有三种运行方式:

(1)风力发电与其他发电方式(例如柴油机发电)相结合的联合供电方式,向交通不便的沿海岛屿、偏远山村,或者地广人稀的草原牧场提供电力。

(2)独立运行方式,通常是一台小型风力发电机向一户或者几户提供电力,它用蓄电池蓄能,以保证无风时的用电。

(3)并网型风力发电运行方式,安装在有电网且风力资源丰富地区,常常是一处风场安装几十台甚至几百台风力发电机,这是风力发电的主要发展方向。风力发电机组在不同风速条件下工作时,其发电机输出的电压的频率和幅值是变化的,因此需要配置电力电子功率变换器,通过功率变换器的换流控制,使输出电压达到恒压恒频的要求。功率变换器与风力发电机的系统集成有两种方案:直接输出型风力发电系统和双馈型风力发电机系统。图4.3给出了两种风力发电系统的结构。

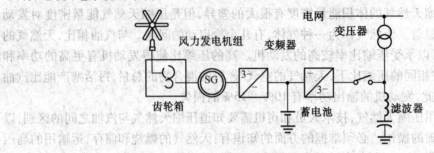

(a) 直接输出型风力发电系统

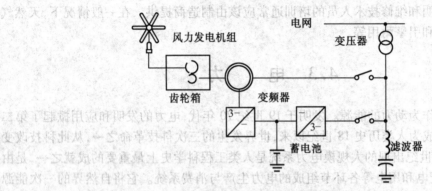

(b) 双馈型风力发电机系统

图4.3 风力发电系统的两种结构

4.3.1.2 生物质能与生物质能发电

生物质能是蕴藏在生物质中的能量,是绿色植物的叶绿素通过光合作用将太阳能转化为化学能而贮存在生物质内部的能量。煤、石油和天然气等化石能源也是由生物质能转变而来的。生物质能是可再生能源,主要包括以下几个方面:①木材及森林工业废弃物;②水生植物;③农业废弃物;④油料植物;⑤动物粪便;⑥城市和工业有机废弃物。

在世界能耗中,生物质能约占14%,在不发达地区可占60%以上。全世界约25亿人的生活能源的90%以上是生物质能。生物质能的优点是燃烧容易,灰分较低,污染少;缺点是热值及热效率低,体积大而不易运输。直接燃烧生物质的热效率仅仅为10%～30%。目前,生物质能的应用技术开发,旨在把森林砍伐和木材加工剩余物以及农林剩余物如麦草、秸秆等原料,甚至是生活垃圾通过物理或者化学化工的加工方法,使之成为高品位的能源,提高使用热效率,减少化石能源使用量,保护环境。生物质能发电在可再生能源发电中电能可靠性高、质量好,与风能和太阳能发电等间歇性发电比较要好得多,具有较高的经济价值。我国是农业大国,林业、秸秆废弃物等生物质能资源非常丰富,据测算每两吨秸秆的发电量相当于1吨煤。而我国每年农作物秸秆年产量大约为6.5亿吨,相当于3.25亿吨煤;林区的废枝每年能够达到10亿吨,约合5亿吨以上的煤。不仅如此,秸秆还是一种煤无法媲美的清洁能源。用清洁可再生能源替代石油、煤炭,调整能源结构是我国近期的重要任务,而利用生物质能、风能等可再生能源发电正是我国能源结构调整最主要、最现实的方向。

4.3.1.3　太阳能与太阳能电池

太阳能一般指太阳光的辐射能量。太阳能的利用有太阳能光伏(光电转换)和太阳热能(光热转换)两种方式。现代的太阳热能科学将阳光聚合,并运用其能量产生电力、热水和蒸气。而光伏板(太阳能电池)组件是一种暴露在阳光下就会产生直流电的发电装置,由几乎全部以半导体物料(如硅)制成的薄身固体光伏电池所组成。目前,利用太阳能的计划中,最引人注目的是太阳能电池。自 20 世纪 50 年代第一块实用的硅太阳电池研制成功,太阳能光电技术已历经了半个世纪的发展。目前占主流的太阳电池是硅太阳电池,它又分非晶硅太阳电池、单晶硅太阳电池和多晶硅太阳电池。典型的太阳能供电系统结构如图 4.4 所示,首先通过太阳电池阵列的光电转换,将太阳能转变成电能,再由功率变换器将太阳电池输出的直流电转换成用户所需的电源形式。根据用户要求,功率变换器可选择直流斩波器进行 DC/DC 变换,或者采用逆变器进行变换 DC/AC 变换。此外,功率变换装置还应包括蓄电池系统,用以平衡用电需求。当阳光充足时,由太阳电池供电,同时向蓄电池充电;当夜晚或者阳光稀少时, 由蓄电池供电。变流器的电路结构如图 4.4 所示。

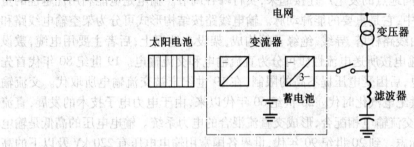

图 4.4　太阳能供电系统结构

4.3.1.4　地热能与地热发电

地热发电是地热利用的最重要方式。高温地热流体应首先应用于发电。火力发电和地热发电的原理是一样的,都是利用蒸汽的热能在汽轮机中转变为机械能,然后带动发电机发电。有所不同的是,地热发电并不像火力发电那样要备有庞大的锅炉,也不需要消耗燃料,它所用的能源就是地热能。地热发电的过程,就是把地下的热能首先转变为机械能,然后再把机械能转变为电能的过程。要利用地下热能,首先需要有"载热体"把地下的热能带到地面上来。目前能够被地热电站利用的载热体,主要是地下的天然热水和蒸汽。按照载热体类型、压力、温度和其他特性的不同,可把地热发电的方式划分为热水型地热发电和蒸汽型地热发电两大类。

4.3.2　各种发电方式的弊端

(1)风力发电

视觉,噪声污染。占用大片土地及林地,对植被破坏大。不稳定,不可控。目前成本仍然很高。

(2)水力发电

水电要淹没大量土地,有可能导致生态环境破坏,并且大型水库一旦崩塌,后果将不堪设想。另外,一个国家的水力资源也是有限的,而且还要受季节的影响。

（3）火力发电

烟气污染——煤炭直接燃烧排放的 NO_x、SO_2 等酸性气体不断增长,使我国很多地区酸雨量增加。全国每年产生 140 万吨 SO_2;粉尘污染——对电站附近的环境造成粉煤灰污染,对人们的生活及植物的生长造成不良影响。全国每年产生 1 500 万吨烟尘;资源消耗——发电的汽轮机通常选用水作为冷却介质,一座 100 万 kW 火力发电厂每日的耗水量约为十万吨。全国每年消耗 5 000 万吨标准煤。

（4）核能发电

核电在正常情况下固然是干净的,但是万一发生核泄漏,后果同样是可怕的。前苏联切尔诺贝利核电站事故,已使 900 万人受到了不同程度的损害,而且这一影响并未终止。

4.3.3　输电系统

电能的传输,它和变电、配电、用电一起,构成电力系统的整体功能。通过输电,把相距甚远的(能达数千千米)发电厂和负荷中心联系起来,使电能的开发和利用超越地域的限制。与其他能源的传输(如输油、输煤等)相比,输电的损耗小、效益高、易于调控、灵活方便、环境污染少;输电还可以将不同地点的发电厂连接起来,实行峰谷调节。输电是电能利用优越性的重要体现,在现代化社会中,它是重要的能源动脉。输电线路按结构形式可分为架空输电线路和地下输电线路。前者由线路杆塔、导线、绝缘子等构成,架设在地面上;后者主要用电缆,敷设在地下(或者水下)。输电按所送电流性质可分为直流输电和交流输电。19 世纪 80 年代首先成功地实现了直流输电,后因受电压提不高的限制,在 19 世纪末被交流输电所取代。交流输电的成功,迎来了 20 世纪电汽化时代。20 世纪 60 年代以来,由于电力电子技术的发展,直流输电又有新的发展,与交流输电相配合,形成交直流混合的电力系统。输电电压的高低是输电技术发展水平的主要标志。到 20 世纪 90 年代,世界各国常用输电电压有 220 kV 及以下的高压输电 330 ~ 765 kV 的超高压输电,1 000 kV 及以上的特高压输电。

4.3.4　变电系统

电力系统中,发电厂将天然的一次能源转变成电能,向远方的电力用户送电,为了减小输电线路上的电能损耗和线路阻抗压降,需要将电压升高;为了满足电力用户安全的需要,需要将电压降低,并分配给各个用户,这就需要能升高和降低电压,并能分配电能的变电所。所以变电所是电力系统中通过其变换电压、接受和分配电能的电工装置,它是联系发电厂和电力用户的中间环节,同时通过变电所将各电压等级的电网联系起来。变电所由电力变压器、配电装置、二次系统以及必要的附属设备组成。变压器是变电所的中心设备,变压器利用的是电磁感应原理。配电装置是变电所中所有的开关电器、载流导体辅助设备连接在一起的装置。其作用是接受和分配电能。配电装置主要由母线、高压断路器开关、互感器、电抗器线圈、电力电容器、避雷器、高压熔断器、二次设备及必要的其他辅助设备所组成。二次设备是指一次系统状态测量、控制、监察和保护的设备装置。由这些设备构成的回路叫二次回路,又称二次系统。二次系统的设备包含测量装置、控制装置、继电保护装置、自动控制装置、直流系统及必要的附属设备。

4.3.5　中国电力市场发展现状

中国在 2008 年国家电力市场交易电量同比增加 24%,完成发电权交易同比增加 85%,实现节约标煤 900 多万吨。受宏观经济形势影响,中国 2008 年电力需求增长呈现明显减缓的趋势,全社会用电量为 34 268 亿 kW/h,同比增长 5.2%,增速同比回落 9.6%。同期,国家电力市场交易电量持续增长。自国家电网获悉,2008 年中国的电网建设继续加快,电网开工和投产规模继续保持较快增长,特高压交流试验示范工程顺利投产。2008 年,国家电力市场交易电量持续增长,全年累计完成交易电量同比增加 24%。同期,完成发电权交易比上年同期增长 85%,实现节约标煤 900 多万吨。图 4.5 给出了 1990~2009 年我国电力供给结构(数据来源:2004、2005、2007、2008、2009 年中国统计年鉴,2009 年数据来自电监会。)。

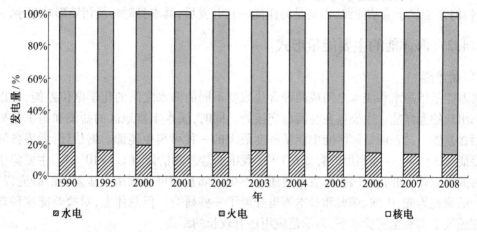

图 4.5　1990~2009 年我国电力供给结构

4.4　海　洋　能

海洋能(ocean energy)是海水运动过程中产生的可再生能,主要包括温差能、波浪能、潮汐能、海流能、潮流能、盐差能等。潮汐能和潮流能源自月球、太阳和其他星球引力,其他海洋能均源自太阳辐射。海水温差能是一种热能。低纬度的海面水温较高,与深层水形成温度差,能够产生热交换。其能量与温差的大小和热交换水量成正比。潮汐能、海流能、潮流能、波浪能都是机械能。潮汐的能量与潮差大小和潮量成正比。波浪的能量与波高的平方和波动水域面积成正比。在河口水域还存在海水盐差能(又称海水化学能),入海径流的淡水与海洋盐水之间有盐度差,若隔以半透膜,淡水向海水一侧渗透,能够生渗透压力,其能量与压力差和渗透能量成正比。

地球表面积约为 5.1×10^8 km²,其中陆地表面积为 1.49×10^8 km² 占 29%;海洋面积达 3.61×10^8 km²,以海平面计,全部陆地的平均海拔约为 840 m,而海洋的平均深度却是 380 m,整个海水的容积多达 1.37×10^9 km³。一望无际的大海,不仅为人类提供水源、航运和丰富的矿藏,而且还蕴藏着巨大的能量,它将太阳能以及派生的风能等以热能、机械能等形式蓄在海水里,不像在陆地和空中那样容易散失。

4.4.1　海洋能的特点

(1)海洋能在海洋总水体中的蕴藏量巨大,而单位体积、单位面积、单位长度所拥有的能量较小。这就是说,要想得到大能量,就得从大量的海水中获得。

（2）海洋能有较稳定与不稳定能源之分。较稳定的为温度差能、盐度差能和海流能。不稳定能源分为变化有规律与变化无规律两种。属于不稳定但变化有规律的有潮汐能与潮流能。人们根据潮汐潮流变化规律，编制出各地逐日逐时的潮汐与潮流预报，预测未来各个时间的潮汐大小与潮流强弱。潮汐电站与潮流电站可根据预报表安排发电运行。既不稳定又无规律的是波浪能。

（3）海洋能具有可再生性。海洋能来源于太阳辐射能与天体间的万有引力，只要太阳、月球等天体与地球共存，这种能源就会再生，就会取之不尽，用之不竭。

（4）海洋能属于清洁能源，也就是海洋能一旦开发后，其本身对环境污染影响很小。

4.4.2　海洋能的主要能量形式

（1）盐差能

盐差能是指海水和淡水之间或两种含盐浓度不同的海水之间的化学电位差能，是以化学能形态出现的海洋能。主要存在与河海交接处。同时，淡水丰富地区的盐湖和地下盐矿也可以利用盐差能。盐差能是海洋能中能量密度最大的一种可再生能源。据估计，世界各河口区的盐差能达 30 TW，可能利用的有 2.6 TW。我国的盐差能估计为 1.1×10^8 kW，主要集中在各大江河的出海处，同时，我国青海省等地还有不少内陆盐湖可以利用。盐差能的研究以美国、以色列的研究为先，中国、瑞典和日本等也开展了一些研究。但总体上，对盐差能这种新能源的研究还处于实验室实验水平，离示范应用还有较长的距离。

（2）潮汐能

因月球引力的变化引起潮汐现象，潮汐导致海水平面周期性地升降，因海水涨落及潮水流动所产生的能量成为潮汐能。潮汐与潮流能来源于月球、太阳引力，其他海洋能均来源于太阳辐射，海洋面积占地球总面积的 71%，太阳到达地球的能量，大部分落在海洋上空和海水中，部分转化成各种形式的海洋能。潮汐能的主要利用方式为发电，目前世界上最大的潮汐电站是法国的朗斯潮汐电站，我国的江夏潮汐实验电站为国内最大。

（3）海水温差能

海水温差能是指涵养表层海水和深层海水之间水温差的热能，是海洋能的一种重要形式。低纬度的海面水温较高，与深层冷水存在温度差，而储存着温差热能，其能量与温差的大小和水量成正比。温差能的主要利用方式为发电，首次提出利用海水温差发电设想的是法国物理学家阿松瓦尔，1926 年，阿松瓦尔的学生克劳德试验成功海水温差发电。1930 年，克劳德在古巴海滨建造了世界上第一座海水温差发电站，获得了 10 kW 的功率。温差能利用的最大困难是温差大小，能量密度低，其效率仅有 3% 左右，而且换热面积大，建设费用高，目前各国仍在积极探索中。

（4）波浪能

波浪能是指海洋表面波浪所具有的动能和势能，是一种在风的作用下产生的，并以位能和动能的形式由短周期波储存的机械能。波浪的能量波高的平方、波浪的运动周期以及迎波面的宽度成正比。波浪能是海洋能源中能量最不稳定的一种能源。波浪发电是波浪能利用的主要方式，此外，波浪能还可以用于抽水、供热、海水淡化以及制氢等。

（5）海流能

海流能是指海水流动的动能，主要是指海底水道和海峡中较为稳定的流动和由于潮汐导致的有规律的海水流动所产生的能量,是另一种以动能形态出现的海洋能。海流能的利用方式主要是发电,其原理和风力发电相似。全世界海流能的理论估算值大约为 10^8 kW 量级。利用中国沿海 130 个水道、航门的各种观测及分析资料,计算统计获得中国沿海海流能的年平均功率理论值约为 1.4×10^7 kW。属于世界上功率密度最大的地区之一,其中山东、浙江、辽宁、福建和台湾沿海的海流能较为丰富,不少水道的能量密度为 15 ~ 30 kW/m²,具有良好的开发值。特别是浙江的舟山群岛的龟山、金塘和西堠门水道,平均功率密度在 20 kW/m² 以上,开发环境和条件很好。

4.4.3　我国海洋能的利用技术现状

资料显示,我国从 20 世纪 80 年代开始,在沿海各地区陆续地兴建了一批中小型潮汐发电站并投入运行发电。其中最大的潮汐电站是 1980 年 5 月建成的浙江省温岭市江厦潮汐试验电站,它也是世界已建成的较大双向潮汐电站之一。总库容 490 万 m³,发电有效库容 270 万 m³。这里的最大潮差 8.39 m,平均潮差 5.08 m;电站功率 3 200 kW。据了解,江厦电站每昼夜可发电 14 ~ 15 h,比单向潮汐电站增加发电量 30% ~ 40%。江厦电站每年可为温岭、黄岩电力网提供 100 亿 W/h 的电能。

除潮汐能外,重点开发波浪能和海水热能。统计显示,海浪每秒钟在 1 km² 海面上产生 20 万 kW 的能量,全世界海洋中可开发利用的波浪约为 27 ~ 30 亿 kW,而我国近海域波浪的蕴藏量约为 1.5 亿 kW,可开发利用量 3 000 ~ 3 500 万 kW,目前,一些发达国家已经开始建造小型的波浪发电站。而海水热能是海面上的海水被太阳晒热后,在真空泵中减压,使海水变为蒸汽,然后推动蒸汽轮机而发电。同时,蒸汽又被引上来,冷却后回收为淡水。这两项技术我国正在研究和开发中。

4.4.4　前景展望

全球海洋能的可再生量很大。根据联合国教科文组织 1981 年出版物的估计数字,五种海洋能理论上可再生的总量为 766 亿 kW。其中温差能为 400 亿 kW,盐差能为 300 亿 kW,海流能为 6 亿 kW,潮汐和波浪能各为 30 亿 kW。但是如上所述是难以实现把上述全部能量取出,设想只能利用较强的海流、潮汐和波浪;利用大降雨量地域的盐度差,而温差利用则受热机卡诺效率的限制。因此,估计技术上允许利用功率为 64 亿 kW,其中盐差能 30 亿 kW,温差能为 20 亿 kW,波浪能 10 亿 kW,潮汐能 1 亿 kW,海流能 3 亿 kW(估计数字)。

海洋能的强度较常规能源为低。海水温差小,海面与 500 ~ 1 000 m 深层水之间的较大温差仅为 20℃ 左右;波浪水、潮汐位差小,较大潮差仅 7 ~ 10 m,较大波高仅 3 m。即使这样,在可再生能源中,海洋能仍具有可观的能流密度。以波浪能为例,每米海岸线平均波功率在最丰富的海域是 50 kW,一般的有 5 ~ 6 kW;后者相当于太阳能流密度为 1 kW/m²。又如潮流能,最高流速为 3 m/s 的舟山群岛潮流,在一个潮流周期的平均潮流功率达 4.5 kW/m²。海洋能作为自然能源是随时变化着的。但海洋是个庞大的蓄能库,将太阳能以及派生的风能等以热能、机械能等形式蓄在海水里,不像在陆地和空中那样容易散失。海水温差、盐度差和海流都是较稳定的,24 h 不间断,昼夜波动小,只稍有季节性的变化。潮汐、潮流则作恒定的周期性变化,对大潮、涨潮、小潮、潮位、落潮、潮速、方向都可以准确预测。海浪是海洋中最不稳定的,有周期性、季节性,而且相邻周期也是变化的。但海浪是风浪和涌浪的总和,而涌浪源自辽阔海域持续时日的风能,不像当地太阳和风那样容易骤起骤止和受局部气象的影响。

海洋能的利用目前还是很昂贵的,以法国的朗斯潮汐电站为例,其单位千瓦装机投资合1 500美元(1980年价格),高出常规火电站。但是在目前严重缺乏能源的沿海地区(包括岛屿),把海洋能作为一种补充能源加以利用还是可取的。

4.5　生物可再生液体

醇类例如甲醇、乙醇、丙醇和丁醇可以作为替代燃料代替汽油。实际上,乙醇家族中的任何有机分子都可以被用来作燃料。然而,只有甲醇燃料和乙醇燃料在技术上和经济上适合内燃机(ICEs)。

4.5.1　甲　醇

4.5.1.1　甲醇燃料的理化性质

甲醇是无色透明、易燃、易挥发的液体,蒸发潜热高、含氧量高,抗爆性能好,但甲醇有毒、热值较低,在有少量水分存在的情况下易产生相分离。表4.4是甲醇和汽油理化性质比较。

表4.4　甲醇和汽油的燃料特性比较

性质	甲醇	汽油
化学分子式	CH_3OH	$C_2 \sim C_{12}$烃类
分子量	32	58 ~ 180
氧含量(质量分数)/%	49.9	0
密度(20℃)(kg·L^{-1})	0.793	0.693 ~ 0.790
沸点/℃	64.51	30 ~ 220
闪电/℃	11	40
理论空燃比	6.45	14.2 ~ 15.1
蒸汽压(雷德法)/kPa	32	45 ~ 100
蒸发潜热/(kJ·kg^{-1})	1109	310
热值/(MJ·kg^{-1})	19.60	43.50

4.5.1.2　甲醇燃料的优点

(1)甲醇在环境温度下为液体,和汽油一样,有利于运输和储存。甲醇的引火温度和自燃温度比汽油高,可以减少发生火灾的概率。

(2)在高油价和低甲醇价格情况下,甲醇燃料在经济上占有很大优势。

(3)甲醇燃料水溶性强,生物降解快,对生态环境的影响较小。

(4)甲醇的辛烷值高,具有较好的调和性。纯甲醇辛烷值(RON)为112,$(R+M)/2$为101.5。汽油中添加甲醇能够提高汽油的辛烷值,添加10%(体积分数)甲醇可提高$(R+M)/2$为1.5 ~ 2.5个单位,增强其抗爆性能,提高发动机的压缩比,从而提高发动机的功率。

(5)甲醇的化学组成单一,含氧量高。甲醇分子中含有50%的氧,在气缸内完全燃烧所需的空气量远少于汽油,燃烧更加充分,不仅提高了发动机的热效率,而且减少了汽车常规运行时尾气中 CO 和碳氢化合物(CH)的排放,虽然尾气会含有少量甲醇和不完全氧化产物甲醛,但是都可通过尾气净化器净化。

4.5.1.3　甲醇的生产技术

在一定温度、压力和催化剂存在的条件下,以 H_2 和 CO 为原料合成甲醇,甲醇生产工艺简单,分为高压法、中压法和低压法。基本步骤为:合成气催化生成粗甲醇,经过冷凝、精馏获得纯甲醇。甲醇合成气的来源如下:煤和焦炭在常压或者加压下汽化,以空气和水蒸气为汽化剂,生产水煤气,经过水汽变换逆反应和脱除部分 CO_2 得到甲醇合成气;重油部分氧化制备合成气;天然气和石油蒸汽转化技术生产甲醇合成气。生产甲醇的气体原料还有地下瓦斯气、焦炉气、黄磷尾气等。

4.5.1.4　国内外甲醇燃料的应用

（1）甲醇燃料电池的应用和开发

在国际上,因为氢燃料电池系统的能源利用率达到 60%,燃料电池系统的制造成本比发动机低得多,整车生产更加容易。一些著名公司已经开始逐渐开发甲醇车,其中有戴姆-克莱斯勒开发的以甲醇为液体燃料的燃料电池商用车;本田在 2000 年开发出甲醇电池车,并于 2003 年开始商业化生产;福特公司也相继开发生产出了运动型原型车。

甲醇燃料的间接使用可以通过化学转化和电化学转化来实现。化学转化主要是指将甲醇转化为甲基叔丁基醚和二甲醚等。电化学转化可分为直接燃料电池和间接燃料电池,这里所讲的甲醇燃料电池就是直接燃料电池,是甲醇在阳极被电解为氢和二氧化碳,氢通过质子膜到阴极与氧气反应,并同时产生了电流。

直接燃料电池(DMFC)最早于 20 世纪 60、70 年代分别由英国的 Shell 和法国的 Exxon-Alsthom 提出来的,经过了几十年的发展,世界上许多机构对 DMFC 进行研发,其主要机构有:美国洛斯阿拉莫斯国家实验室、德国西门子、加利福尼亚工学院喷气推进实验室、意大利 CNR-TAE 研究院以英国 Newcastle 大学。各个机构分别采用不同的研究方法研究 DMFC 的性能和工作条件,其主要目的是提高电池的温度。我国开展 DMFC 的研究相对较晚,1999 年中科院大连化学物理研究所开始对 DMFC 进行实验性的研究;此外,中科院长春应用化学研究所和天津大学等单位也对其进行了研究。目前对 DMFC 的研发主要集中在质子膜、催化剂等方面。

（2）甲醇汽油的应用

国外甲醇燃料开发和应用已经有多年历史。1978 年美国加州首次实现了甲醇燃料的使用,其中有含 85% 甲醇的轻便车和含 100% 甲醇的重型车,到了 1995 年美国的甲醇燃料汽车已达到 12 700 辆,但是以后随着石油价格的下跌,甲醇燃料的使用逐渐减少。在欧洲,20 世纪70 年代,德国就推出了甲醇汽车,目前仍然有几百辆甲醇汽车在运行。日本的研发始于 20 世纪 80 年代后期,进入 90 年代初有 300 多辆甲醇燃料汽车投入运行,主要是将高比例的甲醇燃料用于轻型汽车。由于石油价格一度下跌的影响,到 2003 年为止仅有大约 100 多辆甲醇汽车还在运营。巴西是甲醇燃料汽车推广规模最大的国家,到 20 世纪 80 年代中期,在巴西全国已经普遍用 60% 乙醇、33% 甲醇和 7% 汽油乙醇混合的液体燃料作为汽车用燃料。虽然甲醇燃料汽车曾一度萎缩,但是近期又再次被消费者青睐,约有 400 万辆汽车在使用。

我国甲醇燃料的研发起步较早,也有一定的基础。在"六五"期间,由国家科委、交通部和山西省共同组织了有 480 辆货车参与的 M15-25 甲醇燃料的试验与示范,并且解决了甲醇燃料与汽油相溶性方面的一些问题。"七五"期间,由科委组织,中国科学院牵头组成攻关组,对 492 发动机进行扭矩、热效率以及尾气排放等问题的研究,并取得了比较满意的效果。"八五"期间,由国家科委组织我国有关部门与德国大众汽车公司合作,共同进行高比例甲醇发动机和汽车的试验研究,其中有 8 辆车在北京累计行驶大约 150 万 km,目前仍有 3 辆甲醇汽车在运行,并且运行车辆性能良好。

4.5.1.5　国内甲醇的生产现状及存在问题

我国的甲醇生产始于 1957 年,多年来,我国的甲醇产业发展迅速。据统计,2004 年全国甲醇产能已经超过 600 万吨/年;2005 年产能 720 万吨,甲醇产量 536 万吨,较 2004 年增长了21.62%;2006 年我国甲醇产能增至 1 117 万吨,其产量为 762 万吨;而截至 2009 年,我国新增甲醇产能 525 万吨,总产能超过 3 000 万吨,全年产量约 1 116 万吨。国内甲醇产能和产量依然处于高增长态势。虽然国内甲醇产量增长很快,但是也存在一些问题:

(1)大部分甲醇生产企业规模较小,甲醇产能较低。国际甲醇产业近年的发展更加注重规模经济,原先 60 万吨/年规模以下的甲醇装置已经逐步淘汰,新建装置基本均为百万吨规模装置甚至搞达 200 万吨/年以上规模。而我国与国际相比则要落后很多,以 2006 年为例,当年甲醇产能约为 1 200 万吨/年,但是装置却有 200 多套,平均装置能力不到 6 万吨/年。据统计,我国大约有半数装置规模在 10 万吨/年以下,这些装置中,生产能力仅 2 万吨/年左右的又近七成;30 万吨/年以上的装置远不足 10 套,60 万吨/年以上的在产装置更少。由此带来了资源浪费、成本增加等弊端。

(2)甲醇生产企业开工率偏低。自 1998～2002 年,开工率始终在 40%～55% 之间。2003到 2005 年由于甲醇需求旺盛、价格高,开工率上升到近年来的最高峰,分别达到 62%、73% 和77%。此后由于全球甲醇市场缩水等诸多原因,开工率又出现下滑趋势,2009 年初市场最严峻时,开工率仅为 26%～28%,全年整体开工率大约 35%。目前国内甲醇企业开工率只有30% 左右,并且九成以上企业面临亏损。其原因主要是因为我国联醇装置规模小、产品成本高以及受国际廉价甲醇的影响等多方面因素共同作用造成。

(3)甲醇生产的增长速度远超过了市场需求量的增长速度。与甲醇生产相比较,甲醇的下游产业增速缓慢,对甲醇需求量相对较少,其最具潜力的二甲醚市场消费量也大幅萎缩。因此,开拓新的甲醇应用领域迫在眉睫。综上所述,我国甲醇产量已经呈现过剩态势,除甲醇传统的用途之外,大力发展甲醇替代石油燃料这一应用途径,可以从一定程度上缓解过剩的局面,也能刺激国内甲醇企业的生产现状。

4.5.2　乙　　醇

4.5.2.1　乙醇的理化性质

(1)乙醇的物理性质

乙醇(ethanol)又称酒精,是由碳、氢、氧 3 种元素组成的有机化合物,乙醇分子由官能团羟基(-OH)和烃基(-C$_2$H$_5$)两部分构成,分子式为 C$_2$H$_5$OH,其相对分子量为 46.07,在常温常压下,乙醇是无色透明的液体,具有特殊的芳香味和刺激味,吸湿性很强,可以与水以任何比例混合并产生热量,混合时总体积缩小。纯乙醇的相对密度为 0.79 g/cm³,沸点78.3 ℃,凝固点为 −130 ℃,燃点为 424 ℃,乙醇易燃烧、易挥发。乙醇能够使细胞蛋白凝固,特别是体积分数为 75% 的乙醇作用最为强烈。当浓度过高时,细胞表面的蛋白质迅速凝固形成一层薄膜,阻止乙醇向组织内部渗透,作用效果反而降低;而浓度过低则不能使蛋白质凝固。因此,常用 75%(体积分数)的乙醇作消毒杀菌剂。乙醇容易被人体肠胃吸收,吸收后迅速分解放出热量,少量的乙醇对大脑有兴奋作用,如果数量较大则有麻醉作用,大量乙醇对肝脏和神经系统有毒害作用。工业酒精含乙醇大约95%,含乙醇高达99.5%以上的酒精称为无水乙醇。含乙醇95.6%、水4.4%的酒精是恒沸混合液,沸点是 78.15 ℃,其中少量的水不能用蒸馏法去除。

(2)乙醇的化学性质

乙醇属于饱和一元醇。乙醇能够燃烧,能够和多种物质如强氧化剂、碱金属、酸酐、酸类、胺类发生化学反应。在乙醇分子中,由于氧原子的电负性比较大,使得 O—H 键和 C—O 键具有较强的极性而容易断裂,这是乙醇易发生反应的两个部位。

4.5.2.2　乙醇燃料的主要用途和特点

乙醇既是一种基本的化工原料,广泛应用于食品、饮料工业、化工、军工、日用化工和医药卫生等领域,同时又是一种绿色新能源,并且乙醇作为一种优良的燃料(其燃烧值达到 26 900 kJ/kg),能够提高燃油品质。乙醇燃料在使用中表现出的特点如下:

(1)车用乙醇汽油遇水会分层,因此必须严格防水。

(2)车用乙醇汽油的使用基本不会影响到车辆的各项性能指标如耗油、动力性等。

(3)生产乙醇燃料的原料是农作物和其他工农业废品,因此乙醇燃料属于可再生能源。

(4)与汽油相比,乙醇的最小点火能量和比热容较大,造成了使用乙醇汽油的发动机低温冷启动困难。

(5)燃料乙醇的生产成本比较高,需要政府给予财政补贴和政策支持才能够持续发展,扩大燃料乙醇的生产和使用,将给政府财政增加负担,因此燃料乙醇不适合大规模使用。

(6)变形剂处理后的变性燃料乙醇是性能优良的有机溶剂,可用于疏通油路系统,溶解油箱和油路系统中沉积的杂质,消除气门、火花塞、活塞顶部和排气管道中的积炭,因此乙醇汽油燃料与普通汽油燃料相比,能够延长零部件的使用寿命。

(7)乙醇汽油中含氧量较高,可以显著地降低汽车尾气中有害气体的排放。使用乙醇汽油后,尾气排放中 CO 约38%将转化为 CO_2,氮氧化物增加9%~10%、碳氢化物和 CO 的排放可以下降20%~30%,在启动阶段污染物排放高于普通汽油,总体上污染物排放较少,所以使用乙醇汽油能有效地改善城市的环境质量。

4.5.2.3　乙醇生产方法

乙醇的生产方法可以概括为两大类:化学合成法和发酵法。我国乙醇的生产以发酵法为主。

(1)化学合成法

用化学方法使水与乙烯结合生成的乙醇称之为合成乙醇,以区别于用发酵法制取的乙醇。化学合成法又可分为乙烯间接水合法和乙烯直接水合法。乙烯间接水合法具有效率高、原料纯度要求不苛刻、乙烯单程转化率高、反应温度及压力不高等优点,但是此工艺过程产生大量稀硫酸,对设备造成严重的腐蚀,限制了该工艺的发展。乙烯直接水合法的工艺流程合理,对设备腐蚀小,易形成现代化、大型化的规模生产,有逐渐代替间接水合法的趋势。此外,美国、日本、意大利等国家还开发了一种用氢气、一氧化碳进行羟基合成制取乙醇的工艺方法。

①乙烯直接水合法。乙烯直接水合法就是在加压、高温和催化剂条件下乙烯和水直接合成乙醇的方法

$$C_2H_4 + H_2O \xrightarrow[200\sim300℃,7\sim8\ MPa]{催化剂} C_2H_5OH$$

直接水合法的乙醇收率为95%,乙醇得率为$100\sim200\ g/(L_{催化剂}\cdot h)$,乙烯单程转化率为$4\%\sim5\%$。利用乙烯直接水合法合成的乙醇溶液中大部分是水,乙醇浓度仅为$10\%\sim15\%$左右,其中还含有少量乙醛、乙醚、丁醇以及其他有机化合物。

②乙烯间接水合法。乙烯间接水合法生产乙醇早于直接水合法。1825 年就已经进行了乙烯在硫酸介入下与液相水合成乙醇的实验研究。经过一个世纪之后,用硫酸吸收乙烯再经水解制备乙醇的方法实现了工业化。乙烯间接水合法又称硫酸法,采用硫酸作催化剂,经过两步反应,由乙烯与水合成乙醇。反应方程式如下

$$2C_2H_4 + H_2SO_4 \longrightarrow (CH_3CHO)2SO_2$$
$$(CH_3CHO)_2SO_2 + H_2O \longrightarrow 2CH_3CH_2OH + H_2SO_4$$

在反应过程中产生了副产物乙醚。乙烯是石油的工业副产品,在石油日益短缺的情况下,此工艺的应用受到限制。目前,在国外合成乙醇仅占乙醇总产量的20%左右。

③$CO-H_2$ 合成法。以一氧化碳和氢气的混合气为原料合成乙醇时,反应方程式为

$$2CO + 4H_2 \longrightarrow CH_3CH_2OH + H_2O$$
$$3CO + 3H_2 \longrightarrow CH_3CH_2OH + CO_2$$

适当的提高反应温度,可以提高反应速度。然而随着温度的提高,副反应也相应增多并加剧。为使反应速率得到提高,且副产物少,必须寻找一种催化性能好、选择性强的催化剂,这是由 $CO-H_2$ 合成乙醇的关键。目前,以 $CO-H_2$ 为原料合成乙醇的研究已经进行了大量的工作。只要在催化剂的研制方面有所突破,$CO-H_2$ 合成法将会取得更大的进展。

（2）发酵法

生物发酵法是以糖蜜、淀粉质或者纤维素等为原料,通过微生物代谢产生乙醇,该方法生产出的乙醇杂质含量比较低。生物发酵法生产乙醇的基本过程可总结为

$$原料 \xrightarrow{转化} 糖 \xrightarrow{微生物发酵} 乙醇醪液 \xrightarrow{提取} 乙醇$$

实质上,微生物是这一过程的主导者,也就是说微生物的乙醇转化能力是乙醇生产工艺中菌种选择的主要标准。与此同时,工艺所提供的各种环境条件对微生物乙醇发酵的能力具有决定性的制约作用,只有提供最佳的工艺条件才能够最大限度地发挥工艺菌种的生产潜力。

4.5.2.4　国内外生物燃料乙醇的发展状况

燃料乙醇已有 30 多年的发展历史,其中巴西是最早大规模使用乙醇作为替代燃料的国家。巴西自 1975 年就开始实施"燃料乙醇计划",以甘蔗为原料生产燃料乙醇代替车用汽油,经过多年的努力,达到了其预期的目的。近年来,虽然燃料乙醇产量因糖价、油价和政策影响有所波动,但是平均年产量达 1 000 万吨左右,累计替代石油约 2 亿吨。据美国石油学会统计,2006 年,美国的玉米乙醇超过 190 100 亿 L,同 2005 年的产量相比,增幅超过 35%;同时,在美国各地出售的汽油中,添加乙醇添加剂的汽油超过了 40%。2007 年 1 月 23 日,美国总统

布什在发表国情咨文时提出,在未来 10 年内,美国将通过开发替代能源和提高能源利用效率,将汽油消耗量压缩至 20%。其中,用替代性燃料降低 15% 的汽油使用量,即到 2017 年乙醇产量达到 1 591 113 亿 L,这相当于美国 2017 年汽油消费量的 15%。欧洲使用的生物燃料乙醇主要是用少量乙醇和乙基叔丁基醚(ETBE)直接调和而成。相对其他国家,欧盟国家生物燃料乙醇的成本最高,这是因为欧盟主要农作物(黑麦、小麦和大麦)都比玉米更难转化为乙醇。对此,丹麦 Novozyers 公司开发出了 3 种能提高生产率达 20% 的酶,并且可以获得高质量的乙醇。英国已经在诺福克建立了本国第 1 个生物乙醇工厂——Sugar 公司。2006 年 2 月瑞典宣布,在 15 年内将成为世界上第 1 个不依赖石油的国家。欧盟新的木质素和纤维素乙醇工程已经高速发展了 4 年之久。

20 世纪末我国实行改革开放后,农业生产迅猛发展,粮食生产相对过剩,国家在粮食生产和储备方面的负担日益加重,农民收入增幅趋缓。交通基础设施的逐渐完善和汽车工业快速发展使我国汽车保有量逐年增多,尾气污染也日益严重,环境保护压力日渐加大。与此同时,随着对能源需求的增加,我国从石油净出口国变成净进口国,石油资源匮乏和能源安全问题已引起国家的高度重视。为了统筹地解决我国经济社会发展中存在的上述问题,特别是为促进农民增收,我国应该借鉴巴西、美国等国家的成功经验,有组织地进行燃料乙醇和车用乙醇汽油的研究和试点应用。

4.5.3 其他可再生燃料

以现在的消耗速度来估测已探明的石油储量,仅仅能够再维持大约 50 年。与化石燃料相比,生物燃料的成本较低而且污染绩效,因此在发达国中运用现代科学技术和利用一些生物燃料产生高效生物能成为迅速发展的趋势。因此,在未来的世界,生物物质(如生物乙醇,生物柴油等)将替代运输燃料发挥极其重要的作用。而如植物油、费托柴油(FT)和二甲醚(DME)等替代燃料可以在传统的以压缩点火的引擎下使用。

(1)植物油

如棕榈油、大豆油、向日葵油、花生油和橄榄油等,可以作为柴油的替代燃料。与传统的石油柴油燃料相比较,生物柴油技术的工艺上更加完善。现有的原油储量在快速减少,植物油作为燃料的使用再次被许多国家推广。使用椰子油作为柴油机替代燃料,或者研究调查用单缸使用直接混合燃料,直入式柴油发动机利用直接混合燃料,并研究比较其使用效果。植物油有可能在不久的将来替代石油馏分油和一小部分以石油为基础的石化燃料。植物油燃料不是石油竞争燃料,因为他们比石油燃料更加昂贵。但是随着石油价格的上涨和关于石油有效性的不确定性的增加,人们就产生了在柴油发动机中使用被称为生物柴油的植物油的兴趣。

(2)无论是 FT 还是 DME 都可以从天然气中获得

表 4.5 介绍了现代交通燃料的实用性能。催化剂对 FT 化合物的影响很大:在钴催化剂产品中有较高的石蜡,而在铁催化剂产品中含量较高的是烯烃和氧气。在费托(FT)的催化转化过程中可以利用各种原料合成柴油燃料,包括煤炭、天然气和生物燃料等。合成的柴油燃料具有良好的自燃性质。这种柴油仅由直链烃类组成,并且不含芳香烃和硫等。利用 FT 这种合成柴油燃料,可以在 PM 和氮氧化物(NO_x)排放量方面提供很大的好处。FT 是最理想的常规柴油替代燃料,只需要最低限度的调整就可以适应现有的 CI 发动机。FT 汽油和 2 号柴油在物理方面性能十分相似,而且 FT 汽油的化学性质比较好,FT 的生产程序灵活,中间分馏物如

果正确地处理(如通过一个钴基催化剂),就能够去除芳香环或硫化物。

表4.5　现代运输燃料的可用性

燃料类型	可用性	
	当前	未来
汽油	优秀	中等偏下
生物乙醇	一般	优秀
生物柴油	一般	优秀
压缩天然气(CNG)	优秀	一般
氢燃料电池	不好	优秀

③二甲醚是一种新型燃料,目前已经引起了人们的关注。二甲醚在常温、常压下为无色易燃气体,具有一般醚类的性质。二甲醚对金属无腐蚀性,不致癌,不刺激皮肤,对大气臭氧层无破坏作用,在对流层中易于降解,长期暴露于空气中,不会形成过氧化物。二甲醚与石油液化气性质的比较见表4.6。二甲醚具有优良的燃烧性能,清洁,十六烷值高,污染少,动力性能好,稍加压即为液体易于储存和适用于柴油机等优点,这也意味着使用二甲醚会保持柴油发动机的高效率。

表4.6　二甲醚与液化石油气性质的比较

项目	二甲醚	液化气
相对分子质量	46.0	56.6
蒸汽压(60℃)/MP	1.35	1.92
爆炸下限/%	3.5	1.7
平均热值/(kJ·kg^{-1})	3 145	45 760
理论烟气量/(m^3·kg^{-1})	6.96	11.32
理论空气量/(m^3·kg^{-1})	7.46	12.02
预混空气量/(kJ·m^{-3})	4 219	3 909
理论燃烧温度/℃	2 250	2 055

从表中数据可以看出:在同同的温度条件下,二甲醚的饱和蒸气压低于液化石油气,其运输和存储等均比液化石油气安全;由于二甲醚在空气中的爆炸下限比液化石油气高一倍,因此,在使用过程中,二甲醚作为燃料比液化石油气安全;虽然二甲醚的热值比液化石油气低,但是由于二甲醚本身含氧,在燃烧过程中所需空气量远低于液化石油气,从而使得二甲醚的预混气热值下理论燃烧温度都高于液化石油气。

4.6　氢　气

随着石化燃料耗量的日益增加,其储量日益减少,终有一天这些资源将要枯竭,这就迫切需要寻找一种不依赖化石燃料的储量丰富的新的含能体能源。氢正是这样一种在常规能源危机的出现和开发新的二次能源的同时,人们期待的新的二次能源。氢位于元素周期表之首,原子序数为 1,常温常压下为气态,超低温高压下为液态。在过去的十年中,作为一种新颖的电能转换系统,燃料电池已经获得了大量的关注。较高的效率和低排放使燃料电池对于发电设施做出了巨大贡献。作为一种清洁能源,如果用在燃料电池的发电上,氢气是很有潜力的。氢气生产是在合适的燃料处理器中以 HC 为基础的燃料改革,并且氢气应用已经变得越来越重要,特别是移动电话和住宅燃料电池中的应用。

在过去的几年中影响燃料电池的发展的主要因素是,利用化石燃料产电和车辆的不断改进等工艺的生产过程中产生了备受全球关注的环境影响。而燃料电池是清洁,高效和非危险性能源的最佳解决方案。燃料电池的电化学装置,可以直接转换化学能为电能,并且在固定发电,汽车,便携式甚至微型系统中被认为是极其关键的技术。在各种燃料电池,甲醇燃料电池确实展示了其可能取代目前的便携式电源和微功率源的市场。燃料电池产生的电力直接来自含氢燃料,空气中的氢气以及电化学反应中产生的氢气,工业生产氢气则是通过把甲烷和甲醇等变成气态,在进行变革而成。高纯度氢气主要是用来作为低温燃料电池的燃料,如聚合物或碱性电解质燃料电池。

4.6.1　氢气燃料的优点

(1)氢元素来源丰富

氢元素在地壳,大气和水中广泛存在,为地球上各种元素的第九位,约占地壳总量的 1%。人们现在正致力于如何更好地将化合态氢转变为游离态氢的研究。

(2)可以储存

氢气能源和电力能相比有可以储存这一优点,用液态氢的方式储存和运输或用地下报废的天然气井等作为储存库已达到应用阶段。目前国外又在研制金属氢化物作为储存氢气的手段。如二氢化镁,能随着压强的不同既能分解释放氢,又能再组合而吸收氢,二氢化镁所含氢气的密度比液态氢的密度还要大,问题是这种氢化物太重。另外有一种具有铁族金属的稀土金属互化物,如含钴的镧化合物,含镍的钐化合物等,这些互化物在一般的温度和压强下具有良好的吸氢能力,若在四个大气压下装满这类金属互化物的钢瓶所能吸收的氢,和在 1.01×10^8 Pa 下不装互化物的钢瓶所盛氢气一样多,说明这将是一种有发展前途的贮氢方法。

(3)燃烧后对环境很少污染

氢气在空气中燃烧生成物是水,它没有矿物燃料燃烧时所产生的一氧化碳,二氧化碳,二氧化硫及粉尘等所引起的污染,虽然由于空气中有氮气存在,会于氢焰的高温下产生微量的氮氧化物,但这也比矿物燃料燃烧时所产生的氮氧化物要少得多。

(4)运输费用较低

用管道输送氢气,其建设和运行费用,只占以电力方式输送的费用的一半,如用一米直径的输氢地下管道所输的氢气其能量要用十条各为 5.0×10^5 V 的高压输电线路才能与之相当。

(5)用途广泛

液氢用于航空和宇宙飞船方面是很合适的,1 g 液氢含热量达 1 254 kJ,为一克汽油所含热量的 3 倍,同时液氢还是很好的冷却剂,作为喷气发动机的冷却剂。这样用一般航空材料就可制造高达 6~8 倍音速的飞机。如作为地面的动力机械的燃料,也只要将普通内燃机适当改装就行。另外氢气的燃烧温度低可达 100 ℃(催化燃烧),高可达 2 210 ℃,这就可以适应各种用途。氢能与电能的转换方式也是多种多样的,如用做燃料也池其效率可高达 83%,比一般热机的效率高得多。用氢气发电,可建厂在用户中心,无环境污染且节省输电费用。

4.6.2　工业制氢气的方法

(1)水煤气法制氢,用无烟煤或焦炭为原料与水蒸气在高温时反应而得水煤气($C+H_2O$ ——→$CO+H_2+$热)。净化后再使它与水蒸气一起通过触媒令其中的 CO 转化成 CO_2($CO+H_2O$ ——→CO_2+H_2)可得含氢量在 80% 以上的气体,再压入水中以溶去 CO_2,再通过含氨蚁酸亚铜(或含氨乙酸亚铜)溶液中除去残存的 CO 而得较纯氢气,这种方法制氢成本较低产量很大,设备较多,在合成氨厂多用此法。有的还把 CO 与 H_2 合成甲醇,还有少数地方用 80% 氢的不太纯的气体供人造液体燃料用。像北京化工实验厂和许多地方的小氮肥厂多用此法。

(2)电解水制氢,多采用铁为阴极面,镍为阳极面的串联电解槽(外形似压滤机)来电解苛性钾或苛性钠的水溶液。阳极出氧气,阴极出氢气。该方法成本较高,但产品纯度大,可直接生产 99.7% 以上纯度的氢气。这种纯度的氢气常供:①电子、仪器、仪表工业中用的还原剂、保护气和对坡莫合金的热处理等;②粉末冶金工业中制钨、钼、硬质合金等用的还原剂;③制取多晶硅、锗等半导体原材料;④油脂氢化;⑤双氢内冷发电机中的冷却气等。

(3)电解食盐水的副产氢,在氯碱工业中副产多量较纯氢气,除供合成盐酸外还有剩余,也可经提纯生产普氢或纯氢。像化工二厂用的氢气就是电解盐水的副产。利用电解饱和食盐水产生氢气

$$2NaCl+2H_2O \xrightarrow{\text{电解}} 2NaOH+Cl_2\uparrow+H_2\uparrow$$

(4)由石油热裂的合成气和天然气制氢,石油热裂副产的氢气产量很大,常用于汽油加氢,石油化工和化肥厂所需的氢气,这种制氢方法在世界上很多国家都采用,在我国的石油化工基地如在庆化肥厂,渤海油田的石油化工基地等都用这方法制氢气 也在有些地方采用。

(5)酿造工业副产品,用玉米发酵丙酮、丁醇时,发酵罐的废气中有 1/3 以上的氢气,经多次提纯后可生产普氢(97% 以上),把普氢通过用液氮冷却到−100℃以下的硅胶列管中则进一步除去杂质(如少量 N_2)可制取纯氢(99.99% 以上),像北京酿酒厂就生产这种副产氢,可用来烧制石英制品和供外单位用。

4.6.3　用农业废弃物制取氢燃料

氢作为一种清洁能源已被广泛重视,并普遍作为燃料电池的动力源,然而制取氢的传统方法成本高,而且技术复杂。美国研究人员日前开发出一种利用木屑或农业废弃物的纤维素制取氢的技术,有望解决氢制取费用高的难题。来自美国弗吉尼亚理工大学、橡树岭国家实验室等机构的研究人员发表报告说,他们把 14 种酶、1 种辅酶、纤维素原料和加热到 32℃左右的水混合,制造出纯度足以驱动燃料电池的氢气。研究人员说,他们的"一锅烩"过程有不少进步,比如采用与众不同的酶混合物,还提高了氢气的生成速度。此外,除了把纤维素中分解出的糖转化为化学能量外,这一过程还可产出高质量的氢。研究人员说,他们主要使用从木屑中分解的纤维素原料制取氢,不过也可以使用废弃的庄稼秆、稻草等。木屑或农业废弃物资源非常丰富,利用它们制取氢,不仅可降低制造成本,而且将大大扩大生产氢的原料资源。时至今日,氢能的利用已经有了很大的发展。自从 1965 年美国开始研制液氢发动机以来,相继研制成功了各种类型的喷气式和火箭式发动机。美国的航天飞机已成功使用液氢做燃料。我国长征 2

号、3 号也使用液氢做燃料。利用液氢代替柴油,用于铁路机车或者一般汽车的研制也十分活跃。氢汽车靠氢燃料、氢燃料电池运行也是沟通电力系统以及氢能体系的重要手段。

4.6.4　氢燃料的应用

氢气广泛地应用于化学、电子、冶金、航天等领域。在化学工业中,合成甲醇、氨、石油炼制和催化裂化中需要大量的氢作原料;在冶金工业中,有色金属如钛、钼、钨等生产和加工中,使用氢作还原剂和保护气;在磁性材料、硅钢片和磁性合金生产中,也需要高纯氢气作保护气,以提高稳定性和磁性;在精密合金退火、粉末冶金生产中、薄板和带钢轧制中常用氢-氮作保护气;在电子工业中,半导体材料、电子材料和器件、集成电路及电真空器件生产中,都需要高纯氢作还原气、携带气和保护气;在轻工业中,例如人造宝石、石英玻璃的制造和加工、浮法玻璃生产中,都使用氢气作燃烧气或者保护气;在电力工业中,氢气作为汽轮发电机的冷却剂。另外,液氢可以用于火箭燃料和航天器的推进剂,也用于低温材料性能试验以及超导研究。

第5章 氢 气

本章提要 本章阐述了氢气的发展历史,及在当代能源短缺及可持续发展的要求下,对可再生清洁能源氢能的需求。描述了清洁能源——氢气的理化性质,并且对氢能的优越性做了对比分析。根据氢能洁净、无污染、可再生等特点,国内外对氢能的研究越来越受重视,传统的制氢方法比较多,本章介绍了几种比较典型的制氢方法,并且对其原理进行了分析,对制氢技术进行了评价。同时简要阐述了几种非传统制氢的方法。

5.1 概述及氢气的历史

氢气是一种未来的清洁能源。本书中提到的氢能,是指目前或者将来可以预见的,人类社会可以通过某种途径获得的,并可以以工业规模的形式加以利用的储藏在氢中的能量。氢和氢能都不是新事物,大约250年前人们就发现了氢;约150年前,氢在工业获得应用。在使用天然气之前,人们就用所谓的城市瓦斯来取暖、做饭或道路照明。瓦斯含氢量高达70%。我国在推广天然气之前,广泛使用的由煤制取的城市煤气中氢含量高达50%以上。所以说人们对氢和氢能并不陌生。

现在,让我们看看为什么要谈论氢和氢能呢?

氢是一种高能燃料,任何燃料都具有能量,都隐藏着着火和爆炸的危险。和其他燃料相比,氢气是一种安全性比较高的气体。氢气在开放的大气中,很容易快速逃逸,而不像汽油蒸气挥发后滞留在空间中不易疏散。氢焰的辐射率小,只有0.01～0.1,而汽油-空气火焰的辐射率大于0.1,即后者几乎为前者的10倍。

5.1.1 化石能源短缺与汽车

能源是人类社会存在的基石。没有能源,人类社会就无法生存;没有能源,人类就没有光明和动力,更谈不上进步和发展。世界能源消费量巨大,且呈显明显地增长趋势。随着经济发展、人口增长,人类社会活动对能源的需求量将越来越大。

1982～1990年期间,世界能源需求总量年均增长率为2.6%。根据1993年《BP世界能源统计评论》,1992年的全球一次能源消费量为111.3亿吨标准煤,约为74亿吨石油当量。来自BP公司最新报告显示,2002年全球一次能源消费量为94.05亿吨石油当量。国际能源署(IEA)在《世界能源预测2002》报告中预测,在未来近30年间,全球一次能源需求量增幅为1.7%/年,到2030年时,年需求量将达到153亿吨石油当量。

化石能源是当前的主要能源。2001年能源消费结构调查显示,石油消费量占世界能源消费总量的38.5%,天然气占23.7%,煤炭占24.7%。其次是核能和水电,在可再生能源中所占的比例很小。

化石能源的大量开采,使之逐渐面临枯竭。化石能源属于不可再生资源,在地球上的储量有限。据估计,全球石油可供开采40年,天然气约60年,煤炭的储藏量最多可供开采200年。

然而现代工业生产和人们生活越来越依赖石油,航天、航空、船舶、汽车、化工等无不使用石油。但是石油的储量有限,从能源战略发展来看,寻找一种新型能源代替石油,已迫在眉睫。与世界各国相比,我国的能源资源更为紧张。以石油为例,我国 2001 年人均石油可采储量只有2.6 t,仅为世界平均值的 11%。2001 年原油产量为 1.65 亿吨,原油生产已进入高峰期,仍然不能满足国内需要,2002 年进口超过 9 000 万吨,2003 年我国石油进口量已经超过日本,成为世界第二大石油进口国。

公路运输是汽油和柴油的主要用户,2000 年消费量分别为 4 410 万吨和 1 970 万吨。随着私人汽车拥有量的迅速增加,汽车用油将成为拉动我国石油需求大幅增长的一个主要因素。从 1993 年起我国成为石油净进口国,2000 年石油净进口 6 960 万吨。综合国内和国际能源署、美国能源部能源信息署等机构 2002 年的预测,中国 2010 年汽车的油需求量将达 0.9 亿~1.1 亿吨,2020 年达 1.5 亿~2.3 亿吨。2010 年石油总需求量将达 3.4 亿~3.8 亿吨,2020年达 4.3 亿~5.3 亿吨。

5.1.2 环境要求

自工业革命以来,化石能源的消费剧增,导致大量的温室气体 CO_2 排向地球大气层,是直接造成"全球气候变暖"这一极其严重的环境问题的主要因素。全球历年来 CO_2 排放量逐年增加,到 2100 年,全球 CO_2 排放量预计将从目前的 60 亿吨/年,增加到 360 亿吨/年。大量 CO_2 排放的结果是大气中 CO_2 浓度的升高。南极上空的 CO_2 浓度由 1860 年的 280 mg/L 升至1992 年的 355 mg/L,而近 20 年来南极大气中 CO_2 浓度正以每年平均大于 1 mg/L 的速度增长。全球气候变暖会使海平面升高,引起沿海地方淹没;还会极大的影响降雨分布,改变地球生态环境。2004 年 1 月《自然》发表的研究报告称,全球变暖将导致世界上 1/4 的陆地动植物在未来 50 年内灭绝。也就是说,100 多万个物种将在半世纪以后从地球上消失。燃烧煤炭会产生大量的二氧化硫(SO_2)气体以及颗粒物,造成煤烟型大气污染。汽车尾气所排放出来的大量氮氧化物(NO_x)和颗粒物都是城市空气污染的主要来源。城市大气受大量汽车尾气污染时,在合适条件下会发生"光化学烟雾污染"现象,对城市人群健康产生极大的危害。

此外,化石能源的开采过程也会造成一定的生态环境破坏。煤层的开采会造成地表塌陷及地下水污染。地下石油的开采会产生大量的油田废水,不仅造成地下水污染还会严重影响地表生态环境。有些矿藏蕴藏区的生态系统极其脆弱,而人类的开采行为很容易打破当地生态平衡,造成不可逆转的生态破坏。

我国是世界上少数几个能源以煤为主的国家之一,也是世界最大煤炭消费国。2000 年,煤炭占我国能源总消费量的 70.06%(见图 5.1)。以煤为主的能源结构给环境和运输造成越来越大的压力。

我国 CO_2 排放量居世界第二位,仅次于美国。据国际能源署 2002 年 9 月发表的"中国2020 年能源展望",据估算我国 2000 年 CO_2 排放量为 30.5 亿吨,其中约 75% 是电站和工业部门排放的,交通运输部门排放的 CO_2 的分担率从 1990 年的 6% 上升到 2000 年的 8%。预计未来 20 年内,电站和工业部门的分担率将保持 2000 年水平,而交通运输部门的分担率 2020 年将上升到 12%。

过去 5 年,我国城市大气质量总体上有所改善,但仍然相当严重,污染源出现新的变化,汽车尾气排放已经成为北京、上海、广州等特大城市的主要大气污染源,交通运输排放的 CO、

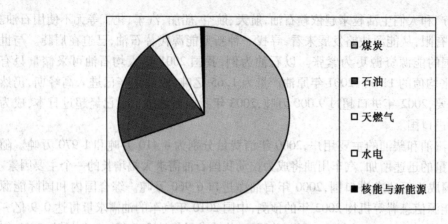

图5.1 2000年我国一次能源的消费结构

NO_x 等污染物的分担率已超过60%。在北京市,最近几年大力加强大气污染防治,但2001年大气质量好于2级的天数仍只有50%,汽车尾气排放的CO和NO_x的分担率明显增大。

我国已经核准旨在延缓全球变暖的"京都议定书",这是我国向全世界作出的郑重承诺。随着我国经济实力的增强,国际社会要求我国减排CO_2的压力越来越大。只有发展氢能、利用氢能才有助于减少CO_2排放。

5.1.3 可持续发展的压力

5.1.3.1 能源安全

我国自1993年由石油净出口国变为净进口国以来,石油净进口量急剧增加,2000年达6 960万吨,石油进口依存度(净进口量占国内消费量比重)达31%,已超过能源安全警戒线。预计2010年净进口量将增加至1.6亿~2.1亿吨,进口依存度上升到45%~55%;到2020年净进口量将达2.4亿~3.6亿吨,进口依存度达60%~70%。美国"国家能源政策2001年"报告指出,中国进口的石油70%来自中东地区。中东地区石油运抵我国需经过漫长的海路,穿过马六甲海峡和台湾海峡,一旦发生战争,很难保证运输畅通,将对我国经济造成巨大的打击。

美国总统布什多次重申"美国的战略目标非常清晰:确保为美国家庭、商业和工业不间断地提供合适的能源"。美国为这种战略目标制定了一系列的外交、军事和经济政策。美国2003年再次对伊拉克开战,占领了伊拉克,控制了伊拉克石油,加上本是美国盟友的沙特阿拉伯是世界第一石油输出国,这样,美国控制了全球石油的大部分。这对进口石油主要来自中东的我国,无疑不是好消息。

5.1.3.2 经济发展的需要

巨大的石油进口,也造成我国沉重的经济负担,石油的价格逐年上涨。目前每桶原油已经达到35美元,折合成245美元/吨石油。进口1亿吨石油就达245亿美元。这无疑加重我国工业成本,减弱我国产品的世界竞争力。

解决能源安全的方案会有不同。但近、中期国内的主要能源是煤,中、长期利用我国的可再生能源肯定是其中重要的一步。洁净煤的技术方案也有多种,如水煤浆、洁净燃料、煤的预处理等。但是由煤制氢供应终端用户、集中处理有害废物将污染降低到最低水平,则是最有希望的方案之一。

　　可再生能源包括水能、生物质能、风能、太阳能和海洋能等,具有资源丰富的优点。仅据太阳能、风能、水能和生物质能粗略估计,在现有科学技术水平下,一年内可以获得的资源量可达87亿吨标准煤,大约是1995年全国能源消费量(15亿吨标准煤,含可再生能源)的5.8倍。而且大多数可再生能源属于低碳或非碳能源,具有可再生性,既不会存在资源枯竭问题,又不会对环境构成严重的威胁,是未来可持续能源系统的重要组成部分。据报道(中国21世纪能源展望)1997年商品能源人均消费量达1.15吨标准煤,仅为世界平均值的55%。如果到2050年我国人口达到16亿,人均能耗达到小康标准,人均3吨标准煤的话,则需要48亿吨标准煤,远低于一年可以获得的可再生能源资源量,即达87亿吨标准煤。可见可再生能源在解决我国未来能源问题,将大有作为。但是再生能源明显的时间性、区域性和不稳定性等缺点使其应用价值大为降低。由于氢具备电能和热能所没有的可储存性,使氢成为最好的可再生能源的二次载体。氢可以将不稳定的可再生能源储存起来,便于持续稳定地使用。因此,发展氢能是发展可再生能源的先决条件。

　　我国正处于工业化的起飞阶段,如果1990~2020年为高速增长阶段,GDP年均增长率7.8%左右。2020~2050年为稳定增长阶段,GDP年均增长3.5%左右,到21世纪中叶,我国可以达到中等发达国家的水平。根据中国社科院数量经济研究所构建的系统动力学和投入产出模型,预测到2050年,我国一次能源需求将达34.4亿~41.5亿吨标煤(还有人估计48亿吨标煤);其中石油、天然气缺口急剧扩大。2010年、2020年、2050年石油需求低限分别为2.50亿吨、3.0亿吨和4.0亿吨。这样我国未来能源供应将面临最大的挑战。

5.1.3.3　新的经济增长点

　　氢能的利用主要是直接燃烧、燃料电池和核聚变。目前第三种方法正在探索阶段,前两种方法已经接近商业化。只要能解决氢能源的分配系统,氢能的应用就上路了,特别要指出的是氢燃料电池技术将引发一场汽车技术革命。发展氢燃料电池汽车将是我国经济持续发展的一个新的增长点,我们一定要抓住机遇,发展自己的汽车工业。

5.1.3.4　氢燃料电池汽车发展势头强劲

　　氢燃料电池汽车和传统的内燃机汽车有很大的不同,燃料电池车不用内燃机离合器、传动轴等省去70%的机械零件,使之更适合自动化的生产。从而更便宜,更容易得进入千家万户。

　　2003年11月19日美国通用汽车公司在北京展出其新型燃料电池车装有氢燃料电池的可驾驶车辆Hy-Wire。Hy-Wire是Hydrogen与By-wire的合成新词,意为氢燃料驱动与线传操控技术的结合。新车采用燃料电池技术实现了尾气"零排放",即没有二氧化碳、氮氧化物的排放;而线传操控技术完全摒弃了传统汽车的方向盘、离合器等机械操控装置,实现了电子方式操控。这两种最新技术的结合在世界上还是第一次。Hy-Wire的燃料电池驱动系统能够持续供应94 kW的动力,电子电机用来驱动前轮,线传操控转向和刹车。由于没有了发动机、变速器、排气系统和机械连接装置,底盘和车身通过电子和软件系统简单的连接,这就好像是一台笔记本计算机,这一革命性的变化将会为用户提供了更加个性化风格的车身。用户甚至可以根据自己的需求租用多种车身,自主随意地变换使用。由于采用线传操控技术,驾驶将变得更加自由和轻松。可以断言,无论从环保,还是从新能源方面,氢动力车都将在21世纪具有极好的应用前景。此车于2003年11月19日在北京展出,此前,曾在多个世界汽车展展出。

　　迄今为止,燃料电池车已经完成或正在进行商业示范。1998年3月16日~2000年6月

30 日已经在加拿大温哥华、美国的芝加哥分别完成了燃料电池公共汽车(FCB)业化示范。美国芝加哥的三辆 FCB 总共运行 11.8 万 km,运送 20.5 万人次。在 2002 年 5 月德国戴姆勒—克莱斯勒公司甲醇重整制氢小轿车(Necar5 型号)从美国西海岸旧金山出发,横穿美国大陆,达到首都华盛顿;行程 5 000 多 km,历时 16 天,最高时速达 160 km/h,平均时速达 60 km/h。

2000 年通用汽车公司的燃料电池小轿车在 2000 年悉尼奥运会上为马拉松长跑开道。同年他们将燃料电池轿车"氢动 1 号"运到中国展示,还让中国观众亲自驾驶,体会燃料电池车的性能。欧洲燃料电池公共汽车示范计划:2002 至 2003 年戴姆勒–克莱斯勒公司已生产 30辆(CITARO 型)燃料电池公共汽车,采用 P5 发动机,用于欧盟的 CUTE 项目。该项目将在欧洲 10 个城市,然后以每个城市 3 辆的比例分别在荷兰阿姆斯特丹、西班牙巴塞罗那、西班牙马德里、德国汉堡、英国伦敦、卢森堡、葡萄牙波尔图、瑞典斯德哥尔摩、德国斯图加特以及冰岛雷克雅未克等 10 个城市投入运营。2001 年 10 月加拿大巴拉德动力系统公司(Ballard Power System)宣布成功地完成 1 辆 ZEBUS(零排放燃料电池公共汽车)在美国阳光车道运输公司(位于加州棕榈泉)的实验。实验共进行了 13 个月,总共运行 865 h,行程 2.4 万 km。最高时速为 115 km/h。ZEBUS 车长 13 m,载客 48 名。该车装有 XCELLSIS 公司的 P4 型燃料电池发动机,P4 型发动机功率 205 kW,重 2 t。2003 年联邦快递公司(FedEx)利用通用汽车公司的氢动 3 号燃料电池车在东京开始邮件快递业务的商业试运行。

采用燃料电池发动机作为汽车的动力之后,化学工业和电子工业在汽车制造中将扮演重要角色。所以有人认为燃料电池汽车是汽车工业的第二篇章。燃料电池汽车技术的研发则不断升温(有关媒体也大力宣传),也在成为世界各发达国家和汽车厂商在 21 世纪重大技术领域进行竞争的焦点之一。2000 年,我国汽车工业产值已超过 3 000 亿元。在未来 20 年内,巨大的潜在需求将使汽车产销保持高速增长势头,民用汽车拥有量预计将从 2001 年的 1 802 万辆增至 2010 年的 4 000 万辆,2020 年可达 7 500 万辆。汽车工业有可能为 GDP 平均 7% 的增长率提供 0.5 个百分点的贡献。我国加入 WTO 后,汽车工业面临新的挑战。在高度国际化竞争的汽车市场上,我国的传统内燃机汽车根本无法同发达国家竞争。而燃料电池车国内外都在研究开发阶段,虽然我们仍有较大的差距,但只要集中力量,以新的创新机制大力发展,营造中国独特的汽车市场环境,是可以突破障碍,实现跨越式发展的。可见,发展氢能燃料电池汽车是我国汽车工业不可多得的机遇。

5.1.3.5　燃料电池电站市场份额巨大

除用作汽车动力源之外,供电、供热是燃料电池的第二大消费市场。燃料电池技术也将对传统的供电、用电方式产生巨大影响。人们逐渐认识到目前的大规模集中式发电和远距离输电的缺点。美国加州大规模停电事件,前南斯拉夫科索沃战争石墨炸弹可以轻易地破坏电网使人们对其安全性担心,而且长距离输电的能耗也非常大。分散式发电是新思路,燃料电池的出现使每一栋楼房和每一家住户都可以成为发电的场所(燃料电池系统可安装在任何地方)。因此,为了减少发电和输电时的大量能源损耗,并可充分利用发电时产生的热能(例如楼房、住宅取暖、热水供给等)。有报道认为正是分散式发电的优越性,美国决定大力发展燃料电池发电技术,并制定了普及应用计划,至 2010 年,要求 10% 的新建住宅配备燃料电池(发电系统)。我国情况和美国不同,发展的速度会慢些,但对重要部门、商厦也是有吸引力的。

5.1.3.6　移动电源的大市场

便携式燃料电池将是另一个广阔的市场。今天,手机不仅仅用于通话,还可以作为数码相机、录音机、游戏机,掌上电脑的功能也迅猛发展,这些对电池提出了更高的要求。现在市场上普遍采用的镍镉、镍氢以及锂离子电池已经远远的不能胜任这些便携式电子产品发展的要求。而且现有的电池技术相对成熟也无法再获得更大幅度的增长,微型燃料电池应运而生,以其更加高容量、轻便、环保等优点正逐渐成为未来电池新技术发展的一个重点。

燃料电池可以小到瓦级,大到千瓦级。一般认为百瓦级燃料电池可以作电动自行车、电动摩托车的电源等;展览演示用电源;士兵携带电源,小型服务器、终端、微机的不间断动力源;十瓦级燃料电池可以做笔记本电脑、应急作业灯、警用装备等电源;而瓦级小型便携式电源用于手机、掌上电脑等电源。

目前,美国已经展示手机用燃料电池,布什总统也在媒体面前使用燃料电池手机。东芝开发出最小的直接甲醇燃料电池(DMFC),用于替代手机、笔记本计算机和 PDA 等便携式系统中的锂离子电池。该 DMFC 平均输出功率为 12 W,最大输出功率为 20 W,工作时间约 5 h。NEC 新推出的原型机笔记本计算机带内置燃料电池,它输出功率密度为 40 mW/cm^2,平均输出功率 14W,最大输出功率 24 W。内置燃料电池是通过提供燃料电池功率和开发中的外设技术而开发的,开发中的外设技术可将燃料电池置于 PC 内。该燃料电池工作电压 12 V,工作时间 5 h,质量 900 g。德国 Smart 公司已经展示使用微型燃料电池的摄像机。我国中国科学院大连化学物理研究所、清华大学核能与新能源技术研究院和一些公司合作在微型燃料电池方面取得相当进展。

据市场调研机构 ABI 对微型燃料电池的市场进行预测,预计到 2011 年,全球燃料电池出货量将达到 2 亿块。而到 2013 年,全球燃料电池产业销售额将超过 186 亿美元。预计在微型燃料电池的产业化进程将在未来的 3~5 年内实现。

5.1.3.7 氢能是能源历史的必然

纵观能源发展史,你会看到一个有趣的现象,即人类所用的燃料中的氢和碳的比例随年代逐步升高。

历史上的能源结构发生过两次重大更替:第一次发生在 19 世纪后期,煤炭替代了薪柴;第二次是 20 世纪 70 年代石油取代了煤炭而成为主要能源。与能源相关的还有两个重大事件:一是天然气消费量呈直线增长,成为重要能源;另一是在 20 世纪 70 年代核能跻身于主要能源之列。

从能源更迭的结构中我们可以看出,人类社会发展需要的支柱能源基本是按含碳量越来越低,氢含量越来越高的趋势演变的,先是从薪柴,然后是煤炭,现在主要是石油,接着将是天然气,最后则是不含碳的氢气。煤、矿物油和天然气都是碳氢化合物,它们的氢/碳的原子比率为柴薪:煤:石油:天然气大约是 0.1:1:2:4,对于未来的氢能,氢/碳的比率则趋于无限大。

从煤到石油,从石油到天然气和氢的经历,碳的成分的逐渐减少直到为零,而氢的成分逐渐增加直到最大。可见,人类能源发展趋势是将碳逐步被替代,最终进入无碳的能源时代。在过去的 100 多年里,在世界总能源供应中,碳的总吨数相对能源整体下降了 35%,且下降的趋势仍在继续。因此,排碳(碳相对减少)过程正在进行,由于碳和氢的原子质量为 12 和 1,而 1 kg 氢相当于约 4 kg 煤,所以在能源中氢比例增加的同时,而能源的质量却越来越轻。同样,我们会发现人类的燃料,从固体的柴薪、煤到液体的石油、再到气态的天然气,燃料的替代按着固-液-气的方向进行。这是否也提示我们,氢气必然是未来的燃料呢? 从长远的观点看,太阳能和核聚变将是人类最终的能源,氢的同位素正是其重要的原料;氢气本身也要承担起作为交通工具的能源载体的任务。这样,氢能还不是人类永恒的燃料吗?

5.1.4　氢能发展史

利用氢气作为燃料的主张具有相当的历史,这可以回溯到18世纪氢气的发现,发现者拉瓦锡(Lavoisier)和卡文迪什(Cavendish)。1766年,英国的卡文迪什从金属与酸的作用所得气体中发现氢,以希腊语"水的形成者"命名。它比空气轻的性质很快就被认识,而氢气球在法国革命之后就很快就升空。

在伏打(Alessandro Volta)制成第一个电池之后不久的1818年,英国利用电流分解水产生了氢气。而氢气用于动力机器是在1820年由剑桥大学的William Cecil在一篇论文中建议的。1839年,威廉·格罗夫(William Grove,1811—1896)首次提出燃料电池。直到20世纪初期,关于氢气的进一步科学研究才开始。1874年,儒勒·凡尔纳(Jules Verne)的科学幻想小说《神秘岛》(The Mysterious Island)对后来的科学家产生了很大的影响。凡尔纳在这部小说中,描写有个使用水作为燃料的小岛。这种无限的和普遍存在的能源的想法激发随后数十年读者的思考。19世纪初期氢气动力汽车的创始人之一 F. Lawaczek(德国)就说他曾受到凡尔纳的书的启发。凡尔纳的预测至今还印在国际氢能学会宣传材料的头版头条。

现代对氢燃料的研究始于20世纪20年代的德国和英国。1923年英国剑桥大学的J·B·S·霍尔丹(J. B. S. Haldane)提出用风力发电作为电解水的能源,这个设想直到半个世纪以后才得以实现。1928年鲁道夫·杰仁(Ru-dolph. E. Jrren),一位德国的氢技术的先驱,获得了他的第一个氢气发动机专利。20世纪30年代末期,德国设计了以氢气为动力的火车。20世纪30年代德国对于氢驱动的兴趣还表现在将它用于齐伯林飞艇。第二次世界大战期间,德国曾试图制造以氢气为燃料的航空发动机,目的是用从煤获得的燃料替代缺乏的石油。同样在二次世界大战期间,德国就用氢作V-2火箭发动机的液体推进剂,空袭伦敦。

氢作为"能量载体"或者"能量媒介"的想法产生于20世纪50年代核能的发展。意大利EURATOM研究中心的西塞·马凯蒂是著名的氢能量载体的提倡者,他提出原子核反应器的能量输出既可以以电能的形式传递,也可以以氢燃料的形式传递。他指出氢气形式的能量可以比电能更稳定地储存。马凯蒂还注意到氢气的输送成本(传递单位热能)将比电力更低,这个事实后被工程数据所证实。

在氢燃料概念的发展过程中,经常有人提出宏大的计划。例如1938年艾戈·西科尔斯基(Igor Sikorski)预言400年后英国将利用一排排的金属风车转动发电机,产生电流来电解水制氢,供应其全部的能量需求。马凯蒂也在20世纪50年代提出在太平洋上的巨大的原子能岛屿可以提供大量的电力和氢气,满足岸上的主要负荷需求。20世纪80年代,德国认真地提出HYSOLAR计划,它是德国、沙特阿拉伯在阿拉伯半岛的项目,计划用沙漠地带的太阳能制氢,该项目已经经过实验示范了太阳电能和电解的直接结合,示范功率达350 kW。当时德国还在考虑用加拿大廉价的水电就地电解水制氢,液化后用船运输液氢到欧洲。到1970年,通用汽车公司的技术中心(General Motors Technical Center)提出"氢经济"的概念。主要的能源将是大型的核电站(核聚变,如果它可行的话),产生电力并电解水制氢。氢经济也是1976年斯坦福研究院(Stanford Research Institute)的可行性研究的课题。1974年,受石油危机的启迪,一些学者组建了国际氢能协会(International Association for Hydrogen Energy, IAHE)。IAHE随后创办了《国际氢能杂志》学术期刊;并举行了两年一次的学术会议——世界氢能大会(World

Hydrogen Energy Conferences)。2000 年 IAHE 组织新的系列会议——国际氢能论坛(Hyforum,是新词汇,为 Hy"氢"和 Forum"论坛"的组合,近年来,出现不少这样组成的词,如 Hytime,氢时代),旨在从政治、经济和技术多方面推动氢能发展。2000 年第一届国际氢能论坛在德国慕尼黑举行,第二届国际氢能论坛于 2004 年在我国北京举行。"Hyforum"邀请政治家、科学家、实业家、投资者和工程师等共聚一堂,商讨如何为人类社会提供赖以生存的、可持续发展的清洁能源——氢。

1960 年液氢首次用作航天动力燃料,而现在氢已经成为火箭领域的常用燃料了。现在科学家正在研究一种"固态氢"的宇宙飞船,这种固态氢既作为飞船的结构材料,又作为飞船的动力燃料,这样可以减轻燃料自重,增加有效载荷。在超音速飞机和远程洲际客机上以氢为动力燃料的研究已经进行多年,目前已进入样机和试飞阶段。交通运输方面,美国、法国、德国、日本等汽车大国早已推出以氢做燃料的示范汽车,并进行了几十万公里的道路运行实验。

2003 年 11 月 19~21 日在美国首都华盛顿欧米尼·西海姆大酒店举行"氢能经济国际合作伙伴(IPHE)"会议。共有 15 个国家和欧盟的政府代表团及工商业界代表数百人出席会议。美国能源部长宣读了美国总统布什给大会发了署名贺信,而中国是首批成员国之一。IPHE 将提供一种机制,以进行组织、评估和协调多国研究开发和应用的氢能项目,这些项目将促进全球氢能经济时代的发展,伙伴计划将借助有限的资源,并利用世界上最好的技术和人才,共同来解决各种问题,开发互通技术标准。氢能经济国际伙伴计划还将促进公有和私人领域的合作,以解决技术、资金、机构各个方面的阻碍,实现具有价格竞争力的、标准的、易获取的、安全的和有利于环境的氢能经济时代。IPHE 的成功与否的标志是:到 2020 年的时候,制氢的成本费用已经使得其成为交通运输燃料的选择之一。消费者能够在满足其他能源需求的同时,购买到具有价格竞争力的氢动力汽车并能够在工作场所和家庭的附近为车添加能量。这是氢能发展史上一个重要的事件,它的意义将日益突现。

从 1974 年国际氢能学会的成立,到 2003 年由 15 个国家和欧盟组成的氢能经济国际伙伴计划,可以看到,氢能从一群学者的呼吁中,进入了多国政治家的宏图大略,氢能离实用化已经不会太远了。

氢为什么会是人类永恒的能源?因为人类的最终核聚变能来自于氢,较其他能源载体,如电、蒸汽,氢具有更多的优势。

5.1.4.1 氢和电力、蒸汽的比较

电力、蒸汽和氢一样,都是能源载体,但为什么只有氢会受重视?让我们来比较它们的异同。表 5.1 是几种能源载体的比较。

表 5.1 几种能源载体的比较

项目	电	蒸汽	氢气
来源	一次能源+发电机	一次能源+锅炉	一次能源+反应器
载带的能源形式	电能	热能	化学能

续表 5.1

项目	电	蒸汽	氢气
输出的能源形式	电能	热能	电能和热能
输送方式	电线	保温管道	管道,容器(气液固)
输送距离	不限	短距离	不限
输送能耗	大	大	小
储存	小量储存 电容器	很难储存 蓄热器	大规模储存 储存方式多样
能量密度	取决于电压	取决于蒸汽温度	取决于气压
使用终端	电动机(电能) 电阻器(热能)	热机(机械能) 发电机(电能)	热机(机械能) 燃料电池(电、热) 锅炉(热) 聚变装置(电)
再生性	可再生	可再生	可再生
最终生成物		水	水
发现年代	19 世纪	19 世纪	18 世纪
工业应用年代	19 世纪	18 世纪	19 世纪

从表 5.1 中可以看出,这几种能源的载体都是对环境友好的,如果生产它们的一次能源是清洁能源的话,最大的差别在于氢气可以大规模储存,而且储存的方式多种多样。这就决定了氢能是(比电和蒸汽)更有用的能源载体。

5.1.4.2 为什么氢是永恒的能源

为什么氢将是人类未来的永恒的能源?因为氢能具备成为永恒的能源的特点,而这是其他能源所没有的。氢的资源丰富,在地球上的氢主要以其化合物,如(水 H_2O、甲烷 CH_4、氨 NH_3、烃类 C_nH_m)等形式存在。而水是地球的主要资源,地球表面的 70% 以上被水覆盖;即使在大陆也有丰富的地表水和地下水。水就是地球上无处不在的"氢矿"。氢的来源多种多样,可以是通过各种一次能源(可以是化石燃料,如天然气、煤、煤层气);也可以是可再生能源,如太阳能、风能、生物质能、海洋能、地热能或者二次能源(如电力)来开采"氢矿"。地球各处都具有可再生能源,而不像化石燃料那样有很强的地域性。

(1)氢能是最环保的能源

利用低温燃料电池,由电化学反应将氢转化为电能和水。不排放 CO_2 和 NO_x,没有任何污染。使用氢燃料内燃机,是显著减少污染的有效方法。氢气具有可储存性,就像天然气一样,氢可以很容易地大规模储存。这是氢能和电、热最大的不同。由于可再生能源的时空不稳定性,可以用氢的形式来弥补,即将可再生能源制成氢储存起来。

(2)氢的可再生性

氢由化学反应发出电能(或热)并生成水,而水又可由电解转化氢和氧;如此循环,永无止境。氢是"和平"能源,因为它既可再生又来源广泛,每个国家都有丰富的"氢矿"。然而化石能源分布极不均匀,常常引起激烈抗争。例如,中东是世界石油最大产地,也是各国列强必争之地。从历史上看,为了中东石油已发生多次战争。

(3)氢是安全的能源

每种能源载体都有其物理/化学/技术性的特有的安全问题。氢在空气中的扩散能力很大,因此氢泄漏或燃烧时就很快的垂直上升到空气中并扩散。因为氢本身不具有(放射)毒性及放射性,所以不可能有长期的未知范围的后继伤害。氢不会产生温室效应。现在已经有整套的氢安全传感设备。

(4)目前用管道、油船、火车、卡车运输气态或液态氢;用高压瓶或高压容器以氢化金属或液氢的形式储氢以及氢的填充和释放都处于工业化阶段。最近,在德国的慕尼黑一个机器人液体氢加氢站已经开始运行,在德国的汉堡也在运行着一气体氢加氢站。以德国为例,1922年世界上第一座汽油加油站在德国向公众开放;自20世纪60年代以来,建起了约16 000座加油站,这可能已达到饱和。同样,世界上第一座氢气加氢站也在德国建立。1999年,前面提到的两个最早的氢加氢站向公众开放,预计完全由氢支持的路面运输系统可望在2030年左右实现。

核聚变的原料是氢的同位素。从长远看,人类的能源将来自核聚变核和可再生能源,而它们都与氢密不可分。由于氢具有以上特点,所以氢能可以永远、无限期地同时满足资源、环境和持续发展的要求,成为人类永恒的能源。

5.2 氢气的性能

5.2.1 氢气的物理性能

通常的状况下,氢气无色、无味、气体分子双分子组成。标准状况下,氢气的密度为0.089 9 g/L,跟同体积的空气相比,约为空气质量的1/14,是最轻的气体。在压强为1.01×10^5 Pa 时,无色液态氢的沸点为-252.80 ℃(20.2 K),雪状固态氢的熔点为-259.14 ℃(13.86 K),临界温度33.19 K。液态氢通常称为"液氢",有超导性质。常温下,氢气的性质很稳定,不容易跟其他物质发生化学反应。但当条件改变时(如点燃、加热、使用催化剂等),情况就不同了。

在自然界中,氢以化合物的形态存在于地壳、地核、水、有机物及生命体中,如石油、煤炭、天然气及动植物体、都含有丰富的氢。游离态的氢气较为稀少,在大气中仅占0.1×10^{-6},因此,人们所需用的氢,主要从水和矿物燃料中制取。工业氢标准见表5.2。

表 5.2 工业氢标准

比较项目	优等品	一般品	合格品
H_2/%	≥99.90	≥99.50	≥99.00
O_2/%	≤0.01	≤0.20	0.40
N_2/%	≤0.04	≤0.01	≤0.60
露点/℃	≤-43		

5.2.2　氢气的化学性能

在常温下,氢气的化学性质是稳定的。在点燃或加热的条件下,氢气很容易和多种物质发生化学反应。纯净的氢气在点燃时,可安静燃烧,发出淡蓝色火焰,放出热量,有水生成。若在火焰上罩一干冷的烧杯,可以烧杯壁上见到水珠。

$$2H_2 + O_2 \longrightarrow 2H_2O$$

把点燃氢气的导管伸入盛满氯气的集气瓶中,氢气继续燃烧,发出苍白色火焰,放出热量,生成无色有刺激性气味的气体。该气体遇空气中的水蒸气呈雾状,溶于水得盐酸。

$$H_2 + Cl_2 \longrightarrow 2HCl$$

实验测定,氢气中混入空气,在体积百分比为 H_2:空气=75.0:25.0 ~ 4.1:95.8 的范围内,点燃时都会发生爆炸。氢气不但能跟氧单质反应,还能跟某些化合物里的氧发生反应。

在常温下,氢气比较不活泼,但可用合适的催化剂使之活化。在高温下,氢气是高度活泼的。它在 2 000 K 时的分解百分数仅为 0.08,5 000 K 时则为 95.5。氢的氧化态为+1、-1。氢气的主要反应如下(R 为烷基)

$$H_2 + Cl_2 \longrightarrow 2HCl$$

$$2H_2 + CO \longrightarrow CH_3OH$$

$$H_2 + RCH \longrightarrow CH_2 + CORCH_2CH_2CHO$$

$$H_2 + 活泼金属 M(如 Li、Na、Ca) \longrightarrow 盐型氧化物(MH、MH_2)$$

$$H_2 + 金属氧化物 \longrightarrow 低价氧化物 \longrightarrow 金属$$

氢气的化学性质如下　①可燃性:发热量为液化石油气的两倍半。在空气中爆炸极限 4.1% ~ 75.0%(体积)。燃烧时有浅蓝色火焰。②常温下不活跃,加热时能与多种物质反应,如与活泼非金属生成气态氢化物;与碱金属、钙、铁生成固态氢化物。③还原性:能从氧化物中热还原出中等活泼或不活泼金属粉末。④与有机物中的不饱和化合物可发生加成或还原反应(催化剂,加热条件下)。

5.2.3　氢气的应用

现如今化石能源的开采使用对生态系统和人类本身带来了严重的危害,人类必须寻求一种新的、清洁、安全、可靠的可持续能源系统。氢能是很好的能源载体,可以同时满足资源、环境和可持续发展的要求,氢作为燃料的优点十分明显。首先,氢是最清洁的,可再生的燃料。化学燃烧的产物是水,电化学燃烧的产物也是水,决不产生化石燃料燃烧时产生的环境污染物。并且氢的热值高、氢与其他燃料相比,单位质量发出的能量即比能量最高。

(1)氢是主要的工业原料,也是最重要的工业气体和特种气体,在石油化工、电子工业、冶金工业、食品加工、浮法玻璃、精细有机合成、航空航天等方面有着广泛的应用。同时,氢也是一种理想的二次能源(二次能源是指必须由一种初级能源如太阳能、煤炭等来制取的能源)。一般情况下,氢极易与氧结合,这种特性使其成为天然的还原剂使用于防止出现氧化的生产中。在玻璃制造的高温加工过程及电子微芯片的制造中,在氮气保护气氛中加入氢来去除残余的氧。在石化工业中,需加氢通过去硫和氢化裂解来提炼原油。氢的另一个重要的用途是对人造黄油、食用油、洗发精、润滑剂、家庭清洁剂及其他产品中的脂肪氢化。由于氢的高燃料性,航天工业使用液氢作为燃料。

主要应用行业:石油精炼、浮法玻璃、电子、食品、化工生产、航天、汽车业。氢的贮运有四种方式可供选择,即气态贮运、液态贮运、金属氢化物贮运和微球贮运。目前,实际应用的只有前三种,微球贮运方式尚在研究中。氢气是一种无色、无嗅、无毒、易燃易爆的气体,和氟、氯、氧、一氧化碳以及空气混合均有爆炸的危险,其中,氢与氟的混合物在低温和黑暗环境就能发生自发性爆炸,氢与氯的混合比为 1∶1 时,在光照下也可爆炸。氢由于无色无味,燃烧时火焰是透明的,因此其存在不易被感官发现,在许多情况下向氢气中加入乙硫醇,以便感官察觉,并可同时赋予火焰以颜色。氢虽无毒,在生理上对人体是惰性的,但若空气中氢含量增高,将引起缺氧性窒息。与所有低温液体一样,直接接触液氢将引起冻伤。液氢外溢并突然大面积蒸发还会造成环境缺氧,并有可能和空气一起形成爆炸混合物,引发燃烧爆炸事故。

(2)氢气作为最清洁、最环保、可再生的能源,将其应用于发动机可大大减少大气污染和缓解石油资源短缺的问题。但由于氢气燃烧速度快、着火极限范围宽,在应用于发动机时常常出现回火、爆震等异常燃烧,从而影响发动机的性能和正常使用。

现代发动机燃料大部分来于石油。石油是一种不可再生资源,随着时间的推移,它的使用受到了很大的限制,并且也会带来严重的环境污染,所以人们不得不寻找其他的代用燃料。在众多代用燃料中,氢气是一种良好的代用燃料。氢气是可再生的永久性能源,它可以用各种一次性能源,特别是核能和太阳能将水直接分解来获得。氢气燃烧后产生的水蒸气又可以重新恢复为水,这种水-氢/氢-水之间的永久性循环,使氢成为最理想的能源。氢气还是清洁的能源,氢和氧燃烧时生成清洁和无污染的水。并且氢气中不含有 C、S 及其他有害杂质,因此它在空气中燃烧时不会产生 CO_x、HC、SO_x 和致癌物质,可以大大减少环境污染。

5.3　氢能的优越性

5.3.1　氢能的优势

能源短缺和环境污染是当前社会经济发展所面临的主要问题。自工业革命以来,以煤炭、石油、天然气为代表的化石能源时代逐步取代了过去以木材、秸秆为主的木质能源时代。近年来,世界经济的快速发展得同时也带来了对世界能源需求量的飞速增加。来自 BP 公司最新的报告显示,1973 年世界一次能源消费量仅为 57.3 亿吨石油当量,2002、2003、2005 年分别达到 94.05、97.4、102.24 亿吨石油当量,而 2006 年同比增长了 2.7%。能源短缺成为限制世界经济发展的重要影响因素。尤其是 20 世纪 70 年代和 80 年代两次能源危机以来,解决能源短缺,确保国家能源供给安全已经成为各国政府考虑的首要因素,由此带来的利益争夺也成为当今世界部分地区动荡的主要因素。

化石能源的使用在促进世界经济发展的同时也带来了严重的环境问题,由化石能源过度使用所带来的全球气候变化、酸雨、臭氧层破坏、荒漠化加剧、生物多样性减少已占据 21 世纪世界所面临十大主要问题其中的 5 个。因此,寻求可再生的清洁能源成为各国政府的重要课题。氢能因其清洁、能量密度高、制取方法多样、原料来源广而成为关注的焦点,美国、加拿大、欧盟、日本等将氢能技术置于社会和经济发展的优先地位,制定了有关氢能发展的国家的相关计划,相继制定了有关氢能的“国家氢能路线图”,并由此提出了“氢能经济”、“氢能社会”的概念。为应对能源短缺和改善中国能源消费结构,中国政府也将氢能发展提到战略高度,在制定"氢能发展路线图"的同时提出"摆脱依赖石油的日子,创可持续发展的氢能未来"。

煤炭石油等矿物燃料的广泛使用,已经对全球的环境造成污染,甚至对人类自身的生存造成威胁。矿物燃料的存量是一个有限的量,也会随着无限的开采而枯竭。

目前设法降低常规能源(如煤、石油等)造成环境污染的同时,清洁能源的开发与应用时大势所趋。氢作为化学能的载能体,与大气中的氧燃烧或反应后生成水。氢是一种清洁的能量载体,氢能和电能一样,都没有直接的资源蕴藏,需要从别的一次性能源转换得到,所以说氢能是二次能源。

氢的原料是丰富的水,氢可以有多种一次的能量制出,所以没有资源限制;氢燃烧物是水,不污染环境;与其他化石燃料不同的是,氢来自于水的燃烧又回归与水,不影响地球上的物质循环;与电力储存相反,氢能的储存相对比较容易;氢能作为取代石油的液体燃料,可用于汽车燃料和飞机燃料;氢能可由于燃料电池直接用来发电;氢与储氢材料之间的可逆反应具有能量转换功能,可广泛用于电池等;氢可广泛用于化工等的原料。

(1)用氢做能源发电

氢是 21 世纪人类最理想的能源之一。制氢的原料是水,其燃烧的产物也是水,因此氢的原料用之不竭,也不会存在环境污染问题。

其优势:氢的单位重量热值高、比重小,管道运输最经济。它的转化性也好,可以从火力发电以及核能、太阳能、风能、地热能、水能发电等转化而获得。用氢能发电,更有噪声小、效率高、启动快、成本低等优点。常见的氢能发电方法有:燃料电池、氢直接产生蒸汽发电、氢直接作为燃料发电。

(2)氢能发电——燃料电池

质子交换膜燃料电池由阳极(又称燃料极)和阴极(又称氧化剂极)组成。电极都用多孔性碳材料制造,并用聚合物电解质将两电极隔开。这种聚合物电解质材料不允许电子和气体通过,只允许质子通过,所以又称质子交换膜。在电极和电解质之间还设置催化剂层。每块极板的表面刻有沟道,通过这些沟道使燃料或氧化剂能够流到多孔电极表面。在电池工作时,将燃料(氢气)供给阳极,氧化剂(氧气或空气)供给阴极,它们通过多孔电极流到催化剂层。催化剂与氢气发生作用,促使氢原子分解成氢离子(质子)和电子。由于聚合物电解质是质子交换膜,氢离子可通过它从电池内部运行到阴极,然而电子只能通过外电路流动到阴极,产生电流。当质子、电子和氧化剂在阴极相遇时,它们之间会发生作用生成水,并产生电能。一个单体电池可产生 0.6~0.8 V 的电压。需要较高电压时,可将多个电池串联起来组成电堆。

化学电池是利用物质电化学变化释放出的能量直接变换为电能。这种发电方式,没有传动部件,没有振动,也基本没有污染,排放物中只有极少量的氧化氮。其中,以纯氢为燃料的效率最高。燃料电池的发电效率,在各种发电方法中是最高的。它与其他化学电池如一次电池(干电池)、二次电池(各种可充电电池)不同,只要连续向其供给活性物质—其燃料或氧化剂,即氢和氧(空气)就能连续发电,发电效率可达 65%~80%。通俗地说,燃料电池是一种利用水电解制氢的逆反应原理的"发电机"。

20 世纪 70 年代,燃料电池主要用于宇航事业。由于成本高,发展大容量电站几乎没人敢想。随着科学技术的发展,燃料电池的制造成本不断降低。到 2004 年,最先进的质子交换膜(PEM)式燃料电池的成本,也降至 300~800 美元/kW。目前,在纽约和东京已分别建成容量为 2.0 MW 和 4.5 MW 的磷酸型燃料电池电站,11 MW 的燃料电池电站也在建设中。加拿大

Baliard 公司已推出 200 kW 级 PEM 燃料电池,其能量密度可达 0.57 kW/kg。据有关专家估计,到 2050 年全世界将有 10% 左右的电力由燃料电池生产。这种静态发电设备特别适合于医院、公寓、超级市场、校园等作为电站使用。

氢能转化为电能是氢能技术应用最重要的方面。用氢作燃料的燃料电池已有多种类型,以电解质分类,主要有 H_3PO_4(磷酸)、KOH/H_2O、熔融碳酸盐和质子交换膜等。前几类不仅工作温度高,而且电解质也难以管理,唯有质子交换膜燃料电池(PEMFC)工作温度较低,且不使用酸、碱等有腐蚀性的电解质,因而特别适用于作为家用电源和电动汽车用的电源。

(3)氢能汽车

氢是清洁的车用原料,氢可以做汽车燃料。用氢气作燃料油有许多优点,首先氢气燃烧后的产物是干净卫生的水,不会污染环境。

氢能汽车是以氢为主要能量作为移动的汽车。传统的内燃机,通常注入柴油或汽油,氢汽车则改为使用气体氢。燃料电池和电动机会取代一般的引擎,即氢燃料电池的原理是把氢输入燃料电池中,氢原子的电子被质子交换膜阻隔,通过外电路从负极传导到正极,成为电能驱动电动机;质子却可以通过质子交换膜与氧化合为纯净的水雾排出。这样有效减少了其他燃油的汽车造成的空气污染问题。

用氢气作燃料有许多优点,首先是干净卫生,氢气燃烧后的产物是水,氢能汽车对环境无污染,其次是氢气在燃烧时比汽油的发热量高。在 1965 年,外国的科学家们就已设计出了能在马路上行驶的氢能汽车。我国也在 1980 年成功地造出了第一辆氢能汽车,可乘坐 12 人,贮存氢材料 90 kg。这种氢能汽车行驶的路程远,使用的寿命长,最大的优点是不污染环境。氢是可以取代石油的燃料,其燃烧产物是水和少量氮氧化物,对空气污染很少。氢气可以从电解水、煤的汽化中大量制取,而且不需要对汽车发动机进行大的改装,因此氢能汽车具有广阔的应用前景。推广氢能汽车需要解决三个技术层次上的问题:大量的制取廉价氢气,传统的电解方法价格昂贵,且耗费其他资源,从而无法推广;解决氢气的安全储运问题;解决汽车所需的高性能、廉价的氢供给系统。目前常见的供给系统有三种,气管定时喷射式、低压缸内喷射式和高压缸内喷射式。随着储氢材料的研究进展,可以为氢能汽车开辟全新的途径。而最近,科学家们研制的高效率氢燃料电池,更减小了氢气损失和热量散失。

目前国际市场每年的氢气用量仅仅相当于交通能源消耗量的 15%。由此可见,若以氢代替石油制品作为交通能源、实现氢能汽车、氢能火车、氢能飞机以及氢能发电,这样氢气的生产规模必将大大地扩展,并由此形成立足于氢动力的氢经济体系。

5.3.2 氢能的缺点

氢气极易燃易爆,0.03 mJ 的能量(相当于一粒米掉在地上)就能使其爆炸,生产、运输、储存都十分麻烦,使用须格外谨慎。

目前,氢气的生产主要有化学法和生物法两种途径。利用化学方法制取氢气是目前较为成熟的制氢技术,其中以天然气、石油为主要原料的高温裂解、催化重整等方式制取的氢气成为工业用氢的主要来源,该方法对化石能源依赖性较大,与此同时在生产过程中还会造成一定的环境污染;电解水制取氢气是目前获取高纯氢气的主要方法,虽然该技术摆脱了对化石能源的依赖,但在其生产过程中需要消耗大量的电能作为代价,同时该反应需要在高温、高压或强酸强碱的条件下进行,反应条件苛刻,电解电极昂贵,生产成本较高。

根据所用的微生物、产氢原料及产氢机理不同,生物制氢可以分为光解水制氢、厌氧细菌制氢、光合细菌制氢等 3 种类型,其特点如下所示。不同的生物制氢方法具有不同的缺点:

(1)绿藻

以水为原料,太阳能转化率较高氢不稳定,同时产生的氧对反应有抑制作用。

(2)蓝细菌

产氢过程需要光照,产氢速率低,产生的氧对固蓝细菌氮酶有抑制作用。

(3)厌氧细菌

反应需控制 pH 值在酸性范围内,原料利用率低,产物的抑制作用明显。

(4)光合细菌

产氢过程需要光照,不易进行放大试验。

5.4　传统制氢过程

5.4.1　天然气重整制氢

以天然气为原料,用水蒸气转化制取富氢混合气,应用的是合成氨生产领域成熟的一段炉造气工艺。该工艺包括两个步骤:天然气脱硫和烃类的蒸汽转化。

脱硫是在一定的压力和温度下,将原料天然气通过锰及氧化锌脱硫剂,将其中的有机硫和无机硫脱至转化至催化剂所允许的 $0.2×10^{-6}$ 以下的水平。

烃类的蒸汽转化是以水蒸气为氧化剂,在镍催化剂的作用下发生如下主要反应,生成富氢的混合气

$$CH_4+H_2O \longrightarrow CO_2+3H_2 \quad -210 \ kJ/mol$$
$$CO+H_2O \longrightarrow CO_2+H_2 \qquad +43.5 \ kJ/mol$$

以上反应温度在 800 ℃ 以上,两个反应的总热效应为强吸热,热量通过燃烧天然气来提供。降低压力有利于提高甲烷的转化率,但为了满足变压吸附提纯的需要和纯氢产品对压力要求,以及考虑设备的经济性,一般控制反应压力在 1.5 MPa 以上。通过变压吸附装置可获得 99.9% ~99.999% 的纯氢,H_2 的收率可达 70% 以上。

主要消耗定额(以 $1 \ Nm^3$,纯体积分数为 99.99% 的氢气产品为基准,下同):原料天然气 $0.48 \ Nm^3$,燃料天然气 $0.12 \ Nm^3$,锅炉给水 1.7 kg,电 0.2 kW/h。

在天然气蒸汽转化制氢的工艺中,作为合成氨的造气工艺,国内天然气蒸汽转化技术的应用始于 20 世纪 70 年代。如今,在转化催化剂品质的改进、工艺流程的安排、最佳工艺条件的选择、设备形式和结构的优化、控制方案的设置等方面均已经得到了一定的完善。大量装置的运行,积累了丰富的理论和实践经验。使得工艺的成熟性和装置运行的可靠性都有保证。然而,这个工艺也存在一些缺点:

(1)原料的利用率低

在甲烷水蒸气转化反应中,甲烷的转化率为 82%、转化反应生成的一氧化碳与水发生的变换反应中,一氧化碳的转化率不足 45%。

(2)工艺较复杂

操作条件苛刻、设备设计制造要求高、控制水平要求较高。因此对操作人员的理论水平和

操作技能也有较高要求。

5.4.2　从煤中制氢

中国能源消费总量已经位居世界第二,约占世界能源消费总量的11%。2004年中国一次能源消费量为19.7亿吨标准煤,产量为18.46亿吨标准煤。一次性能源以煤为主,原煤产量19.56亿吨,折合13.96亿吨标准煤,占70%左右。中国的能源矿产资源中,煤炭资源较为丰富,石油和天然气资源相对较少,以煤为主的能源结构将长期存在。中国这种资源状况,决定了在解决能源方面的问题时,要从煤入手。解决化石能源的开采利用带来的环境问题的出路之一——氢,在很长一段时间在中国还要从煤制得。煤汽化是煤制氢的主要技术,经过多年的发展,煤汽化技术已经是煤炭深加工的最主要的技术之一。

氢能是其他能源所不能比拟的,氢成为人们社会生活的主体燃料具有一定的必然性,但相当长的时间内,大量氢燃料只能来自化石燃料的转化,特别是来自煤炭的转化。而如果将污染严重的煤高效率集中地转化为洁净的氢气,这将是中国未来一段时间氢能发展氢源的主要来源。

5.4.2.1　煤制氢的基本原理

传统的煤制氢过程可以分为直接制氢和间接制氢。煤的直接制氢包括:

以焦炉气为原料经转化制取氢气或水煤汽,一般采用加压催化部分氧化法,过程分两个阶段,第一阶段是焦炉气在转化炉顶部空间进行快速燃烧反应,生成 CO_2 和 H_2O,并放出热量,形成约1 000℃的高温。第二阶段是焦炉气中的甲烷与水蒸气和二氧化碳反应,生成 H_2 和 CO。煤的焦化,在隔绝空气的条件下,在900~1 000 ℃制取焦炭,副产品焦炉煤气中含氢气55%~60%,甲烷23%~27%,一氧化碳6%~8%,以及少量其他气体。可作为城市煤汽,亦是制取氢气的原料。主要反应式为

$$CH_4+2O_2 \longrightarrow CO_2+2H_2O+Q$$
$$CH_4+H_2O \longrightarrow CO+3H_2-Q$$
$$CH_4+CO_2 \longrightarrow 2CO+2H_2-Q$$

综合反应式为

$$CH_4+0.5O_2 \longrightarrow CO+2H_2+Q$$

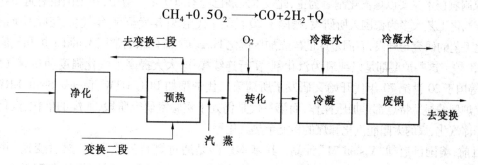

图5.2　焦炉气部分氧化法工艺流程示意图

煤的汽化,煤在高温、常压或加压下,与汽化剂反应,转化成为气体产物,汽化剂为水蒸气或氧气(空气),气体产物中含有氢气等组分,其含量随不同汽化方法而不同。煤的间接制氢过程,是指将煤首先转化为甲醇,再由甲醇重整制氢。

煤汽化制氢是先将煤炭汽化得到以氢气和一氧化碳为主要成分的气态产物,然后经过净

化,变换和分离,提纯等处理而进一步获得一定纯度的产品氢。煤汽化制氢技术的工艺过程一般包括煤的汽化、煤气净化的变换以及提纯等主要生产环节,汽化主要反应如下

$$C+H_2O \longrightarrow CO+H_2$$

$$2C+O_2 \longrightarrow 2CO+Q$$

$$C+CO_2 \longrightarrow 2CO-Q$$

$$C+H_2O(汽) \longrightarrow CO_2+2H_2O-Q$$

$$C+H_2O(汽) \longrightarrow CO_2+2H_2O-Q$$

$$CO+H_2O(汽) \longrightarrow CO_2+H_2$$

煤汽化技术的核心在于汽化炉炉型。在 20 世纪 20 年代,常压固定层煤气发生炉就已用于工业化生产,70 年代,全球出现石油危机,促进了煤汽化技术的发展,不但炉型层出,而且改进了操作技术,提高了汽化炉的操作温度和压力,扩大了原料煤的品种和粒度使用范围,从而提高了经济效益和环境质量。现今世界上用于煤汽化工业生产的主要炉型有:固定床(移动床)、流化床、气流床。

目前我国普遍采用间歇式固定床汽化炉。水煤浆德士古炉已被众多厂家采用,加压鲁奇炉、壳牌公司的 Shell 炉,恩德炉等也受到一些厂家的关注和应用。而不同的汽化技术,所制取的水煤气的组成有所不同。不同炉型的水煤气组成见表5.3。

表5.3 不同炉型的水煤气组成

炉型	H_2	CO	CO_2	N_2	CH_4	Ar	O_2	H_2S
间歇固定床汽化炉	50.00	37.30	6.50	5.30	0.30	0.20	0.20	0.20
加压鲁奇炉	43.50	21.40	26.50	0.50	0.10			
水煤浆德士古炉	35.09	45.23	18.53	0.54	0.01	0.14		0.46
壳牌 Shell 炉	30.60	61.60	1.60	3.70	0.10	1.10		1.30

5.4.2.2 国外煤制氢发展状况

煤制氢技术主要以煤汽化制氢为主,此技术发展已经有 200 多年历史,在中国也有近 100 年历史。煤汽化工艺大多为德国人所研发,德国于 20 世纪年代至 30 年代至 50 年代初,完成了所谓第一代汽化工艺的研究与开发,有固定床的碎煤加压汽化 Lurgi 炉、流化床的常压 Winkler 炉和气流床的常压 KT 炉。这些炉型都是以纯氧为汽化剂,实行连续操作,大大提高了汽化强度和冷煤气效率。德、美等国于 20 世纪 70 年代开始又研发了所谓第二代炉型如 BGL、HTW、Texaco、Shell、KRW 等。第二代炉型的显著特点都是加压操作,而第三代是仍处于实验室研究阶段,如煤的催化、汽化煤的等离子体汽化、煤的太阳能汽化和煤的核能余热汽化等。

目前,美国已启动"Vision 21"计划,其基本思路是通过燃料氧吹汽化,然后变换、并分离出 CO_2 和 H_2,以燃煤发电其效率达到 60%、天然气发电效率达 75%、煤制氢效率 75% 为目标。其中的重大关键技术包括适应各种燃料的新型汽化技术,高效分离与 O_2 与 N_2、CO_2 与 H_2 的膜技术等。在煤汽化制氢过程中,也不可避免地会产生 CO_2,但这种高压、高纯度 CO_2(接近 100%)完全区别于化石燃料普通燃烧过程产生的常压、低浓度 CO_2(浓度仅为 12% 左右),可以更经济地实现 CO_2 的"封存"。随着"CO_2 埋藏"技术的迅速发展,煤汽化制氢系统完全可以实现零排放。

5.4.2.3 国内煤制氢发展状况

中国的化石能资源主要是煤,天然气资源稀缺,所以,煤汽化便成为中国的主要制氢形式。煤焦化所得的煤气,也是很好的氢源,目前大多作为城市煤气使用。煤汽化技术在中国的应用已有 100 多年的历史,它是煤炭洁净转化的核心技术和关键技术。在中国,每年约 5 000 万吨煤炭用于汽化,使用了固定床、流化床和气流床汽化技术,生产的煤气广泛应用于工业燃料气、化工合成气和城市煤气等。煤汽化制氢在中国主要生产的原料气用于合成氨的生产。从最近国内煤化工发展趋势看,煤汽化的原料气朝合成甲醇、二甲醚和醋酸等方向发展。2004年,全国甲醇生产能力合计为 700 万吨,产量达到 300 多万吨,生产装置近 200 套,到 2006 年国内新增产能将会达到 390 万吨。中国目前甲醇进口量为每年 150 万吨。由于中国油品短缺,然而煤炭液化必将要大力发展,消耗的氢气量将会大增,据估算百万吨间接合成油用氢气量达 50 亿~60 亿 m^3。随着中国神华集团煤炭直接液化项目和其他集团的煤间接液化项目以及大规模煤汽化多联产项目的陆续投产,煤炭汽化制氢将会大发展。氢燃料电池技术逐步成熟,将逐渐商业化并推广使用,也将推动煤汽化制氢的发展。虽然中国的煤汽化制氢发展很快,但与发达国家相比,还很落后。主要表现在如下几个方面:

(1)目前在中国运行的汽化炉,大部分是常压固定床,工艺落后,汽化效率低。

(2)技术创新不足,科研经费投入少,没有自主知识产权的先进工艺技术,只能依靠引进国外技术。

(3)采用大型先进的汽化工艺的很少,规模小,污染严重,经济效益较差。

(4)缺少合理的规划,原料、技术、经济效益的优化集成的研究不够深入。

5.4.2.4 煤制氢技术

煤制氢技术包括煤的焦化制氢和煤的汽化制氢。煤的焦化是以制取焦炭为主,焦炉煤气是副产品,由于中国焦炭产量巨大,所以焦炉煤气的产量也非常大,在 2005 年焦化产生的煤气大约有 1 300 亿 m^3,如果按含氢量 60%,那么就有 780 亿 m^3 的氢气产生。这些氢气是对氢源短缺的有益补充。

汽化制氢是煤制氢气的主要方法,煤汽化的形式多种多样,但按照煤料与汽化剂在汽化炉内流动过程中的不同接触方式,通常分成固定床(也称移动床)汽化、流化床汽化、气流床汽化、熔浴床汽化及地下汽化等。固定床汽化,是以块煤、焦炭块或型煤(煤球)作为入炉原料,床层与汽化剂进行逆流接触,并发生热化学转化生成 H_2、CO、CO_2 的过程。固定床汽化要求原料煤的热稳定性高、反应活性好、灰熔融性温度高、机械强度高等,对煤的灰分含量也有所限制。固定床汽化形式多样,通常按照压力等级可分为常压和加压种。

从能源的总量来看,未来的一段时间,人类获得氢的途径主要通过煤制氢。传统的煤制氢技术已经不能满足需要,发展更先进的汽化新工艺,同时也对现有先进技术进行升级改造。跟踪国外的先进技术,对已经成熟的先进技术,采取引进、消化、吸收的政策,发展适合中国的煤制氢技术,加快中国煤制氢技术的发展。

5.4.3 从水中制氢

水电解制造氢气是一种传统的制造氢气的方法,生产历史已有 80 多年。其生产电能消耗较高,所以目前利用水电解制造氢气的产量仅占总产量的约 4%。水电解制氢气技术具有产品纯度高和操作简便的特点。

　　我国的水电解制氢工艺于20世纪50年代研制成功第一代水电解槽,经逐步改进,现今的水电解工艺和设备已和成熟,一些技术指标已达到或接近国际先进水平。电解制氢方法亦被众多的行业所广泛采用。电解制氢流程简单、运行稳定、操作简单,现有的水电解制氢装置可实现无人值守全自动操作,并可随用氢量的变换实现负荷的自动调节。

　　水电解制造氢气是一种成熟的制造氢气的方法。水电解制氢过程是氢与氧燃烧生成水的逆过程,因此只要提供一定形式的能量,则可使水分解。水电解制氢气的工艺过程简单,无污染,其效率一般在75%~85%,但耗电量较大,每立方米氢气电耗为4.5~5.5 kW·h左右,在水电解制造氢气的生产费用中,电费占整个水电解制造氢气生产费用的80%左右。因此通常意义上不具有竞争力,目前使用电解水制造的氢气主要用于工业生产中要求纯度高、用量不多工业企业。

　　电解水制氢的过程是由浸没在电解液中的一对电极,中间插入隔离氢、氧气体的隔膜就构成了电解池。通以一定电压的直流电时,水就会分解成氢和氧。水电解槽是电解水制氢过程的主要装置,它的部件如电极、电解质的改进研究是近年来的研究重点。电解池的主要参数包括电解电压(决定电解能耗的技术指标)和电流密度(决定单位面积电解池的氢气生产量),电解池的工作温度和压力对上述的两个参数有明显的影响。对于水力资源、风力资源、太阳能资源丰富的地区,水电解不仅可以制造廉价的氢气,而且还可以实现资源的合理互补利用,对环境与经济都具有一定的现实意义。

　　将两个相互接近的电极浸没于水中,在两电极附近逸出氢气,从阳极附近逸出氧气。水电解的工业生产装置时电解槽。为了改善水的导电性能、降低电耗,通常电解槽内的液体不是纯水,而是一定浓度的KOH水溶液。目前国内的电解槽,小室电压≤2V,单台最大产氢量可达300 Nm³/h,电解槽工作压力可达4.0 MPa,出槽气体温度-90℃,经分离碱液和水分后的氢气体积分数可达99.9%,氧气体积分数可达99.5%。如果进一步经纯化装置处理,氢气的最高体积分数可达99.999 9%。其主要消耗定额:原料脱盐水0.82 kg,电5.5 kW/h。

　　目前,工业用碱性水溶液电解槽的电能效率低,虽然制取1 m³(标)氢气的理论电耗是2.95kW·h,实际电耗为4.5~5.5 kW·h。说明仅有一半多的电能用于水的分解上,其余都转化为热损耗了。工业用碱性水溶液的电解槽,电解池电压为1.8~2.2 V,水的理论分解电压为1.12 V(20% KOH,80℃时),电压效率为62%~53.6%;相应于热中性电压1.48 V的电压效率为82%~67%。为了提高电压效率必须设法降低操作电压。表5.4是部分国际水电解制氢设备制造公司的水电解制氢装置的性能指标。

表5.4　国际部分水电解制氢装置制造公司的装置性能指标

公司	能耗 /(kW·h⁻³(标))	产氢量 /(m³(标)·h⁻¹)	输入功率 /kW	压力 /MPa	效率(高热值) /%	效率(低热值) /%
	4.1~4.3	<485		0.5~1	72~85	61~72
Norsk Hydro	4.8	<60	50~300	约15	83~86	70~73
Stuart Energy	5.9	>50		1~25	80~83	68~72
VDBH (Stuart Energy)	4~4.2	10~60	60~360	约25	86~88	73~75

　　近年来,国产水电解设备有很大的发展,可以生产并出口各种规格的压力电解槽,工作压

力 0.8 ~ 4.0 MPa,大型装置产量可达 350 m³/h。

5.4.4 光催化制氢

目前大规模制氢的原料主要来自煤、天然气等化石能源,消耗大量的资源又排放出二氧化碳,造成资源损失和环境污染,制约了氢能的发展。太阳能是一种取之不尽用之不竭的清洁能源,利用太阳能直接光催化制氢则是最具吸引力的可再生能源制氢途径,是从根本上解决能源短缺问题的最理想的途径。

太阳能光催化制氢作为解决能源危机和环境问题的一个重要途径,受到世界各国的高度重视。也是提高可见光区量子效率这一领域的研究目标和最大挑战之一。在光催化过程的两个半反应中(电子还原和空穴氧化),氧化半反应被认为是光催化过程的主要瓶颈。

光催化水解制氢是实现氢经济效应最有前景的方式。实践也证明,寻找一种满足光催化制氢所有要求(化学稳定性、耐腐蚀、捕获可见光和合适的带边)的理想的光催化剂是很困难的。幸运的是,纳米科学和纳米技术推动了现存光催化剂的改性及新替代材料的发现和发展。

自 1972 年,由于耐腐蚀性、无毒性和价格低廉,Fuijshima 和 Honda 发现 TiO₂ 电极材料的光催化效用以来,半导体光催化材料的研究得到了迅速的发展,其中具有较高催化活性的 TiO₂、CdS、WO₃、SrTiO₃ 等传统 n 型半导体成为光催化技术的研究热点。近年来主要针对光催化剂对太阳光的利用度太低,光生载流子复合概率较大,以及光学稳定性的问题,国内外学者不断地进行研制新型的高效稳定的光催化材料方面的研究,并已取得了重要的研究成果。目前光催化效率仍无法达到实际应用的水平,但是在当今活跃的学术氛围下,相信光催化制氢的领域会取得突破性的进展。

低碳醇作为电子给体的光催化制氢反应是一个很重要的研究体系。利用醇类有机物作为部分氢源的光催化技术研究从 20 世纪 80 年代就已开始,早期主要是在有氧条件下的氧化重整,需要对产生的氢气进行分离。目前有研究认为,无氧条件下的研究更具有优越性:一方面省去了产物分离的步骤,一方面可防止 O₂ 与质子争夺电子而抑制产氢的进行。

李灿团队通过精心设计组装光催化剂,在光催化剂(CdS)表面共担载还原(Pt)和氧化(PdS)双组分共催化剂,有效地解决了电子和空穴的分离和传输的问题,利用试剂在可见光照射下取得了 93% 的产氢量子效率,已经接近自然界光合作用原初过程的量子效率水平。该工作发展了一种高效光催化重整硫化氢溶液制氢的技术,由于氧化共催化剂的担载有效地避免了光催化剂的光腐蚀现象,使该三元催化剂表现出很高的稳定性,显示出了重要的工业应用前景。该工作提出了一种人工模拟光合作用设计高效光催化剂的思路,即通过分别组装合适的氧化和还原双共催化剂在空间上避免光生电荷复合,可以极大地提高光生电荷的分离和传输效率,从而大幅提高量子效率。这对发展太阳能高效光催化剂及光催化制氢和还原 CO₂ 过程的具有重要指导意义。

光催化剂通常包括金属氧化物、金属硫化物、氮化物、氧硫化物和氮硫化物及其复合物。在大多数情况下,光催化剂中带有最高氧化状态的金属阳离子有 d⁰ 或 d¹⁰ 的电子组态,而氧、硫和氮显示它们的最负价态。导带底部由金属阳离子的 d 和 sp 轨道组成,而金属氧化物的价带由 O 2p 轨道组成。金属硫氧化物和氮氧化物的价带分别由 S 3p(和 O 2p)和 N 2p(和 O 2p)形成。一些碱(锂、钠、钾、铷、铯)、碱土(镁、钙、锶)和过渡金属离子(钇、镧、钆)可以构建层状钙钛矿和立方焦绿石化合物的晶体结构,但这些化合物的能带结构不利于光催化剂光催化活性的产生。

(1)金属氧化物

纳米结构的二氧化钛:二氧化钛纳米晶体由于具有稳定性、耐腐蚀、无毒、丰富和便宜等优异的材料属性,一直以来都得到了广泛的研究和发展。二氧化钛在自然界中以 3 种不同的晶相存在,按含量高低分别为金红石相、锐钛相和板钛矿相。此外还有 $TiO_2(B)$、$TiO_2(H)$ 和 $TiO_2(R)$3 种合成晶相,一些高压多晶相物也有被报道。另外,纳米结构二氧化钛的存在形态也是各式各样,有纳米粒子、纳米棒、纳米线、纳米结构薄膜或涂层、纳米管和介孔纳米结构等。TiO_2 优异的材料属性在很大程度上取决于它的晶体结构、形态、颗粒尺寸。因此,设计和探索合成 TiO_2 纳米材料的新方法,从而控制 TiO_2 晶相、形态和尺寸,对于获得具有理想物理和化学性质的材料有着重要的研究和实际的应用意义。

目前,已经发展了多种不同的方法合成 TiO_2 纳米晶体:如化学气相沉积法、化学气相水解法、溶胶-凝胶法、沉淀法、水热合成法和微乳液法等。这些工艺制备方法可归类为干法和湿法。湿法制备工艺可以很容易的对反应条件(如反应物浓度、反应介质、溶液的温度和 pH 值)进行优化。例如,将模板合成法和溶液热处理相结合的溶胶-凝胶法就是一种常用的制备方法。但是每一种制备方法都有其特点、适用范围和局限性等,所以寻找出结构、性能和尺寸可控的批量廉价制备纳米晶体的方法在目前仍然是一个巨大的挑战,是当前纳米科技和材料领域的热点问题。

(2)金属硫化物

金属硫化物是可见光光催化反应中很有吸引力的替代材料。最近的研究焦点聚集在CdS、ZnS 及其固溶物。CdS 具有合适的带隙(24 eV)和良好的带位置可用于可见光光水解。然而,类似 ZnO,随着 Cd^{2+} 离子洗脱到溶液中,CdS 中的 S^{2-} 容易被光生空穴氧化。这种光腐蚀事实上对大部分金属硫化物光催化剂是一个常见的问题。然而,CdS 是在可见光照射及含有空穴清除剂(S^{2-} 或 SO_3^{2-})存在下杰出的制氢用光催化剂。ZnS 是另外一种良好的制氢用光催化剂,但是它的 3.6 eV 带隙仅响应紫外光。如果可以获得足够多的硫副产品,如来自石化厂和采矿业中的加氢脱硫工艺的硫化氢,金属硫化物在实际的光催化制氢系统中也能被应用。

目前,CdS 和 ZnS 光催化剂的最新进展可分为 4 个方向:一维和多孔 CdS 的合成;CdS 和ZnS 的掺杂及固溶体的形成;在 CdS 上助催化剂的添加;CdS 的支持和矩阵结构的开发等。

(3)氮化物、氮氧化物和硫氧化物

Domen 的团队对氮化物、氮氧化物和硫氧化物光催化剂进行了系统的研究。这里的氮氧化物和硫氧化物不同于掺杂 N 和 S 的光催化剂。对含 d^0 电子组态的金属氮氧化物和硫氧化物,如 TaON 和 $Sm_2Ti_2S_2O_5$,其主要由杂化的 N 2p(S 3p)和 O 2p 轨道组成,而价带主要由相应金属的空的 d 轨道组成。因而,光生空穴能够在光催化剂的价带中顺利地迁移,这对于包含一个 4 电子转移的水氧化反应尤其有利。相反,对掺杂改性的光催化剂,由于禁带隙中掺杂物水平通常是不连续的,这将不利于光生空穴的转移。

Sato J 等利用 GeO_2 粉末在 1 153 ~ 1 173 K 温度及 NH_3 流动下,经过 10 h 渗氮合成了 β-Ge_3N_4。当使用 RuO_2 纳米粒子进行改性,β-Ge_3N_4 实现了从纯水中光催化制取氢气。Maeda K 等详细论述了用于可见光分解水的 $(Ga_{1-x}Zn_x)(N_{1-x}O_x)$ 的设计。使用各种各样的过渡金属氧化物作为助催化,对 $(Ga_{1-x}Zn_x)(N_{1-x}O_x)$ 进行改性,研究表明,其活性通过助载铬有进一步的提高。另外,在适当温度下的后煅烧处理,使得 $(Ga_{1-x}Zn_x)(N_{1-x}O_x)$ 的性能有所提高。

(4)纳米复合材料和 Z 型系统

由于半导体基复合材料在光催化方面具有扩大光响应范围等性能的优势,而复合材料的纳米化可以增大材料的比表面积、增加活性位置及改善光催化反应的动力学条件,有助于光催化活性的提高。近年来,纳米复合材料的研究及使用日益受到重视。通过对层状复合物(如 $H_2Ti_4O_9$、$H_4Nb_6O_{17}$、K_2Ti_3、HNb_6O_9、$HNbWO_6$、$HTaWO_6$、$HTiNbO_5$ 和 $HTiTaO_5$ 等)进行层间插入纳米粒子(如 TiO_2、CdS、$Cd_{0.8}Zn_{0.2}S$ 和 Fe_2O_3)形成纳米复合材料目前已有报道。由于纳米复合光催化剂很好地抑制了光生载流子的复合,其在光解水制氢中大大提高了光催化活性。表明纳米复合材料中不同组分的能带位置必须很好地匹配。此外,制备方法和辅助催化剂也是纳米复合材料的重要因素。因此,对纳米半导体材料的合理剪裁和复合成为纳米复合材料的研究重点。

在传统的光解水系统中,半导体光催化剂应该拥有在 H^+ 到 H_2 的还原电位之上(也就是电位更负)的导带和 H_2O 到 O_2 的氧化电位之下(也就是电位更正)的价带。这种约束严重限制了光催化剂选择和可见光的利用。Sayama 等最早于 1997 年报道了以 WO_3、Fe^{3+}/Fe^{2+} 组成的两步激发光催化分解水制氢悬浮体系的研究成果。在反应体系中,Fe^{2+} 吸收紫外光产生的 Fe^{2+} 和 H^+ 作用产生氢气,生成的 Fe^{3+} 则被光激发 WO_3 产生的导带电子还原为 Fe^{2+},而光激发产生的价带空穴则把水氧化成氧气。2002 年他们通过模仿天然绿色植物的光合作用,开发了 Z 型光解水系统,又将这一研究推进了一步。Z 型系统包含两步光激发过程,由制氢光催化剂、制氧光催化剂和可逆氧化还原介质组成。单独的光催化剂(制氢光催化剂或制氧光催化剂)只在进行水解的两个半反应中的一个有效。将制氢和制氧光催化剂放置到 Z 型系统中,其能运行两个半反应,这是这个双光子系统的优点。Z 型系统设计的关键在于:寻找光催化剂,对其能高效地单独制氢和制氧;寻找可逆氧化还原介质,其氧化还原电位在各自的单元反应中能满足作为电子供体和受体的要求。研究结果表明 $SrTiO_3$、$TaON$、$CaTaO_2N$ 和 $BaTaO_2N$ 可作为制氢的光催化剂,而 WO_3、$BiVO_4$ 和 Bi_2MoO_6 可作为制氧的光催化剂。IO_3^-/I^- 和 Fe^{3+}/Fe^{2+} 的氧化还原对通常形成可逆电解质。

光催化制氢为开发清洁、可持续及可再生的能源系统提供了良好的可行性。在光催化制氢中,光催化剂的材料起着重要的作用。由于纳米尺寸光催化剂相比固体催化剂具有更好的性能,纳米结构光催化剂是光催化剂未来发展的必然趋势。

金属氧化物是最有前景的光催化材料,二氧化钛已经也将会是光催化制氢中最重要的一种光催化剂。其他类型氧化物由于拥有各自的独特优势,也会在实际的光催化制氢系统中被有效应用。

如何对纳米半导体材料进行合理裁剪和复合是纳米复合材料的研究重点。Z 模型系统由于包含两步光激励,可实现单独制氢和制氧,极大地扩大了光催化剂的选择性。

带隙和带位置的调整和优化,对于开发响应可见光的制氢用光催化剂很有帮助。为实现高效制氢,结合不同的技术和方法、实现多技术集成也是不可或缺的。首先必须建立已存在的纳米光催化剂的数据库,避免重复的工作,并且指导新纳米光催化剂的发展;其次应借助晶体学、物理和化学手册和模型计算等知识和方法,进行新型纳米光催化剂的设计和筛选,并探索及获得它们的能带结构;发展新型纳米光催化剂的合成方法,因为合成方法严重影响材料性能;应该理解纳米光催化剂的界面和局部属性,因为电荷和质量传递在这些区域内进行;必须重视光催化制氢的反应动力学,以期获得最大的光催化效率。

　　总之,恰当地构造能带结构并结合不同的技术和方法,实现多技术集成,将为光催化制氢用纳米材料的发展开辟更为广阔的空间,也为最终实现开发清洁、可持续和可再生的能源系统提供核心的技术。

5.4.5　硫化氢制氢

　　硫化氢是一种毒性大、腐蚀性高的气体,对于人类的健康及工业生产都有很大的危害。间接电解法利用中间循环剂将硫化氢吸收,产生硫黄,分离后再将吸收液电解,产生氢气,同时中间循环剂被还原,加以循环利用。各种间接电解法的研究报道中,具体工艺仍有一定差别,相应的电解反应器结构也不同:国外相关报道采用了滤压式电解槽,未利用离子交换膜技术,其不利于气体的分离;抚顺石油学院提出了一体式电解槽反应器,用素烧陶瓷材料代替离子交换膜,可延长隔膜的使用寿命,但此反应器很难实现连续生产,同时阴阳极极间距较大,同时电阻及能耗也较大。石油大学采用双极板式电解槽,实现连续反应,简化电解槽结构,从而达到制取氢气和吸收液再生的双重目的。

　　由于液相传质是此电解反应的控制步骤,可以加强传质的电解槽,并对电解槽的基本反应规律进行了实验研究。

　　本方法采用 Fe^{3+}/Fe^{2+} 作氧化吸收剂,硫化氢在氧化吸收过程中被 Fe^{3+} 氧化生成硫黄和 H^+,同时 Fe^{3+} 也被还原为 Fe^{2+},硫黄分离后的吸收液 H^+ 和 Fe^{2+} 被送往电解再生反应器,在阳极 Fe^{2+} 被氧化为 Fe^{3+},而后送回氧化反应器循环使用,H^+ 穿过离子交换膜进入阴极被还原为 H_2,从阴极释放出来。

　　硫化氢吸收过程　　　　　$H_2S+2Fe^{3+} \longrightarrow 2H^+ + 2Fe^{2+} + S \downarrow$

　　吸收液电解再生即制氢过程　阳极:$2Fe^{2+} \longrightarrow 2Fe^{3+} + 2e$

　　　　　　　　　　　　　　阴极:$2H^+ + 2e \longrightarrow H_2 \uparrow$

　　吸收液电解再生总反应　　　$2H^+ + 2Fe^{2+} \longrightarrow 2Fe^{3+} + H_2 \uparrow$

　　电解槽使用聚氯乙烯材料加工而成,此材料具有耐腐蚀性、易加工等特点。阳极电极材料为石墨块,阴极电极材料为镀铂石墨块。模拟电解槽使阳极电极、阴极电极和 Nafion 膜分离,并在其中间加入湍流网来改善电极表面的液体流动状态。

　　文献报道的硫化氢分解方法较多,有热分解法、电化学法,还有以特殊能量分解 H_2S 的方法,如 X 射线、γ 射线、紫外线、电场、光能甚至微波能等,在实验室中均取得较好的效果。

　　(1)热分解法

　　热分解法最初是采用传统的加热方法如电炉作为热源加热反应体系的,反应温度高达1 000 ℃。随后,一些其他形式的热能如太阳能等得到了利用。为了降低反应温度,以 Ni-Mo 或 Co-Mo 的硫化物做催化剂,在温度不高于 800 ℃、停留时间小于 0.3 s 的条件下,得到的 H_2S 转化率仅为 13% ~ 14%。对于工业应用来讲,热分解法的转化率还较低。

　　(2)电化学法

　　在电解槽中发生如下反应产生氢气和硫

　　　　　　　　　　　　　阳极:$S^{2-} \longrightarrow S + 2e$

　　　　　　　　　　　　　阴极:$2H^+ + 2e \longrightarrow H_2$

　　电化学法分解硫化氢的工作主要集中于开发直接或间接的 H_2S 分解方案以减小硫黄对

电极的钝化作用。

在所谓的间接方案中,首先进行氧化反应,用氧化剂氧化 H_2S,被还原的氧化剂在阳极再生,同时在阴极析出氢气,由于硫是经氧化反应产生的,因而避免了阳极钝化。目前在日本已有中试装置,研究表明:Fe-Cl 体系对硫化氢吸收的吸收率高达 99%、制氢电耗 2.0 kW·h/m³ H_2(标)。该方法的经济性可望与克劳斯法相比,然而用该法得到的硫为弹性硫,需要进一步处理。另外,电解槽的电解电压高也使得能耗过高。

在直接电解过程中,针对阳极钝化的问题提出了许多方案。因任何一种机械方法都对此无效。Bolmer 提出利用有机蒸气带走阳极表面的硫黄的方法;也有向电解液中加入溶剂的方法;另外,改变电解条件、电极材料或电解液组成等方法也都取得了一定的效果。Shih 和 Lee 提出用甲苯或苯作萃取剂来溶解电解产物硫,但得到的硫转化率低,电池电阻增加,产物纯度低,效果不是很好。Z. Mao 等利用硫的溶解度随溶液 pH 值变化的特征,加入预中和及中和步骤调节 pH 值溶解 S,得到了较为满意的结果。

另外,H_2S 气体能有效地被碱性溶液(如 NaOH)吸收,电解该碱性溶液可在阳极得到晶态硫,阴极得到氢气,产物纯度较高。电解时的理论分解电压约 0.20V 左右,是电解水制氢的理论分解电压 1.23 V 的 1/6。

5.5 非传统制氢过程

非传统制氢过程有如下几种。

(1)从碳氢化合物中制氢

本书所指的碳氢化合物,主要是烃类等的化合物。烃类分解生成氢气的制氢方法有热裂解法和等离子体法。

将烃类分子进行热分解,如下式

$$C_nH_m \Rightarrow C\left(\frac{m}{2}\right)H_2$$

挪威的 Kverrner 油气公司开发了等离子体法分解烃类制氢气工艺,即所谓的"CB&H"工艺。1990 年该公司开始该技术研究,1992 年进行了中试实验,据称现在已经可以利用该技术建设无二氧化碳排放的工业制氢装置。CB&H 的工艺过程为:在反应器中装有的等离子体炬,提供的能量使原料发生热分解,等离子气是氢气,可以在过程中循环使用,因此,除了原料和等离子体炬所需的电源外,过程的能量可以自给。用高温热加热原料使其达到规定的要求,多余的热量可以用来生成蒸汽。然而在规模较大的装置中,多余的热量可用发电。由于回收了过程的热量,整个过程的能量消耗有所降低。

该法的原料适应性强,几乎所有的烃类都可作为制氢原料,原料不同,仅仅会影响产品中的氢气和炭黑的比例。此外,装置的生产能力可大可小,据 Kverrner 油气公司称,利用该技术建成的装置规模最小为每年 1 m³(标氢气),最大为每年 3.6 亿 m³(标氢气)。

(2)太阳能直接光电制氢

在太阳能制氢方面,又有了新进展,日本京都产业大学物理学系大森隆副教授最近开发出利用太阳能高效率制造氢气的系统,该系统把太阳能电池板与水电解槽连在一起,为了高效率制造氢气,电极部分的材料在产生氢气一侧使用钼氧化钴,产生氧气一侧使用镍氧化物。实验时使用 Imz 太阳能电池板和 100 mL 的电解溶液,每小时可制作氢气 20 L,体积分数为99.9%。

（3）辐射性催化剂制氢

据《日刊工业新闻》报道,该研究所科学家使用乏核燃料储藏设施中产生的 γ 射线开发出两种制氢技术。一种是使用 γ 射线直接照射辐射性催化剂把水分解为氢和氧。其二是利用荧光物质把 γ 射线转变为紫外线,然后照射光催化剂,将水分解为氢和氧。其优点是不排出二氧化碳等对环境有害的气体,只需要分解水和进行脱湿等工艺就能获得高纯度的氢能。但目前这种制氢方法的能源转换效率仅有百分之几,大大提高其能源转换效率,这是实现这一技术的实用化的关键。

（4）各种化工过程副产氢气的回收

多种化工过程如电解食盐制碱工业、发酵制酒工艺、合成氨化肥工业、石油炼制工业等均有大量副产氢气,如能采取适当的措施进行氢气的分离回收,每年可得到数亿立方米的氢气。这是一项不容忽视的资源,应设法加以回收利用。炼油厂尾气回收制氢:炼油厂石油精制的尾气含氢量较高,再经过变压吸附(PSA)技术,可获得高纯氢气。

（5）电子共振裂解水

1970 年,美国科学家普哈里希在研究电子共振对血块的分解效率时发现,在经过稀释的血液中,某一频率的振动会使血液不停地产生气泡,气泡中包裹着氢气和氧气。这一偶然的发现,使他奇迹般地创造出了用电子共振方法裂解水分子,把海水直接转化成氢燃料的技术。2002 年,普哈里希演示了一个用电子共振裂解水的实验。他将频率为 600 Hz 的交流电,输入一个盛有水的鼓形空腔谐振器中,使水分子共振后被分裂成了氢和氧。这一装置的电能转换效率据说在 90% 以上。因而可以说是一条很有希望的制氢途径。

（6）陶瓷和水反应制取氢气

日本东京工业大学的科学家在 300℃ 下,使陶瓷跟水反应制得了氢。他们在氩气和氮气的混合气流中,将炭的镍铁氧体(CNF);加热到 300℃,然后用注射针头向 CNF 上注水,使水跟热的 CNF 接触,就制得氢。由于在水分解后 CNF 又回到了非活性状态,因而铁氧体能反复使用。在每一次反应中,平均每克 CNF 能产生 $2 \sim 3 \ cm^3$ 的氢气,这种方法原理不明确,需要进一步验证。

第6章 生物氢的制备

本章提要 第5章阐述了氢气的性质及传统的制氢方法,本章则介绍新型的制氢方法——微生物厌氧制氢、光合制氢、热化学制氢。在此基础上详细阐述了几种新型制氢方法的制氢机理,并且介绍了目前较新的热化学生物质制氢的方法——生物质热裂解制氢、生物质汽化制氢、生物质超临界水汽化制氢、光裂解水生物制氢、超临界水汽化生物质制氢。

6.1 生物氢的概述及历史

随着能源危机、环境污染、温室效应等问题的加剧,各国政府对清洁、可再生能源的研究投入正在不断加大。氢气因其相对密度低,燃烧热值高,在转化为热能或电能时只产生水蒸气,不会产生有毒气体和温室气体,是最清洁的环保能源,特别适用于交通运输,同时也是航天航空的理想燃料。因此,在21世纪氢能经济所描绘的蓝图中,氢气是未来最理想的终端能源载体,它的实现将会为人类文明带来新的变革。

6.1.1 微生物制氢概述

自Nakamura于1937年首次发现微生物的产氢现象,到目前为止已报道有20多个属的细菌种类及真核生物绿藻具有产氢能力。产氢细菌分属兼性厌氧或厌氧发酵细菌、光合细菌、固氮菌和蓝细菌四大类。过去的研究已经揭示了以上各类微生物产氢的基本代谢途径及参与产氢的关键性酶。

依据产氢能力的不同,目前备受关注的微生物产氢代谢途径主要有三种:

(1)以厌氧或兼性厌氧微生物为主体的暗发酵产氢,它以各种废弃生物质为原料、工艺条件要求简单、产氢速度最快,因此,暗发酵产氢技术的研究进展最快,离规模化的生产距离最近。

(2)以紫色光合细菌为主体的光发酵产氢,是暗发酵产氢的最佳补充,既能在暗发酵产氢的基础上,进一步提高底物向氢气的转化效率,又能消除暗发酵产氢过程中积累的有机酸对环境危害的隐患,暗、光发酵偶联制氢技术有望成为由废弃物或废水制氢的清洁生产工艺。

(3)蓝细菌和绿藻进行裂解水制氢,目前生物裂解水制氢技术在效率上仍处于劣势,但其以水作为制氢底物,在原料上具有优势。虽然,许多固氮菌也具有产氢能力,但是因为这类微生物产氢时需要的ATP来源于氧化有机物,而这些微生物氧化有机物产生ATP的效率非常低,所以,相对于以上其他产氢微生物而言,其产氢速率低,应用前景不是很好。对各类产氢微生物的生物学、遗传学及酶学特性的研究,将有助于解析这些微生物的产氢机理,同时也为进一步提高它们的产氢能力提供指导。

依据产氢代谢途径及产氢机理不同,我们将分别介绍光解水产氢的微藻和蓝细菌、光发酵产氢的紫色光合细菌及暗发酵产氢的厌氧或兼性厌氧微生物。

近年,随着对绿藻光水解制氢技术研究的不断深入,发现了许多能够用于生物制氢的绿藻,主要包括淡水微藻和海水微藻。而莱茵衣藻是一种研究生物制氢模式的微藻,另外,斜生栅藻、海洋绿藻、亚心形扁藻和小球藻等都具有产氢能力。

　　能够产生氢气的蓝细菌有固氮菌鱼腥藻、海洋蓝细菌颤藻、丝状蓝藻等和非固氮菌,如聚球藻、黏杆蓝细菌等。研究表明,鱼腥藻属蓝细菌生成氢气的能力远远高于其他蓝细菌属,其中,丝状异形胞蓝细菌和多变鱼腥蓝细菌都具有强大的产氢能力,因而受到人们的广泛关注。

　　目前研究比较深入的放氢蓝细菌主要有鱼腥藻属,念珠藻属的几种异形胞蓝细菌如丝状异形胞蓝细菌、多变鱼腥蓝细菌和念珠藻,个别胶州湾聚球菌属和集胞藻属的蓝细菌种类,它们的产氢速率为 $0.17 \sim 4.2 \; mol \cdot H_2/(mg_{chl} \cdot h)$。绿藻研究的种类也非常少,最常见的是莱茵衣藻,其最高速度低于 $2 \; mL/(L \cdot h)$。蓝细菌或绿藻都具有两个光合作用系统,其中,光合作用系统 II(PS II)能够吸收光能分解水,产生质子和电子,并同时产生氧气。在厌氧条件下,所产生的电子会被传递给铁氧还蛋白,然后分别由固氮酶或氢酶将电子传递给质子进一步形成氢。产氢的过程同时也是产氧的过程,然而氧气的存在会使固氮酶或氢酶的活性下降,所以在一般培养条件下,蓝细菌或绿藻的产氢效率非常低,甚至不能产氢。研究者们希望通过传统育种或基因工程的方法,来提高绿藻或蓝细菌的光裂解水产氢效。Lindberg、Lindblad、Liu、Masukawa 和 Yoshino 等分别对固氮蓝藻、鱼腥藻 PCC7120、念珠藻 PCC7422 等不同菌株进行了吸氢酶基因突变的研究,这些菌株都在氢气产量方面有不同程度的提高。Sveshnikov 利用一株化学诱变得到的多变鱼腥藻吸氢酶突变株 PK84 在连续产氢中获得的氢气产量提高 4.3倍。德国 Kruse 等建立了莱茵衣藻的突变体库,从中筛选到 1 株 PSII 与 PSI 间循环电子链受阻的突变株,在该突变株中,光解水获得的电子,在光照阶段更多流向淀粉的合成,突变株中积累更多的淀粉,而在厌氧暗反应阶段,更多的电子流向氢酶,因而其产氢速率是出发菌株的 5 ~13 倍,突变株的最大产氢速度可达 $4 \; mL/(L \cdot h)$,能持续产氢 10 ~14 天,共产氢 540 mL。

6.1.1.1　暗发酵产氢的微生物

　　发酵产氢微生物可以在发酵过程中分解有机物产生氢气、二氧化碳和各种有机酸。它包括梭菌科中的梭菌属(Clostridium)、丁酸芽孢杆菌属(Clotridiumbutyricum)、肠杆菌科的埃希氏菌属(Escherichia)、肠杆菌属(Enterobacter)和克雷伯氏菌属(Klebsiella),瘤胃球菌属(Ruminococcus),脱硫弧菌属(Desulfovibrio),柠檬酸杆菌属(Citrobacter),醋微菌属(Acetomicrobium),以及芽孢杆菌属(Bacillus)和乳杆菌属(Lactobacillus)某些种。最近还发现螺旋体门(Spirochaetes)和拟杆菌门(Bacteriodetes)的某些种属也能发酵有机物产氢。其中,研究比较多的是专性厌氧的梭菌科和兼性厌氧的肠杆科的微生物。

　　不同种类的微生物对同一有机底物的产氢能力是不同的,通常严格厌氧菌高于兼性厌氧菌。据文献报道,梭状芽孢杆菌属细菌的产氢能力为 190 ~480 mLH₂/g 己糖,最大产氢速率为$4.2 \sim 18.2 \; LH_2/(L \cdot d)$;肠杆菌属细菌的产氢能力为 82 ~400 mLH₂/g 己糖,在连续发酵工艺中,最大产氢速率为 $11.8 \sim 34.1 \; LH_2/(L \cdot d)$。肠杆菌属的微生物可以通过混合酸或 2,3-丁二醇发酵代谢葡萄糖。在两种模式中,除了产生乙醇和 2,3-丁二醇外,都可利用甲酸产生二氧化碳和氢气。

　　随着研究不断的广泛开展,一些新的具有高效产氢能力的菌株被分离,最近一些需氧的产氢微生物气单胞菌(Aeromonas spp.)、假单胞菌(Pseudomonos spp.)和弧菌(Yibrio spp.)被分离,产氢量为 1.2 mmol/mol 葡萄糖。在嗜热的酸性环境中,兼性厌氧的产氢菌热袍菌(Thermotogales sp.)和芽孢杆菌(Bacillus sp.)也被分离到了。还有一些嗜热厌氧菌如高温厌氧芽孢杆菌属(Thermoanaerobacterium)、热解糖热厌氧(T. thermosaccharolyticum)和地热脱硫肠状菌(Desulfotomaculum geothermicum)在嗜热酸性环境中厌氧发酵产氢。Shin 报道 Thermococcus kodakaraensis KODl 在最适温度 85 ℃下发酵产氢,热解糖梭菌(C. thermolacticum)能在 58 ℃时将乳糖转化成氢气和有机酸,产氢量为 2.4 mol/mol 葡萄糖。甚至一株在有氧和无氧下都能产氢的产酸克雷伯氏菌(Klebisella oxytoca)HPl 从热喷泉中分离获得,在连续发酵时的转化效率为 3.6 mol H₂/mol 蔗糖(32.5%),最佳起始 pH 值为 7.0。哈尔滨工业大学从连续流反应器中分离到的菌株 Ethanologenbacterium sp. strain X-1 的最大产气速度为 28.3 mmol H₂/(g·h),鉴定表明其属于一新属 Ethanologenbacterium。

最近相关研究为大规模筛选产氢细菌提供了更为直观和简便的技术手段,该方法通过一种水溶性的颜色指示剂对产氢过程进行监测,在催化剂存在的条件下,该颜色指示剂可以被氢气还原,发生颜色改变,从而可以用颜色的变化代替发酵后气体成分的检测从而对产氢细菌进行快速筛选,将为高效产氢纯菌的筛选打下了很好的基础。

通过基因工程改造产氢微生物的代谢途径将有助于它们的产氢能力提高。最近的一项研究以大肠杆菌 SRl3 为出发菌株,对厌氧发酵过程中的乳酸和琥珀酸途径进行阻断,构建了大肠杆菌 SRl4,使系统中更多的还原力和电子用于产氢,提高产氢量。另外,该研究通过三步法对甲酸裂解酶进行了有效诱导,缩短了从培养到产氢的过程,而且可以减少大量厌氧培养过程,使得整个发酵过程更为经济有效。Liu 等人通过敲除酪丁酸梭菌乙酸激酶和 PHA 合成酶阻断了合成丁酸和 PHB 的代谢通路,使得氢气产量从 1.35 mol/mol 葡萄糖提高到 2.61 mol/mol 葡萄糖。另一项研究通过克隆类腐败梭菌中的铁氢酶基因,并将其在类腐败梭菌中过量表达,得到了产氢量比野生型菌株提高 1.7 倍的重组菌株。在重组菌株中,由于氢酶的过量表达,NADH 被过量氧化,从而使得依赖于 NADH 的乳酸途径几乎被阻断,增加了乙酸和氢气的产量。

除了分离纯化出来的纯菌用于生物制氢,近几年来,优化选育后的混合菌群产氢更受关注。因为混合菌群底物适应能力强,能分解复杂的废弃物进行发酵,并且生长条件不苛刻,所以大多数研究者更愿意选择混合菌群作为接种物。目前用于研究的混合菌群主要有活性污泥、各种动物粪便堆肥、土壤等。这些来源于天然或人工组配的混合菌群以群落的形式存在和发挥作用:其组成成员在底物利用方面存在相互补性,或者能通过一些方式促进产氢菌的活性,例如,互相提供生长因子、改善产氢环境、通过利用产氢代谢产物以缓解相互间的反馈抑制等。因此混合菌群在产氢过程中具有多样的生理代谢功能和生态适应性能力,常比一般的纯菌种具有更高的产氢效率。目前混合菌群产氢的最高效率是 437 mL H₂/g 己糖,该结果是在发酵条件 pH 值 5.5、55 ℃、水力停留时间为 84 h 的半连续反应器中得到的。从产氢菌群多样性的分析结果获知,在暗发酵产氢的菌群体系中,梭菌属占到了 64.6%,这些微生物能把废弃物中的碳水化合物转变成氢气和低分子有机酸或者醇类。

6.1.1.2　光发酵产氢的微生物

在光照条件下,紫色硫细菌(荚硫菌属 Thiocapsa 和着色菌属 Chromatium)。利用无机物 H₂S,紫色非硫细菌(红螺菌属 Rhodospirillum 和红细菌属 Rhodobacter)利用有机物(各种有机酸)作为质子和电子供体产氢,由于这类反应在厌氧条件下进行,类似于发酵过程,所以这种产氢方式常被称为光发酵产氢。

自从 Gest 及其同事观察到光合细菌深红红螺菌(Rhodospirillumrubrum)在光照条件下的

放氢现象、Bulen 等证实光合放氢由固氮酶催化、Wall 等进一步说明固氮酶具有依赖于 ATP 催化质子(H⁺)的放氢活性后,各国科学家们在产氢光合细菌的类群、产氢条件及光合放氢的机理等方面进行了有益的探索。

紫色硫细菌和紫色非硫细菌具有 PS I,并由 PS II 通过光合磷酸化提供给光发酵产氢的驱动力 ATP,但这些微生物不具有 PS II,不能裂解水,所以不存在同时产生氧气的现象。目前常用来产氢的光合细菌种类主要有:深红红螺菌(Rhodospirillum rubrum),沼泽红假单胞菌(Rhodopseudomonas palustris),球形红细菌(Rhodobacter sphaeroides),荚膜红细菌(Rhodobacter capsulatus)等。但这些野生菌株的最大产氢速率一般只有 $10 \sim 100$ mLH$_2$/$(L \cdot h)$,底物转化效率一般为 $10\% \sim 75\%$,并且每种菌株能够利用来产氢的碳源非常有限,所以,无论是菌株的产氢能力,还是利用底物的范围,仍然有较大的提升空间。

由于光发酵产氢依赖于固氮酶催化,因此,铵抑制现象也是阻碍光发酵产氢技术应用的重要环节。Gest 及其同事研究了深红红螺菌利用各种化合物进行生长和光合放氢的情况,试验表明在限制铵的培养基中,只有铵耗尽后才开始放氢,菌体生长并不受抑制,而以在低浓度的谷氨酸为氮源时有明显的放氢现象。因此,如何解除铵离子对光合细菌的产氢抑制,也是目前正在研究的重点。在光发酵微生物中还存在吸氢酶,吸氢酶也参与光合细菌的氢代谢,它催化光合细菌的吸氢反应。对生物产氢技术而言,吸氢酶带来的是副作用,它的活性势必会降低生物产氢的速率和产量,Kelly 等在研究荚膜红细菌的光发酵产氢时,发现在底物浓度较低时固氮酶产生的 H$_2$ 可被吸氢酶完全回收。因此获得吸氢酶活性下降或完全丧失的菌株,有望以此来大幅度提高产氢效率。

目前,科学家们更注重采用诱变、分子生物学和基因工程技术手段相结合的办法来选育产氢速率快、底物转化效率高、光能利用效率高、有机废弃物范围广、对铵离子的耐受能力高的优良产氢菌株。Macler 等从浑球红细菌(R. sphaeroides)中分离了一株突变株,能够定量地将葡萄糖转化为 H$_2$ 和 CO$_2$,而不会像野生型那样积累葡萄糖酸,持续产 H$_2$ 长达 60 h,而在 $20 \sim 30$ h 生长期内转化效率最高。Kim 等分离的数株红细菌(Rhodobacter sp.)能从葡萄糖酸培养基中产生更多的 H$_2$。也有一部分研究者通过诱变得到产氢效能较好的菌株,Willison 使用 EMS(甲基碘酸乙酯)和 MNNG(M 甲基-N'-硝基-N-,N 硝基胍)诱变筛选非自养型的荚膜红细菌,得到的几株突变株利用乳酸等底物的效率比野生型提高 $20\% \sim 70\%$;Kern 利用 Tn5 转座子随机插入获得深红红螺菌的随机突变株,最高产氢量接近野生型的 4 倍,达到 7.3 L/L 发酵液,经鉴定发现突变点在吸氢酶基因上;Kondo 通过紫外诱变类球红细菌 RV 得到的突变株 MTP4 在强光下产氢比野生型增多 50%;Franchi 构建的类球红细菌 RV 吸氢酶和 PHA 合成酶双突变株在乳酸培养基中产氢速率提高 1/3;Kim 利用另一株类球红细菌 KD131 的吸氢酶和 PHA 合成酶双突变株使产氢速率从 1.32 mLH$_2$/mg dcw(dcw, dry cell weight,菌体细胞干重)提高到 3.34 mL H$_2$/mgdcw;Ooshima 得到的荚膜红细菌及氢酶缺陷菌 ST400 在 60 mmol/L 苹果酸条件下,将底物转化效率从 25% 提高到 68%。

同样针对产氢光合细菌对光能的利用率比较低的现象,除了对吸氢酶进行敲除外,对其捕光系统的改造也是一个趋势。Kim 等采用基因工程的手段,分别敲除编码捕光中心蛋白B800—850 和 B875 的基因,研究其对产氢的影响,发现缺失了类捕光蛋白复合物 B875 的突变体的光合异养生长减慢,氢气产量降低;而缺失了 B800—850 的突变体的氢气产量比在饱和光照下生长的野生型菌增长了 2 倍。Ozturk 敲除荚膜红细菌细胞色素 b。末端氧化酶后产氢速率从 0.014 mL/(mL·h) 提高到 0.025 mL/(mL·h)。Dilworth 对光合细菌产氢的主要酶–固氮酶进行了点突变,将 195 位的组氨酸突变为谷氨酰胺,结果活力大大降低,因此发现了该氨基酸与酶活密切相关。基因工程在生物制氢方面的应用已经初见成效,取得了一些进展,但基因工程菌的应用还只占很小的比例,而且基因改造的范围也相对狭窄,近期这方面的研究越来越多,今后将成为生物制氢的新热点。

研究发现能进行光发酵产氢的许多微生物在黑暗厌氧条件下也能进行发酵产氢。Zajic 等发现红螺菌科的许多种在黑暗中能利用葡萄糖、三碳化合物或甲酸厌氧发酵分解转化为氢气和二氧化碳。吴永强也观察到类球红细菌在黑暗中厌氧放氢,并证实暗条件下的厌氧发酵产氢是由氢酶催化的放氢。Kovacs 鉴定了桃红荚硫菌氢酶基因簇,而这些基因簇是黑暗产氢的主要酶系。Manes 在深红红螺菌种发现了 3 种不同的氢酶,并分别鉴定了酶学性质。后来发现,非硫细菌在暗生长时具有与 E. coli 相似的丙酮酸甲酸分解酶(pyruvate formatelyase)和 FHL(甲酸氢解酶)活性。由此看来,光合细菌的厌氧发酵产氢的潜力有待于进一步挖掘并开发利用。如果能同时或不同时段(昼与夜)发挥光合细菌的暗发酵产氢和光合放氢的作用,可望提高光合细菌的总产氢量及有机底物的利用效率,促进光合细菌产氢技术的发展。

6.2　厌氧发酵法制氢

生物制氢过程可分为厌氧光合制氢和厌氧发酵制氢两大类。其中,前者所利用的微生物为厌氧光合细菌(及某些藻类),后者利用的则为厌氧化能异养菌。与光合制氢相比,发酵制氢过程具有微生物比产氢速率高、不受光照时间限制、可利用的有机物范围广、工艺简单等优点。因此,在生物制氢方法中,厌氧发酵制氢法更具有发展潜力。

厌氧发酵制氢是一种新兴的生物制氢技术,它利用可再生的厌氧发酵微生物作为反应主体,利用包括工农业废弃物在内的多种有机物作为基质来产生氢气,他不仅耗能少,成本低廉,而且有巨大的应用前景和发展潜力。但是,它也存在着基质利用率较低、发酵产氢微生物不易获得和培养等一系列的问题。

6.2.1　厌氧发酵生物制氢的原理和途径

厌氧发酵生物制氢过程有种基本途径:混合酸发酵、丁酸型发酵、NADH 途径,如图 6.1 所示。

从图 6.1 中可以看出,葡萄糖在厌氧条件下发酵生成丙酮酸(EMP 过程),同时产生大量的 NADH 和 H^+,当微生物体内的 NADH 和 H^+ 积累过多时,NADH 会通过氢化酶的作用将电子转移给 H^+,并释放分子氢。而丁酸型发酵和混合酸发酵途径均发生于丙酮酸脱羧作用中,它们是微生物为解决这一过程中所产生的"多余"电子而采取的一种调控机制。

6.2.1.1　丁酸型发酵产氢途径

以丁酸型发酵途径进行产氢的典型微生物主要有:梭状芽孢杆菌属、丁酸弧菌属等;其主要末端产物有:丁酸、乙酸、CO_2 和 H_2 等。

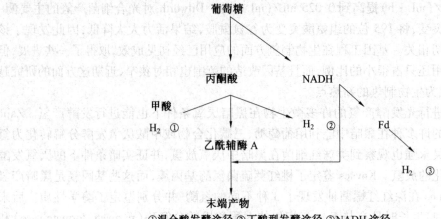

①混合酸发酵途径 ②丁酸型发酵途径 ③NADH途径

图6.1 厌氧发酵产氢的三种途径

丁酸型发酵产氢的反应方程式可以表示如下:

$$C_6H_{12}O_6+2H_2O \longrightarrow 2CH_3COOH+2CO_2+4H_2$$

$$C_6H_{12}O_6 \longrightarrow CH_3CH_2CH_2COOH+2CO_2+2H_2$$

从图6.2可以看出,在丁酸型发酵产氢过程中,葡萄糖经EMP途径生成丙酮酸,丙酮酸脱羧后形成羟乙基与硫胺素焦磷酸酶的复合物,该复合物接着将电子转移给铁氧还蛋白,还原的铁氧还蛋白被铁氧还蛋白氢化酶重新氧化,产生分子氢。

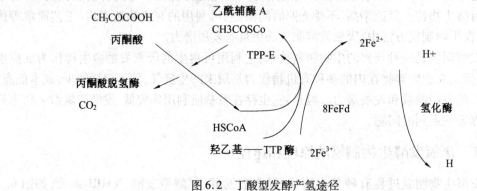

图6.2 丁酸型发酵产氢途径

6.2.1.2 混合酸发酵产氢途径

以混合酸发酵途径产氢的典型微生物主要有埃希氏菌属和志贺氏菌属等,主要末端产物有乳酸(或乙醇)、乙酸、CO_2、H_2和甲酸等。其总反应方程式可以用下式来表示

$$C_6H_{12}O_6+2H_2O \longrightarrow CH_3COOH+C_2H_5OH+2CO_2+2H_2$$

由图6.3可以看出,在混合酸发酵产氢过程中,由EMP途径产生的丙酮酸脱羧后形成甲酸和乙酰基,然后甲酸裂解生成CO_2和H_2。

6.2.2 厌氧发酵生物制氢研究现状

到目前为止,研究者们对厌氧发酵生物制氢途径进行了多种多样的探索和研究,并取得了一定的成果。大部分研究者主要研究了不同产氢菌株利用不同基质时的比产氢能力。根据研

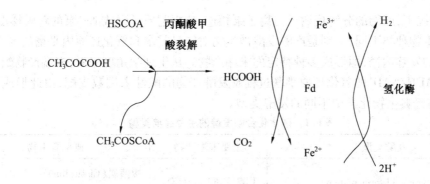

图 6.3　混合酸发酵产氢途径

究者们所用产氢菌种的不同,本节简单介绍了厌氧发酵生物制氢的研究现状。

6.2.2.1　产酸发酵微生物的生物学特性

研究发现,产酸阶段的生物群落组成中,尽管有细菌、原生动物和真菌的存在,但是起决定作用的还是细菌。根据资料统计,这些细菌主要有 18 个属,50 多种。包括气杆菌属、产碱杆菌属、芽孢杆菌属、拟杆菌属(Bacteroides)、梭状芽孢杆菌属(Clostridium)、埃希氏杆菌属、克氏杆菌属(Klebsiella)、细螺旋体属(Leptospira)、小球菌属、副大肠杆菌属、奈氏球菌属(Neisseria)、变形杆菌属、假单孢杆菌属、八叠球菌属、红极毛杆菌属(Phodopseudomonas)、链球菌属(Strep-tococcus)等。其中专性厌氧产酸发酵细菌的数目一般为 $10^8 \sim 10^{12}$ 个/mL。Zajic 指出,降解不同基质废物的微生物群系类型差别很大。当降解纤维素时,主要产酸发酵微生物有蜡状芽孢杆菌(Bacillus cereus)、巨大芽孢杆菌(Bacillus megatheriun)、粪产碱杆菌(Alcaligenesfaecalis)、普通变形杆菌(Proteus vulgaris)、铜绿色假单孢杆菌(Pseudomonas asruginosa)、细螺旋体属、食爬虫假单胞菌(Ps. reptilovora)和核黄素假单胞菌(Ps. riboflavina)等。当降解淀粉时,主要产酸发酵微生物有亮白微球菌(Micrococcus candidus)、易变异小球菌(Micrococcus varians)、尿素小球菌(M. ureae)、蜡状芽孢杆菌、巨大芽孢杆菌和假单孢菌属的许多种生长较好。当废物中蛋白质含量较高时,主要产酸发酵微生物有蜡状芽孢杆菌、环状芽孢杆菌(Bacillus circulans)、球形异芽孢杆菌(B. coccoideus)、枯草芽孢杆菌(B. Subtilis)、变异小球菌、埃希氏大肠杆菌、副大肠杆菌和假单孢菌属的一些种生长较好。当废物中有植物油(如向日葵油)时,小球菌属、芽孢杆菌属、链球菌属、产碱杆菌属和假单孢菌属的生长较好。

6.2.2.2　产酸发酵微生物的发酵途径

发酵是微生物在厌氧条件下所发生的、以有机物质作为电子供体和电子受体的生物学过程,这一过程不具有以氧或硝酸盐等作为电子受体的电子传递链。即在无氧条件下,产酸发酵微生物的产能代谢过程仅能依赖底物水平磷酸化等产生能量。微生物的发酵过程主要解决两个关键问题:一是提供产酸发酵微生物生长与繁殖所需要的能量;二是保证氧化还原过程的内平衡。

底物水平磷酸化是指在生物代谢过程中,ATP 的形成直接由代谢中间产物(含高能的化合物)上的磷酸基团转移到 ADP 分子上的作用。由于由 1 mol ADP 生成 1 mol ATP 时需 −31.8 kJ能量,所以高能化合物的吉布斯自由能应大于−31.8 kJ/mol(表 6.1)。在自然界中,常见乙酸与其他酸的发酵相耦联,这主要是由于乙酸的产生可提供较多的能量。有些中间产物的含能不足以通过底物水平磷酸化释放足够的能量直接耦联合成 ATP,但仍能使发酵细菌生长,在此情况下,底物的分解代谢可与离子泵相连,建立起质子泵或 Na^+ 泵的跨膜梯度。

由于微生物种类不同,特别是产酸发酵微生物对能量需求和氧化还原内平衡的要求不同,会产生不同的发酵途径,即形成多种特定的末端产物。从生理学角度来看,末端产物组成是受产能过程、$NADH/NAD^+$ 的氧化还原耦联过程及发酵产物的酸性末端数支配,由此形成了如表6.1 所示的在经典生物化学中不同的发酵类型。

表 6.1　碳水化合物发酵的主要经典类型

发酵类型	主要末端产物	典型微生物
丁酸发酵(butyric acid fermentation)	丁酸、乙酸、H_2+CO_2	梭菌属(Clostridium) 丁酸梭菌(C. butyricum)
丙酸发酵(propionic acid fermentation)	丙酸、乙酸、CO_2	丁酸弧菌属(Butyriolbrio) 丙酸菌属(Propionibacterium)
混合酸发酵(mixed acid fermentation)	乳酸、乙酸、乙醇、甲酸、CO_2、H_2	费氏球菌属(Veillonella) 埃希氏杆菌属(Eschetichia) 变形杆菌属(Proteus) 志贺氏菌属(Shigella)
乳酸发酵(同型)(1actic acid fermentation)	乳酸	沙门氏菌属(Salmonella) 乳杆菌属(Lactobacillus)
乳酸发酵(异型)(1actic acid fermentation)	乳酸、乙醇、CO_2	链球菌属(Streptococcus) 明串珠菌属(Leuconostoc) 肠膜状明串珠菌(Lmesenteroides)
乙醇发酵(ethanol fermentation)	乙醇、CO_2	葡聚糖明串珠菌(L. dextranicum) 酵母菌属(Saccharomyces) 运动发酵单孢菌属(Zymomonas)

复杂碳水化合物在细菌作用下的发酵途径如图6.4 所示。从图6.4 中可见,复杂碳水化合物首先经水解后生成葡萄糖,在厌氧条件下,通过糖酵解(glycolysis,又称 EMP)途径生成的丙酮酸,经发酵后再转化为乙酸、丙酸、乙醇或乳酸等。

6.3　光合作用制氢

能源是人类生存与发展的物质基础,人类所用的能源主要是石油、天然气和煤炭等化石燃料。化石燃料是远古时期动植物遗体沉积在地层中经过亿万年的演变而来的,是不可再生能源,其储量有限。

全球已探明的石油储量约为 $1.5×10^{12}$ 吨,按现消费水平到 2040 年将枯竭;天然气储量约为 $1.2×10^{12}$ 吨,仅够维持到 2060 年,煤炭储量约为 $5.5×10^{12}$ 吨,也仅可用 200 年。我国石油资源有限,每年自产原油一亿多吨,但远不能满足国民经济发展的需要。2001 年我国进口石油产品超过 $7×10^9$ 吨,2002 年进口超过 $8×10^9$ 吨,呈逐年上升趋势。此外,化石燃料的燃烧产物 CO_2 会造成温室效应,燃烧副产物氮氧化物、硫氧化物等既可导致空气污染,又可能形成酸雨,

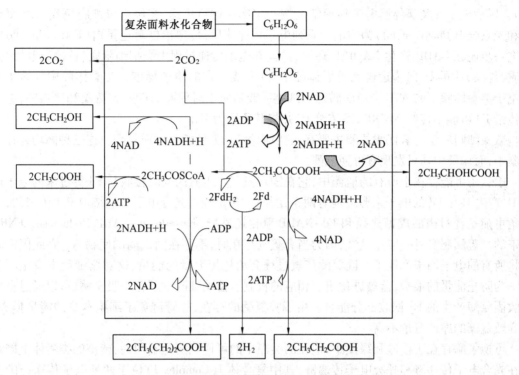

图 6.4　细菌作用下的复杂碳水化合物发酵途径示意图

危害甚大。因此,寻找可再生能源成为各国政府能源战略的主导政策。

地球上的能源均来源于太阳,每年入射到地球表面的太阳能为 5.7×10^{24} 吨,约为人类所用能源的 10 000 倍,因此可以说太阳能"取之不尽、用之不竭"。但太阳能的利用需要有效的载体,需要将太阳能进一步转化为一种可以储存、运输和连续输出的能源。氢能就是能量载体,具有高效、无污染、适用范围广等显著优点。

目前氢的制备主要包括化石原料制氢和电解水制氢两种途径,但其成本昂贵。前者需要消耗大量的石油、天然气和煤炭等宝贵的不可再生资源;而后者则以消耗大量的电能为代价,每生产 1 m^3 的氢需要消耗 $4 \sim 5 \text{ kW} \cdot \text{h}$ 的电能。要使氢能成为未来能源结构中的重要支柱,其关键是建立一种能简单、快速、高效的从富含氢元素的水中制取氢的新技术。生物制氢特别是微藻制氢是近年来制氢领域的研究热点。

生物制氢包括发酵制氢和光合作用制氢。前者利用异养型的厌氧菌或固氮菌分解小分子的有机物制氢,而后者则利用光合细菌或微藻直接转化太阳能为氢能,特别是微藻制氢的底物是水,其来源丰富,是目前国际上生物制氢领域的研究热点。我国在光合细菌制氢方面尽管起步较晚,但也取得了一些进展,而在微藻制氢方面除 20 世纪 80 年代有少量报道外,近 10 年来鲜有报道。

6.3.1　光合制氢机理

微藻靠光合作用固定 CO_2 来维持生长,同时在光合作用过程中会分解水放出 O_2。光合作用进时首先利用类囊体膜表面的捕光色素吸收光能,吸收的光能传递到光系统 Ⅱ (PhotosystemⅡ, PSII)的反应中心后将水分解为 H^+(质子)和 O_2,并释放电子(太阳能被固定）。随后电子在类囊体膜电子传递链上按一定次序进行传递,在经过以细胞色素 b_6/f 复合体和光系统 I(PhotosystemI)为主的一系列电子传递体后,传递给铁氧还蛋白(Ferrdoxin, Fd),并进一步还原 $NADP^+$ 产生 NADPH(还原力)。在电子传递过程中会把细胞质(蓝藻)或叶绿体基质(绿藻)中的 H^+ 跨膜运输到类囊体腔中,并形成一定的质子梯度。类囊体腔中的质子经过位于类囊体膜上的 ATP 合成酶转运回细胞质或基质中时偶联 ATP。在蓝藻和绿藻中,电子在传给 Fd 可能不传给 $NADP^+$,而传给 H^+ 并将其还原为 H_2。

微藻细胞中参与氢代谢的酶主要有三类:固氮酶、吸氢酶和可逆氢酶。这三种酶均存在于蓝藻中,而绿藻中则只发现有可逆氢酶。

固氮酶可能存在于所有的蓝藻中,它在固定氮气产生氨的同时接收从 Fd 传过来的电子还原 H^+ 产生 H_2。Fd 的电子来源可能有两条途径:一条是经过光合电子传递链由 PSI 传来的,另一条可能是经过磷酸戊糖途径和 Fd-NADP 氧化还原酶(Ferredoxin-NADP Reductase, FNR)传来的。蓝藻制氢时一般充氩气,因为当有氩气存在时,不存在固氮酶的底物 N_2,因此固氮酶就将所有的电子用来产氢了。固氮酶产氢过程会消耗掉大量的能量,这对藻细胞本身是不利的。为防止能量的浪费,蓝藻进化出了相应的机制。蓝藻细胞中还存在吸氢酶,可以通过重新吸收固氮酶产生的 H_2 回收部分能量。由于吸氢酶的存在,尽管避免了细胞本身的能量损失,却导致蓝藻的净产氢量不高。

可逆氢酶存在于蓝藻和绿藻中,但在两类藻中的可逆氢酶是不同的,蓝藻的类囊体上同时存在光合电子传递链和呼吸电子传递链,其中复合体 I(Complex I)位于两种电子传递链的交接处。复合体 I 既可以参与围绕 PSI 的环式电子传递,又可以被从质体醌(Plastoquinone, PQ)来的回传电子流还原,还可以在呼吸作用中接收从 NADPH 传来的电子然后传给 PQ。而蓝藻中的可逆氢酶就与复合体 I 结合在一起,可能对调节电子流的分配起重要作用。如当光反应比暗反应快得多或 PSII 的运转速度超过 PSI 时,过多的电子就可能会传给可逆氢酶通过放氢而将多余的电子消耗掉,从而避免了对细胞本身的损伤。反之,当电子传递链缺乏电子时,可逆氢酶可能会通过氧化氢释放电子起到暂时的救急作用。

绿藻的可逆氢酶存在于叶绿体基质中,既可以接收从光合电子传递链上的 Fd 传来的电子还原质子产生 H_2,又可以氧化 H_2 释放电子给 PQ 进入光合电子传递链。另外,在厌氧环境下,绿藻中葡萄糖和乙酸等发酵释放的电子不能完全被呼吸电子传递链消耗掉,而 Cavin 循环又不能运转,导致发酵放出的电子可能在 NADPH-HP 氧化还原酶的作用下经过 PQ 库进入电子传递链,然后经过 PSI 和 Fd 传给可逆氢酶。

6.3.2 光合制氢的方式

利用微藻的光合作用来"生物光解(biophotolysis)水制氢"大致有三种方式:直接生物光解、固氮酶放氢和间接生物光解,其中间接生物光解具有较大的开发潜力。

直接生物光解即直接利用光系统裂解水释放的电子经过 Fd 传递给氢酶后制氢的过程。由于氢酶活性很快就被裂解水产生的 O_2 抑制,因此这种方法基本上没有工业应用价值。固氮酶放氢利用的往往是具有异形胞的丝状蓝藻,因为异形胞创造了一个无氧环境,有利于固氮酶发挥作用。但研究发现这种方法在实验室内的光能转化效率约为 $1\% \sim 2\%$,但在室外大观模培养时低于 0.3%,而且异形胞的产生很难控制,因此这种方法也很难产业化。

间接生物光解途径是近年来研究的最多、最有潜力的一种制氢方法。首先在一个反应器中利用藻类的光合作用累积碳水化合物,然后转移到另一个密闭的反应器中黑暗状态下靠藻类的呼吸作用创造一个无氧环境,过一段时间后光照,通过 PSI 介导的电子传递引起可逆氢酶放氢。这可能是因为蓝藻的呼吸电子传递链和光合电子传递链均位于类囊体膜上有密切联系的缘故。这种方法是近来研究的热点,目前无论是利用基因工程对藻株的改造或者是外部因子对产氢过程的控制,还是反应器的优化多集中在这种方法上。

Melis 等人发现"硫饥饿"对绿藻制氢有极大的促进作用,这已成为微藻制氢研究的最大热点。他们采用间接生物光解法,首先正常培养绿藻细胞,使之靠光合作用累积自身所需的碳水化合物,然后将收获的绿藻细胞培养在缺硫的培养基中,此后 PSII 活性很快丧失,而线粒体的呼吸作用几乎不受影响,从而导致培养基中的 O_2 逐渐被呼吸作用消耗掉,氢酶活性达到最大,从而得到了较高的产氢量。第一段时间后将第二阶段的细胞转移到正常培养基中,重新进入第一阶段,如此周而复始。他们用这种方法得到的产氢速率 $2.0 \sim 2.5 \ H_2 L^{-1} \cdot h^{-1}$。尽管利用此方法得到的产氢效率尚不足以产业化,却是一个相当有潜力的发展方向。

微藻光合作用制氢利用的是来源丰富的水,转化的是"取之不尽、用之不竭"的太阳能,而氢燃烧的产物是水,这样就形成了"来源于水-回归于水"的循环。微藻生长的碳源是大气中的 CO_2,而微藻呼吸作用释放出的也是 CO_2,这样也实现了"碳-碳"循环。同时在制氢过程中收获的藻体也可以进一步开发利用。因此,可以说微藻光合作用制氢是最理想的产能途径。

但是微藻制氢过程还存在厌氧、光能利用率低、产氢量低等缺点,因此,需要进一步深入研究。今后的研究重点大致可以放在进一步选育高效放氢藻株、阐明放氢调控机制、提高氢酶的耐氧性和催化活性、生物反应器高密度培养等几个阶段。随着近年来微藻制氢技术的迅速发展,我们有理由相信,我们就能利用从上述这些肉眼看不见的光合生物中制造的出氢气。在全球石油耗竭的问题上,这可能是全球能源危机的最终出路!

6.4　热化学制氢

氢气既是重要的化工原料,又是最洁净的二次能源。近二十年来各国对氢的需要量与日俱增,例如美国的氢消耗量平均每年增长 15%。

热化学制氢是对水的热化学分解,即由一次能源提供热量分解水

$$\eta = \frac{\Delta H_{1-2}}{\Delta G_{1-2}} \cdot \frac{(T_H + 273) - (T_C + 273)}{T_H + 273}$$

式中　ΔH_{1-2}——由状态 1 到状态 2 摩尔焓差;

　　　ΔG_{1-2}——由状态 1 到状态 2 的摩尔吉氏自由能差;

　　　T_C——低温热源温度;

　　　T_H——高温热源温度。

在 25℃ 、1atm 下,水分解反应

$$H_2O(L) \longrightarrow H_2(g) + 1/2 \ O_2(g)$$

$$\Delta H_{1-2} = 68.1 \ kcal \quad (1 \ cal = 4.186 \ J)$$

$$\Delta G_{1-2} : = 56.7 \ kcal$$

低温热源温度为 25℃ 　　　　　　　$T_C = 25℃$

当高温热源温度

$$T_H = 750℃ \quad \eta_{max} = 85\%$$
$$T_H = 1\,100℃ \quad \eta_{max} = 94\%$$

热解水的效率远大于电解水的总效率(约40%)。

但水的直接热解反应

$$H_2O = H_2 + \frac{1}{2}O_2$$

温度须高达4 300 K才有可能发生。在这样的温度下,装置材料和分离氢氧的膜材料均无法正常工作,当降温到2 000 ℃左右时,H_2 与 O_2 又燃烧变为水了。

6.4.1　热化学制氢法(二、三级热化学制氢法)

最简单的循环为二级循环,即由两个主要反应构成的循环(图6.5)。

$$Fe_2O_3 + H_2O + 2SO_2 \longrightarrow 2FeSO_4 + H_2$$

$$FeSO_4 \longrightarrow Fe_2O_3 + 2SO_2 + \frac{1}{2}O_2$$

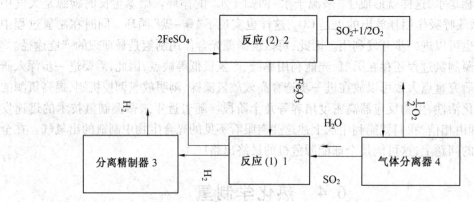

图6.5　二级循环结果

二级循环系统的特点是化工单元操作过程比较少,是最简单的循环,因而成本较低。但是除以上的循环外,多数二级循环反应温度较高,致使循环不易实现。

如何组成一个二级热化学循环体系? 或者说如何选择适宜的循环物质? 范克等用严密的热力学推导得出了二级循环中循环物质应当具备的热力学性质;一般说,应当选那些能与 H_2 或 O_2 生成弱键化合物的元素作循环物质。例如 C、N、Se、S、Cl、Br 等元素。

$$2H_2O(1) + SO_2(g) + I_2(s) \longrightarrow H_2SO_4(aq) + 2HI(aq)$$

$$H_2SO_4(g) \longrightarrow H_2O(g) + SO_2(g) + \frac{1}{2}O_2(g)$$

$$2HI(g) \longrightarrow H_2(g) + I_2(g)$$

该三段循环的能量转换效率已达31%,而电解法制 H_2 能量转换效率为24%或再高一些。可见这种三级循环制氢法已足以与电解法抗衡了。若能进一步提高分离工序的效率,可望能进一步提高能量转化效率。

$$CaBr_2(s)+H_2O(g)\longrightarrow CaO(s)+2HBr(g)$$

$$CaO(s)+Br_2(g)\longrightarrow CaBr_2(s)+\frac{1}{2}O_2(g)$$

$$Fe_3O_4(s)+8HBr(g)\longrightarrow 3FeBr_2(s)+4H_2O(g)+Br_2(g)$$

$$FeBr_2(s)+4H_2O(g)\longrightarrow Fe_3O_4(s)+6HBr(g)+H_2(g)$$

该循环由于是气-固反应,故分离操作简单、能耗少、效率较高。目前正进一步向提高能量转化效率和实现中小型工业生产的方向努力。

1983 年 JAAT 设计的循环系统如下:

$$I_2+SO_2+2H_2O\longrightarrow 2HI+H_2SO_4$$

$$CH_3OH+2HI\longrightarrow CH_4+I_2+H_2O$$

$$CH_4+H_2O\longrightarrow CO+3H_2$$

$$H_2SO_4\longrightarrow SO_2+H_2O+\frac{1}{2}O_2$$

总之,自从 20 世纪 70 年代 Ispra 研究所的第一个热化学循环问世以来,各国科学家已提出百余个二、三、四级乃至多级热化学循环制 H_2 系统。一般说来,循环级数越多,各步反应温度越低分离过程也越复杂,致使热损失增大,产品 H_2 成本提高。

一般说,一个理想的热化学制 H_2 系统应具备以下条件:

(1)在保证一定能量转化率前提下,反应级数越少越好,因为级数增多将导致产品成本提高。

(2)对于循环中每一反应单元均应具备反应速度快,无副反应且产率高。

(3)应当选用价格便宜腐蚀性较小的物质作循环媒介物,使用循环媒介物的回收率最好在 99.9% 以上。

(4)所用热源,应尽可能利用廉价与方便的条件,如利用工业余热等。

(5)应当使循环中各单元依温度递降的次序排列,充分利用能量。

6.4.2　生物质热解制氢

化石燃料的过度开采使用导致了全球性的能源危机和严重的环境问题。根据现已探明的储量和需求计算,到 21 世纪中叶,世界石油、天然气资源可能会枯竭。能源需求的增加加速了化石能源的耗尽。同时,化石能源排放的有毒气体、重金属及灰尘造成了严重的环境问题。

为了解决上述问题,迫切需求一种清洁的可再生能源。由于氢无污染、热值高,在化工、航空航天、供热、供电及交通运输等方面具有广泛的应用空间。氢可以通过燃料电池和直接燃烧转化应用。燃料电池利用氢气和空气中的氧气进行化学反应而产生电。燃料电池没有运动部件并且产物无污染,可以用于车辆以及分布式电站中。同时,氢也可以像汽油和天然气那样直接燃烧产生动力,其主要产物仍然是水,也包括少量的 NO_x。

氢作为能量载体,需要由其他能源来制取。传统的制氢技术包括烃类水蒸气重整制氢法、重油部分氧化重整制氢法和电解水法。由于电解水制氢要耗用大量的电力,比燃烧氢本身所产生的热量还要多,因此在经济上是不可取的。各种矿物燃料制氢如天然气催化蒸汽制氢等,其作为非可再生能源,并且储量有限,制氢过程会对环境造成污染。而生物质以其清洁性、可再生性以及广泛性,受到了制氢工艺的青睐。

生物质制氢技术主要分为两种类型,即生物法和热化学法。生物法制氢包括厌氧消化、发酵等热化学法包括热解、汽化以及超临界水汽化。采用热化学法制氢,可以直接由生物质制取,也可以先转化成易储存的中间产物(比如甲醇、乙醇等),然后重整制氢。直接制取方法装置比较简单,而经过中间产物的方法,则可以减少运输生物质的成本。其中热化学法制氢更易实现工业化,是目前研究的热点。

6.4.2.1　生物质热裂解制氢

生物质热解制氢技术大致分为两步。首先,通过生物质热解得到气、液、固三种产物:

$$生物质+能量 \longrightarrow 生物油+固体+气体$$

其次,将气体以及液体产物经过蒸汽重整以及水汽置换反应转化为氢气。目前有关生物质热解制氢的研究工作主要关注于蒸汽重整。生物质热解是指将生物质燃料在 $0.1 \sim 0.5$ MPa 并隔绝空气的情况下加热到 $650 \sim 800$ K,将生物质转化成为液体油、固体以及气体等。其中,生物质热裂解产生的液体油是蒸汽重整过程的主要原料。通常,生物油可以分为快速热裂解工艺产生的一次生物油和通过常规热裂解及汽化工艺产生的二次油,两者在一些方面存在着重要的差异,后者使得生物质的结构本性在简单分子生产过程中丢失,并且由于实验方法的限制,严重限制了它们的产量、特性及应用,而快速热裂解则提供了高产量高品质的液体产物,因此在生物油的制取上目前几乎都是通过快速热裂解得到。为了达到最大化液体产量目的,快速热裂解一般需要遵循三个基本原则高升温速率,约为 500 ℃ 的中等反应温度,短气相停留时间。同时催化剂的使用能加快生物质热解速率,降低焦炭产量,提高产物质量。催化剂通常选用镍基催化剂、沸石 $NaCO_3$、$CaCO_3$ 以及一些金属氧化物等。生物油的化学成分相当复杂,含量较多的成有水、小分子有机酸、酚类、烷烃、芳烃、含碳氧单键及双键的化合物等。Siplia 等将生物油分为溶于水的组分水相和不溶于水的组分两大类,并定量测定了水相主要成分的组成,测定结果发现水相占据生物油质量的 $60\% \sim 80\%$,水相主要由水、小分子有机酸和小分子醇组成。其中,水相可以用来重整制氢,而油相则可以制取黏合剂。

生物质快速热解技术已经接近商业要求,但生物油的蒸汽重整技术还处于实验室研究阶段。生物油蒸汽重整是在催化剂的作用下,生物油与水蒸气反应得到小分子气体从而制取更多的氢气

生物油蒸汽重整	$生物油+H_2O \longrightarrow CO+H_2$
CH_4 和其他的一些烃类蒸汽重整	$CH_4+H_2O \longrightarrow CO+H_2$
水汽置换反应	$CO+H_2O \longrightarrow CO_2+H_2$

6.4.2.2　生物质汽化制氢

生物质汽化制氢技术是将生物质加热到很高的温度以上,得到气体、液体和固体产物。与生物质热解相比,生物质汽化是在有氧气的环境下进行的,而得到的产物也是以气体产物为主,然后通过蒸汽重整以及水汽置换反应最终得到氢气

$$生物质+加热 \longrightarrow 氢气+一氧化碳+甲烷+二氧化碳+碳氢化合物+固体产物$$

生物质汽化过程中的汽化剂包括空气、氧气、空气水蒸气以及水蒸气的混合气。大量实验证明,在汽化介质中添加适量的水蒸气可以提高氢气的产量,汽化过程中生物质燃料的合适湿度应当低于 35%。在生物质汽化过程中容易产生焦油,严重影响汽化的品质,选取合适的反应器可以有效地脱除焦油。生物质汽化制氢装置一般选取循环流化床或鼓泡流化床,同时添

加镍基催化剂或者白云石等焦油裂解催化剂,可以大大降低焦油的裂解温度(750~900 ℃),为了延长催化剂寿命,一般在不同的反应器中分别进生物质汽化反应与汽化气催化重整。

　　生物质汽化制氢具有汽化质量好、产氢率高等优点,国内外许多学者对汽化制氢技术进行了研究和改进(表 6.2)。Rapagna 等进行了生物质水蒸气汽化实验,考察了实验操作条件对汽化效果的影响,并在蒸汽重整过程中催化剂的使用方面进行了研究,认为三金属催化剂(La–Ni–Fe)比较有效,汽化得到的氢气含量达到60% 体积分率,同时还提出在汽化制氢过程中产生焦炭及加热要求的问题使固定床不适于工业化,认为流化床更有利于实现工业化。Franco 等在生物质汽化实验中选取了最优的温度及蒸汽(生物质)比率,并对汽化反应及水汽置换反应的支配性进行分析,发现在830~900 ℃时水汽置换反应占据主导地位。吴创之等多次进行了生物质流化床催化汽化实验,对操作条件进行分析,并对 Ni 基催化剂的寿命进行了测试。

表 6.2　近期国内外生物质汽化制氢的研究情况

学者	项目	结果
Rapagna	生物质水蒸气汽化制氢实验	温度生物质水蒸气比等操作条件对气体产物成分的影响分析
Koningen	氢的硫化物对于生物质汽化气催化重整的影响	升高蒸汽重整反应的温度可以消除氢硫化物的影响,介绍了不受氢硫化物影响的催化剂
苏学永	生物质原料的水蒸气汽化	气体产物、成分随着反应温度的变化规律,水蒸气的加入增加了气体产率,改变了气体组分
Rapagna	适合生物质汽化制氢的催化	三金属催化剂(La–Ni–Fe)比较适合汽化气的蒸汽重整,并且在重整过程的蒸汽中加氢会更好地控制催化剂的减少量剂的发展研究
France	生物质水蒸气汽化过程研究	汽化温度830 ℃、蒸汽(生物质)比率为0.6~0.7 产氢率最大,并对汽化反应过程进行分析,指出水汽置换反应的重要性
Chaudhari	生物质烧焦水蒸气汽化制氢实验	汽化温度在700~800 ℃,生物质烧焦可以转化为氢气
吴创之	生物质空气—水蒸气汽化实验	汽化温度、水蒸气/生物质比、空气当量比及生物质粒度对汽化结果的影响分析
吴创之	生物质流化床催化制取富氢气体实验	温度、催化剂质量空速对汽化气成分的影响分析,对 Ni 基催化剂寿命进行了测试
Jand	生物质汽化过程的动力学模型研究	引入热力平衡模型,并与实验所得的数据进行了比较

6.4.2.3　生物质超临界水汽化制氢

　　生物质超临界水汽化制氢技术最早由美国 Model 在 1978 年提出,把生物质原料与水混合后加热加压,当其超过临界条件(374 ℃,22MPa)时,生物质会在几分钟时间内以很高的效率迅速分解成为小分子的烃类或者气体,可以达到近100%的生物质汽化率。这种新颖的汽化技术对于湿度超过的生物质原料来说是个不错的选择。

Lin 等人提出了 HyPr-RING 的方法制氢,即有机原料与水和 CaO 在 873~1 023 K,4.2 MPa的条件下反应,有机原料汽化为 H_2,CO_2,并由 Ca(OH)$_2$ 吸收 CO_2。其主要的反应可表示为

$$C+2H_2O+CaO \longrightarrow CaCO_3+2H_2$$

这种方法的汽化率可达100%,产氢率可达50%,并将水-烃类反应、水汽置换反应及 CO_2 和其它污染物的吸收都集中于一个反应器中,结构较简单。但在气体产物中仍然存在 CH_4、CO 等成分,不能直接用于燃料电池。Ishda 等人在温度为 473~623 K 条件下用 NaOH 代替 CaO 对纤维素、葡萄糖、蔗糖与水的混合物分别进行实验,制取了无 CO_x 的氢气,但产氢率仅为40%~60%,并有 CH_4 产生,降低了产氢率。而在加入 Ni、Co、Rh、Ru 基催化剂之后,产氢率达到100%。这种方法为直接用于燃料电池的产氢技术提供了思路。

在国内,西安交通大学动力工程多相流重点实验室郭烈锦等人对汽化过程进行了热力学分析和反应动力学分析,并成功设计了一套连续反应超临界水生物质汽化制氢实验装置,并取得了大量的实验数据。

虽然超临界水汽化制氢技术还处于早期发展阶段,但这种新技术拥有设备以及流程简单、气体转化率高、制氢过程中不易产生焦油和烧焦以及副产品少等优点,具有很强的竞争力。但同时由于其特定的反应条件及腐蚀严重等问题,对于设备的要求也相应较高。这种新技术的机理研究则需要更多的实验证明。

利用生物质制氢具有很好的环保效应和广阔的发展前景。在众多的制氢技术中热化学法无疑是实现规模化生产的重点,生物质热解制氢技术和生物质汽化制氢技术都已经日渐成熟,并且显示了很好的经济性。同时,热化学制氢技术仍然需要完善,热解法的产气率还有待于提高。生物质汽化气的品质也需有所改善;反应器材料和催化剂的选取制约着超临界水汽化制氢技术的发展。

从近期看,结合热化学制氢方法基础理论和工艺两方面的研究成果,实施热化学制氢方法的示范,必将有力推动我国氢能研究的发展。从长远看,提升我国生物质热化学方法制氢的关键还在于深入掌握生物质热化学转化的机理,从更微观、更基本的层次上控制生物质热化学转化产物的生成相关途径,从而有效发展生物质热化学制氢技术。

6.4.3　光裂解水生物制氢

各种微生物采用不同的代谢途径产氢,而且不同的微生物具有不一样的产氢能力,只有在工艺条件最佳下,这些微生物才能最大限度地表现其产氢能力。许多学者在优化各种微生物的产氢条件、反应器设计等方面进行了探索。我们将分别介绍目前光解水制氢、暗发酵制氢及光发酵制氢工艺的最新研究进展。

绿藻和蓝细菌分别依靠氢酶和固氮酶催化,光解水产生的质子,将太阳能转化为氢能。光解水制氢在底物成本上具有绝对优势,但由于蓝细菌或绿藻都具有 PS II,在分解水产生质子和电子的同时,也产生氧气,而蓝细菌的固氮酶和绿藻的氢酶对氧都非常敏感,氧气的存在会使固氮酶或氢酶的活性急剧下降,因此,在自然界中光解水产氢难以持续进行,蓝细菌或绿藻的产氢效率非常低,甚至不能产氢。对光裂解水生物制氢技术而言,需亟待解决的关键问题之

一是如何维持产氢系统的厌氧条件。

Melis 和 Happe 发现了在缺硫条件下培养的淡水莱茵衣藻可以 0.02 mLH$_2$/(h·g) 湿重藻的速率持续产氢 70 h,因此,认为可以利用硫作为 PSⅡ 的代谢关键,并于 2001 年提出了"二步产氢法工艺"。此工艺的核心在于可以实现产氧与产氢在时间上和空间上的分离,避免了氧对可逆产氢酶产氢的抑制。微藻在正常的光合作用下固定 CO$_2$,积累富氢的底物,然后在无硫、无氧的条件下培养,诱导氢酶的产生并且提高其活性,启动产氢,并在保证和维持光合作用效率低于呼吸作用的条件下维持产氢。因为硫是半胱氨酸与甲硫氨酸中的必需成分,硫缺乏会使得 PSⅡ 复合物中的 32 kDa D1 反应中心蛋白的更换受阻,PSⅡ 修复循环中断,使得绿藻在一段时间内的光合速率远低于呼吸速率,残留的氧大多数消耗在线粒体呼吸链中,以至氧浓度下降,从而在密封状态下形成了厌氧状态,保持氢酶的活性。

"二步产氢法"光解水产氢工艺同样也适用于蓝细菌形成厌氧状态,维持固氮酶的活性。此工艺大大提高了光解水产氢的效率,使绿藻和蓝细菌光解水制氢技术有了新的突破,成为研究的热点。管英富等利用绿藻实现了二步法产氢,通过优化培养条件,获得了高出对照组 14 倍的产氢量。有人在二步产氢法结束后,向培养基中补充无机硫酸盐,恢复放氧光合作用,重新进行生物量的生长,培养一段时间后,重复上述产氢过程,可实现生物量生长和产氢的可逆循环。Hornera 研究了绿藻在二步法产氢过程中 H$_2$ 产生量与光合作用效率的模型,进一步优化了产氢工艺的路线。Tsygankova 等进行了无硫条件下细胞生长与产氢量关系的研究,表明在光照 4 h 后,细胞生长与产氢的同步进行是可能的。Laurinav 等人通过稀释有硫的培养基成为无硫的培养基,并用离心技术改进了培养基去硫的方法,使二步法产氢更便宜,更省时,不易被污染。近两年来,采用去硫诱导培养或在此基础上进一步加入解偶联 N-羰基氰化物间氯苯腙(CCCP),以降低 PSⅡ 的光化学活性,使其产生氧气的速度等于或低于菌体呼吸作用的耗氧速度,维持微环境的厌氧条件,来保证氢气的产生也是相关方面的研究之一。

随着光解水生物制氢技术的进一步研究,在光裂解水制氢的反应器设计方面也取得了一定的进展。目前绿藻和蓝细菌产氢的光生物反应器主要采用管式光生物反应器,另有采用柱式等光生物反应器的报道。作为生物光水解制氢规模化的示范工程,德国 Technische Hochschule Karlsruhe 生物产氢研究所建立了 2 000 m。

6.4.4　超临界水汽化生物质制氢

近年来,随着农村经济的发展和农民生活水平的改善,农业废弃的生物质资源总量呈上升趋势。生物质作为潜在的物质资源宝库是人类未来的能量、食物和化学原料的重要来源。生物质主要由木质素、纤维素、半纤维素等有机物组成,分布广泛且可再生,可实现 CO$_2$ 零排放,且含 S、N 低,具有低污染性。随着石油、煤炭等化石资源的日益枯竭,如何充分利用生物质可再生资源,实现能源的有效替代并同时解决环境问题,引起了国内外的广泛关注。

氢气作为高能值、零排放的洁净燃料,以其高效性和环境友好性,必将成为未来理想的能源利用形式。传统的水电解制氢和化石能源重整制氢,存在能耗较高、原料资源有限和污染严重等问题。生物质的超临界水处理技术能够同时实现生物质的破坏、水解和回收利用,其中超临界水生物质汽化制氢受到越来越多的研究者的关注。与普通水相比,超临界水具有其特殊的性质,水的密度、离子积、黏度及介电常数因温度和压力的变化而发生急剧变化,表现出类似于稠密气体的特性。因分子间的氢键作用减弱导致其对有机物和气体的溶解度增强,同时无机物的溶解度也大幅度下降,可以变传统溶剂条件下的多相反应为均相反应,这些溶剂性能和物理性质使其成为处理有机废物的理想介质。水在反应过程中既是反应介质同时又是反应物,在特定的条件下能够起到催化剂的作用。许多学者在超临界水的条件下,针对有机废物与水互溶的特点,通过水解反应来降解有机废物以制得氢气等气体。在 19 世纪,人们就认识到细菌和藻类具有产生分子氢的特性。20 世纪 70 年代的石油危机使人们意识到寻求新的替代能源的迫切性,人们从获取氢能的角度对各种生物制氢技术进行了研究。生物制氢主要过程就是利用超临界水为反应介质,生物质在其中进行热解、氧化、还原等一系列热化学反应,主要产物是氢气、二氧化碳、一氧化碳和甲烷等混合气体。

许多学者对以纤维素为代表的有机废物的超临界水汽化进行研究认为,认为体系的温度、压力、有机废物的组成和反应器的类型对产气量及气体组成具有一定影响。超临界水条件下有机废物汽化的过程如图 6.6 所示。

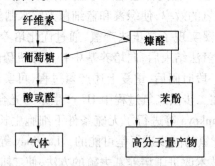

图 6.6　超临界条件下有机废物汽化示意图

在超临界条件下,以纤维素为主体的有机废物水解生成葡萄糖和果糖等,然后发生水解反应,解聚和降解生成短链的有机酸和醛类,以制得气体。同时也有糠醛和苯酚类化合物生成,它们一部分降解生成有机酸和醛类,另外一部分生成焦炭等高分子产物成为反应的沉渣。

超临界水中的生物质汽化过程中的主要影响因素是催化剂、反应物、反应条件、过程参数及反应器的类型等。目前,超临界水汽化的研究重点还是在不同反应条件下对不同生物质进行实验研究,得到各种因素对汽化过程的影响。研究表明,不同的生物质原料,其汽化效率也有所不同。

超临界水汽化的反应器有连续式和间歇式两种类型。间歇式主要有管式、罐式和蒸发壁式反应器。反应器类型的不同会导致汽化效果差异很大。间歇式反应器结构简单,对反应物有较强的适应性,缺点是生物质物料不易混合均匀,不易均匀地达到超临界水所需的压力和温度,也不能实现连续生产,因此间歇式反应器一般只用于实验室机理研究,以及对数据要求不太高的动力学研究中,而难以应用于商业化生产。

连续式反应器则可以实现连续生产,而且所得实验数据准确性较高,但反应时间短,不易得到中间产物,难以分析反应进行的情况。

超临界水汽化(supercritical water gasification,SCWG)过程利用超临界水(SCW)介电常数小、黏度小、扩散系数大及溶解性强的特点,在高温高压条件下对有机物进行分解、汽化,此过程主要包括蒸气重整反应、水汽转换反应和甲烷化反应

$$CH_nO_m+(1-m)H_2O \longrightarrow (n/2+1-m)H_2+CO$$

$$CO+H_2O \longrightarrow CO_2+H_2 \qquad \Delta H_{298}=-41 \text{ kJ/mol}$$

$$CO+3H_2 \longrightarrow CH_4+H_2O \qquad \Delta H_{298}=-211 \ kJ/mol$$

$$CO_2+4H_2 \longrightarrow CH_4+2H_2O \qquad \Delta H_{298}=-223 \ kJ/mol$$

与传统的汽化方法相比,SCWG 过程以水作为反应介质,可以直接湿物质进料,具有反应效率高、气体产氢量高、压力高等特点,使产生的高压气体易于储存和运输。一些研究者指出,在所有转化有机物制取 H_2 的技术中,SCWG 制 H_2 是最有前途的技术之一。Elliott 等人认为有机废水的 SCWG 处理既能从有机废水中回收能量又能作为一种废水处理方法。Calzavara 等人认为相对于其他生物质有机废物汽化过程,SCWG 主要缺点是高昂的设备投资费用和运行费用。Matsumura 等人发现 SCWG 过程产物气体成本比东京市政气体贵 1 186 倍,并认为提高 SCWG 过程热效率可提高该过程的效率。

超临界水汽化(SCWG)的优点是:均匀介质,超临界水作为一种均匀介质能够降低异相反应中传质阻力的影响,高固体转化率,即少量的有机化合物和少量的固体残留,当要考虑连续反应器中残留的焦炭和焦油的影响时,这一点具有决定性的影响;再者,能够根据操作条件在热力学平衡条件下产氢,这就意味着更高的转化率和气相中更高氢浓度;此外,氢直接在高压下产生,这意味着更小的反应器容积和更低的能量用来压缩气体以存储。

湿生物质无需干燥就可进料,因此,不用耗费能量来干燥生物质;在高压下产生氢气等可燃物,无需再耗费能量压缩产气;能达到 CO_2 分离的目的,因为 CO_2 在高压高温下比 CH_4 和 H_2 更易溶于水;当生物质给料中含有碱性盐时得到的气相的 CO_2 的浓度比较低,H_2 浓度较高,通常快速生长的生物质有足够高的灰分(含碱性盐)。

超临界水条件下有机废物汽化需要高的温度压力,无催化剂条件下氢产量一般较低,副产物增多。因此引入适当的催化剂以缓和反应条件,提高反应速率和氢产量,优化反应途径成为目前研究热点。超临界水作为一个特殊的环境,需要稳定性和催化活性兼备的催化剂。研究发现,Mn、Ni 等重金属的氧化物、碱性化合物如 KOH、K_2CO_3 以及炭等能够表现出很好的催化活性。Calzavara 等人评价了超临界条件下有机废物汽化制氢,认为焦炭的生成是反应过程的主要问题,选择合适的催化剂能够增加氢的产量和减少焦炭的生成。表 6.3 中归纳了近年来利用超临界水催化汽化的一些催化剂的情况。

表 6.3　超临界水条件催化汽化制氢

催化剂	代表物	原料	主产物	限制因素
金属类催化剂	Ru、Rh、Ni、Co 等	葡萄糖、纤维素等	H_2	进料浓度较低、反应条件对设备要求高
炭催化剂	木炭、活性炭	葡萄糖、锯屑、马铃薯等	H_2	进料浓度较低、反应条件对设备要求高
碱类催化剂	KOH、K_2CO_3、Na_2CO_3、NaOH、$Ca(OH)_2$ 等	葡萄糖、纤维素、邻苯二酚等	H_2	进料浓度较低、反应条件对设备要求高,且难于回收

以碳水化合物为主的生物质原料在超临界水中催化汽化可能进行的主要化学反应:

蒸汽重整　　　　$CH_xO_y+(1-y)H_2O \longrightarrow CO+(x/2+1-y)H_2$

甲烷化　　　　　　$CO+3H_2 \longrightarrow CH_4+H_2O$

水汽转化　　　　　$CO+H_2O \longrightarrow CO_2+H_2$

超临界水汽化制氢气技术是一种新型、高效的可再生能源转化和利用的技术。但由于其存在的问题限制了其在有机废物处理过程中的大规模的工业化应用,从而导致现在的研究还基本处于实验室阶段。首先,影响超临界水中反应的影响因素众多,原料的浓度、成分、密度、pH 值等的监测和目的产物实时快速控制难以实现,从而直接影响整个反应速率和目的产物的生成。其次,在超临界状态下,反应过程中产生的活性自由基及强酸或盐类的加入对反应器设备的腐蚀很严重,高分子有机物降解过程中和处理含有卤素及 S、P 等元素的有机物时产生的酸类物质时更加剧了腐蚀作用。另外,因金属离子及无机盐在超临界水中的溶解度低,由此而产生的无机盐和金属氧化物的沉积问题,极易造成设备堵塞。并且反应器的密封问题也是困扰反应正常进行的重要因素。以原始生物质为原料,由于其分解产物的种类复杂,各种化合物的分解适宜条件不同,因此摸清生物质各主要成分的分解过程对于实现原始生物质的汽化具有重要的基础意义。探索在高温高压的条件下,生物质工业化的实现途径以及寻找经济有效的催化剂类型是今后的研究内容之一。

超临界汽化制氢作为一种很有前景的工艺。国内外许多学者已经对超临界汽化制氢的化学机理做了大量研究,对盐类、蛋白质、和木质素在模型系统里的基本反应机理和影响已有充分理解。不过,生物质和模型化合物不同,组成是非常复杂的,还有很多问题有待于研究。

超临界汽化制氢工艺还需要进一步优化。一是要用热交换器回收热量以提高系统能量效率;另外,要达到高加热速率,一种解决方法是用热交换器使水过热,然后在反应器进口与生物质混合好;再者,要把连续流槽式搅拌反应器(CSTR)与管式反应器结合起来或者采用部分产物回流到进料口进行循环以达到高转化率。

Modell 等人于 1985 年首次报道了以锯木屑为原料的 SCWG 制 H_2 过程。美国太平洋西北实验室(Pacific Northwest National Laboratory,PNL)、夏威夷自然能源研究所(Hawaii Natural *Energy* Institute ,HNEI)、德国卡尔斯鲁厄大学(Forschungszentrum Karlsruhe ,FK)和日本国立资源环境研究所(National Institute for Resources and Environment , NIRE)等科研机构研究了 SCWG 制 H_2 反应过程的机理、动力学、热力学及催化剂,涉及的典型模型化合物有葡萄糖、甲醇、纤维素、木质素,涉及的生物质有水葫芦、马铃薯和玉米淀粉,涉及的有机废物或水如市政污泥、皮革废物等。在国内,西安交通大学、山西煤化所、华南理工大学等科研单位对农业生物质、煤及有机废水的 SCWG 制 H_2 也进行了多方面的研究。

总之,超临界水条件下有机废物资源化研究已经在水解产气方面取得了一定的成果,作为一种新兴的资源化技术,加强动力学、反应机理、催化剂和腐蚀堵塞等问题的研究,必将为其带来广阔的资源化应用前景。

6.4.5　水蒸气重整生物质制氢

目前由天然气、石油和煤转化制取的氢气占氢总产量的 95% 以上。而天然气、石油和煤都是化石能源,大量利用它们制氢会使能源枯竭问题更加严峻。此外,利用化石能源大规模制氢会产生大量的 CO_2 温室气体的排放,这会加剧温室效应问题。严重的能源短缺和环境问题迫使我们寻找可持续和环境友好的制氢路径。生物质目前被认为是一种极具潜力的潜在氢源,因为它是一种可再生能源,具有分布广泛、易于获取的特点。此外,生物质有碳中性的特性,这是因为生物质在生长过程中吸收的 CO_2 和在制氢过程中放出 CO_2 的量基本相当。因此,从生物质中提取氢是一条绿色环保的制氢路径,不会对环境增加负担。正因为生物质的这些优点,使得利用其制氢逐渐成为研究的热点。

利用生物质制氢分两个步骤,首先将生物质快速裂解为生物质裂解油,然后对生物质裂解油(生物质油)进行水蒸气重整制氢。生物质快速裂解制生物质油的研究进行较早,工艺也比较成熟;而对生物质油水蒸气重整制氢的研究的起步较晚,研究工作相对较少且不深入。这主要是由生物质裂解油成分的复杂性决定的。生物质裂解油含水油两相。水相主要由烃类衍生物等组成,可通过水蒸气重整制氢,而油相主要是由木质素的热解物组成,可用来生产酚醛树脂、燃料添加剂和黏合剂等产品。尽管生物裂解油中含有很多不同类型的化合物,并随着固体生物质种类和裂解条件不同而不同,但生物油的主要成分基本是由醇、酸、酯、醚、醛、酮、酚和糖等几类含氧烃类衍生物组成的。

美国可再生能源国家实验室(NREL)的 Czernik 研究小组首先提出了利用生物质制氢的理念和具体路径,即生物质首先快速裂解为生物质油,然后对生物质裂解油的水溶相部分进行水蒸气重整附加水汽变换的步骤得到浓度较高的氢气。

这种制氢理念有一个显著的优点是生物质到生物质油和生物质油到氢的两个步骤相互独立并且可以相互分离。这是因为生物质油易于运输且其运输成本较低,这就使得整个制氢过程比较灵活。可以根据实际的工业需要将两个工艺步骤安排在不同的地方,实现合理布局。他们在 1998 年用商用 Ni 催化剂对生物质油的水蒸气重整制氢反应进行了初步的研究。实验结果表明,生物质油在高温下可以有效转化为气态产物,氢气的收率达到理论收率的 75%。虽然在反应过程中存在催化剂积炭失活问题,但是用水或者 CO_2 可以有效汽化积炭而使催化剂活性恢复。

由于生物质油水蒸气重整积炭严重,Czernik 研究小组提出通过对 Ni/Al_2O_3 催化剂改性来提高催化剂的抗积炭能力。对催化剂的改性主要通过两方面进行,首先添加 Mg 和 La 助剂提高对水的吸附力,以提高积炭的汽化率。其次,添加 Co 和 Cr 助剂来抑制积炭反应,如生物质油裂解和有机副产物的聚合等。研究者发现 $Ni-Co/MgO-La_2O_3-Al_2O_3$ 和 $Ni-Cr/MgO-La_2O_3-Al_2O_3$ 催化剂表现较好的抗积炭能力,但催化剂在苛刻的反应条件下仍然会发生积炭失活,导致甲烷、苯和其他芳香化合物的产生。2002 年他们对生物质油中易结焦的成分进行了重整制氢的研究,发现在固定床反应器中,这些生物质小分子在接触催化剂前就发生了分解,从而造成反应管上部堵塞和反应终止。利用流化床反应器则可以有效解决这个问题。此外,研究还发现采用较高的反应温度、较低的空速和较大的水碳比可以有效降低积炭的发生。Kechagiopoulos 等人也对生物油的重整进行了研究,发现直接重整生物质油比较困难,催化剂很快因为积炭失活。积炭主要集中在催化床层上部,造成体系压降升高使反应不得不终止。华东理工大学的颜涌捷等也对生物质裂解油制氢进行了深入的研究。他们在 700~900℃ 温度范围和镍基催化剂上进行了生物质油的高温裂解(空白实验)、水蒸气重整(空白实验)和水蒸气催化重整实验。发现温度是影响各组实验结果的关键因素。较高温度和较多水蒸气的存在可以有效地促进生物质油裂解中间产物的水蒸气重整和水汽变换反应的发生。此外,作者对生物质油重整制氢反应过程进行了分析,指出开发生物油流化床催化重整制氢技术和高效耐磨催化剂可以有效降低生物油制氢的成本。

（1）葡萄糖重整制氢

葡萄糖是生物质油的一个重要组分,对葡萄糖制氢的研究对开发生物质油制氢有重要的意义。目前对葡萄糖制氢的研究方法有水蒸气重整、超临界水重整和液相重整三种。在 1999年,Montane 等人就对葡萄糖的水蒸气重整制氢反应进行了研究。反应在固定床反应器中进行,发现葡萄糖难以重整。因为葡萄糖在受热的条件下极易发生分解结焦,在接触催化剂前就已分解完毕,造成催化床层上部堵塞,致使反应终止。对葡萄糖的水蒸气重整制氢反应也进行了研究,采用传统的 Ni/Al_2O_3 催化剂和固定床反应器,考虑到葡萄糖受热易分解的特点,采用了较高的 S/C 以抑制葡萄糖的分解,但是葡萄糖的重整反应在进行仅 3 h 后就由于积炭导致反应管堵塞,使得反应终止。这些实验说明,即使在优化的条件下,葡萄糖在受热情况下的结焦问题仍然得不到解决,也就是说,目前的固定床反应器和重整工艺并不适合水蒸气重整葡萄糖制氢。

1993 年,Antal 等人就在高温和高压及短的停留时间进行了葡萄糖超临界水热制氢实验的研究,发现葡萄糖在这样的条件下可以产氢。但是葡萄糖的转化率严重依赖于反应的材料。选择合适的反应材料和反应条件可以使葡萄糖完全转化为氢气、一氧化碳、二氧化碳和甲烷,没有积炭和结焦等产生。这一反应体系解决了水蒸气重整葡萄糖产氢实验中的结焦问题,但是这一体系只能间歇产氢,而且不适合工业要求连续产氢。Dumesic 研究小组对葡萄糖的液相重整进行了研究,体系始终保持在一个较高的压力下,从而保持反应物的液相状态。在反应体系中,较高浓度的葡萄糖会导致较多的副产物和较低的氢气收率。提高糖的还原度,可以显著提高氢气选择性。液相重整葡萄糖的氢气选择性只有 50% ,而重整葡萄糖的加氢产物山梨醇的氢气选择性则能达到近 70% 。

（2）乙醇水蒸气重整制氢

乙醇水蒸气重整制氢的研究始于 1991 年,由 Garcia 研究小组在不考虑积炭的情况下,率先从热力学角度对这一反应的可行性及气相产物的分布进行了计算。指出高温、低压和高水醇比有利于提高氢气的产率,但是高温和低压同时也有利于 CO 的产生。华东理工大学的杨宇等人对不同反应条件下乙醇水蒸气重整反应系统平衡的物质分布进行了热力学计算。结果表明低压有利于乙醇水蒸气重整主反应的进行;较高温度和较高水醇比有利于乙醇的转化率和氢气产率的提高。

目前,乙醇水蒸气重整反应研究的非贵金属催化剂主要为 Cu、Ni 和 Co 基催化剂。在这三类催化剂中,Ni 和 Co 相对于 Cu 催化剂,具有更高的催化活性,是研究的重点。重整反应的活性,发现在低温区间以乙醇的裂解反应为主;而在中温区间乙醇水蒸气重整反应占主导地位。较高温度(773 K 以上)和较高的水醇比(6∶1)能促进甲烷副产物的水蒸气重整反应的发生,提高 H_2 的收率并限制积炭的产生。Freni 等人研究了 Ni/MgO 催化剂对乙醇水蒸气重整制氢反应的催化活性,发现 Ni/MgO 有很好的重整活性和选择性。碱金属的添加有助于调变催化剂的结构。其中 Li 和 Na 的加入增强了 NiO 的还原能力,影响了 Ni 物种的分布。而 K 的加入虽然对 Ni 的形态和分布没有显著影响,但会降低金属的烧结,提高了催化剂的活性和稳定性,并减少了积炭。Fatsikostas 等人将 Ni/La_2O_3 用于乙醇的水蒸气重整反应,取得了较好的结果。La_2O_3 不存在脱水反应所需的酸性位,因此反应中的脱水产物较少。此外,La_2O_3 因为其自身碱性可以提高对水分子和 CO_2 的吸附,从而有效降低了反应过程中积炭的产生。

综上所述,Ni 系催化剂对乙醇水蒸气重整反应有较高的活性,相对于贵金属催化剂,其反应温度更低,是理想的重整制氢催化剂。但 Ni 系催化剂的选择性并不理想,中温区间对 CH_4 选择性较高而高温区间对 CO 选择性较高。CH_4 竞争氢原子而 CO 会使燃料电池的 Pt 电极中毒。此外,Ni 系催化剂积炭较为严重。如何提高其选择性和抗积炭能力,并进一步降低反应温度,是今后研究的主要方向。

(3)其他生物质油模型分子水蒸气重整制氢

除了醇、酸和糖外,另一类化合物是易结焦的芳香族化合物如苯酚的水蒸气重整反应也引起了人们的注意。因为芳香族化合物在生物质油中广泛存在,而且它们在重整反应特别容易降解、聚合和结焦而造成催化剂的失活。Efstathiou 研究小组的工作在苯酚水蒸气重整制氢的研究工作中比较有代表性。他们在 2004 年研究了 Rh/MgO 催化剂对苯酚水蒸气重整反应的催化性能,发现了载体的性质和 Rh 的负载量对催化性能有显著的影响。除此之外,在 MgO 载体上引入 Ce 和 Zr 氧化物后发现催化剂在还原后会出现氧空位,有利于提高催化剂对反应物的吸附,进而提高反应活性。他们利用同位素示踪的方法在 Rh/MgO 和 Rh/Mg-Ce-Zr 复合载体上进一步研究了苯酚水蒸气重整反应的反应历程,发现在反应过程中,晶格氧和羟基会驻留在催化剂表面与苯酚发生重整反应生成氢气和二氧化碳,晶格氧主要是来自于 Ce-Zr 复合载体中的氧。最近他们又开发了天然方解石催化剂,活性和稳定性实验表明天然方解石对苯酚的水蒸气重整反应表现良好的活性和稳定性,有潜在的工业应用价值。

和乙酸一样,酮类物质如丙酮和丙酮醇的水蒸气重整也引起了人们的注意,而且所用催化剂和重整工艺与乙酸类似。生物质油中的有机小分子一般都有 C、H 和 O 三种元素组成,分子中基本都包含 C—C、C—H、C—O 和 O—H 键,因此这些小分子在水蒸气重整制氢反应中表现类似的催化行为,所用的催化剂也基本类似。对分子结构对生物质油小分子在水蒸气重整反应中催化行为的影响进行了探索性的研究,发现碳链和官能团个数、位置及类型显著影响生物质油小分子的催化行为,这对于指导其他生物质油小分子制氢有一定的参考意义。研究中所涉及的一些有机小分子包括丙醇、丁醇、异丙醇、1,2-丙二醇、丙醛和丙酸等。

生物质油制氢是目前制氢领域的一个研究热点,但是关于生物质油制氢的研究工作才刚刚开始,要实现生物质油制氢的工业化还有一段路要走,这是由生物质油和其制氢工艺的复杂性决定的。根据生物质油制氢方面的研究工作,生物质油制氢过程中还存在着一些问题:

(1)生物质油成分非常复杂,而且其成分常常随生物质原料的不同而发生较大变化。不同的生物质油在重整过程中的催化行为会表现较大差异。对生物质油成分的定性定量分析是一个亟待解决的问题。

(2)对生物质油制氢的研究工作尚不深入。早期主要集中于甲醇的水蒸气重整制氢,随后扩展到乙醇的水蒸气重整制氢,然后进一步扩展到生物质油制氢。因此,利用生物质油制氢的研究无论在催化剂的选择和反应机理的研究方面都尚不深入。

(3)在生物质油重整过程中,通常会有较多的有机副产物和气体副产物(如 CH_4 和 CO)等的产生。这些副产物的产生或严重影响氢气的收率。此外,这些副产物大多是积炭的前驱体,它们在重整过程中很有可能进一步转化形成积炭而使催化剂失活。因此,抑制生物质小分子重整过程中副产物的产生是一个值得研究的问题。

(4)开发新的催化剂是一个迫切的问题。目前开发的重整催化剂主要为贵金属和过渡金属催化剂。贵金属催化剂活性较好且有较强的抗积炭性能,但是价格昂贵,对其工业应用构成了极大限制。过渡金属催化剂主要为铜基、钴基和镍基催化剂。铜基催化剂易烧结,钴基催化剂易氧化而镍基催化剂易积炭,这些是它们在工业应用上遇到的主要问题。

(5)开发新的催化过程。目前研究较多的重整过程主要是水蒸气重整、部分氧化和氧化重整。这些重整过程往往伴随着大量副产物和积炭的产生。因此,开发新的选择性高的催化过程是目前当务之急。

(6)反应器在设计方面应该加强研究。目前工业上常用的固定床和流化床反应主要针对甲烷等较为稳定的有机小分子的水蒸气重整反应而设计。而生物质油具有热不稳定性,通常生物质油在进入反应器接触催化剂前会由于受热而发生分解结焦,造成较大的压降甚至使反应中止。因此,设计和开发针对生物质油重整的更合理的反应器也是一个值得研究的课题。

第7章 氢气的储存

本章提要 随着工业的发展和人们物质生活水平的提高,能源的需求也与日俱增。由于近几十年来使用的能源主要来自化石燃料(如石油、煤和天然气等),然而化石燃料的大量使用不可避免地污染环境,再加上其储量有限,所以寻找可再生的绿色能源迫在眉睫。氢能作为一种来源广泛、储量丰富、能量密度高的绿色能源及能源载体,正引起人们的广泛关注。氢在常温常压下以气态形式存在,其密度仅为空气的 1/14,因此,在氢能技术中,氢的储存是个关键环节。本章介绍了几种常用的储氢技术如加压气态储存、液化储存、金属氢化物储氢、非金属氢化物储存等的研究进展,并对储氢研究动向进行了简单介绍。

人类对氢能应用自 200 年前就产生了兴趣,到 20 世纪 70 年代以来,世界上许多国家和地区就广泛开展了氢能研究。早在 1970 年,美国通用汽车公司的技术研究中心就提出了"氢经济"(Hydrogen Economics)的概念。1976 年美国斯坦福研究院就开展了对氢经济的可行性研究。20 世纪 90 年代中期以来多种因素的汇合增加了氢能经济的吸引力。这些因素包括:CO_2 排放和全球气候变化、对较低或零废气排放的交通工具的需求、持久的城市空气污染、减少对外国石油进口的需要、储存可再生电能供应的需求等。氢能作为一种清洁、高效、安全、可持续的新能源,被视为 21 世纪最具发展潜力的清洁能源,是人类的战略能源发展方向。世界各国如冰岛、中国、德国、日本和美国等不同的国家之间在氢能交通工具的商业化的方面已经出现了激烈的竞争。虽然其他利用形式是可能的(例如烹饪、航行器、取暖、发电、机车等),但是氢能在小汽车、公共汽车、卡车、出租车、摩托车和商业船上的应用已经成为焦点。由于氢能利用过程中 CO_2 的零排放这一优势,其能源供给及转换技术已被认真加以评估。氢能能够通过从化石燃料或者生物物质(包括城市废物等)中获取氢原子而得到,或通过用化石发电,无碳能源电解水得到。后种方式通常花费更加昂贵,并且产品利用率仅仅能达到 4%。虽然如此,这种基于混合资源的电解氢会增加 CO_2 的排放,因为此种方法通常增加了低效、碳基能源产品的产量。在近几年内,除了在斯堪的纳维亚(半岛)、巴西和加拿大这些地区有价格低廉而又丰富的水力电能,从甲醇、天然气、重油或者 MSW 中获取氢的成本是最低的。早期在岛屿应用的有冰岛、瓦努阿图、夏威夷岛、大西洋群岛,氢能的应用具有特别的吸引力,然而即使包括 CO_2 的回收和封存的成本,在大型市场当中从化石燃料中提取氢产品的成本仍然比电解氢的成本低。

随着对石油进口依赖程度的不断加深和国际气候变化,导致人们对氢能市场生存能力发展的普遍兴趣。虽然日本是世界上第一个以审慎的态度为世界能源网络工程投入 2 亿美元开展氢能研究的国家(研究计划年限为 1993~2002 年),在其之后,又兴起了大量寻求构建氢经济的国家。从历史的角度来说,能源观念的转变需要花费几十年才能实现,一定范围内政府、个人企业和跨国公司对氢能产业的推动将是加速能源转换的重要因素。已经有的一些有关氢能研发顺序的问题也会影响氢能经济的发展方向。举例来说,氢生产集中与分散,研究、发展和氢能汽车的营销,燃料电池技术的发展和内燃机,基础设施的改进包括燃料运输和建立燃料供应站等,氢能的商业化和市场渗透往往依赖于这些因素相互间错综复杂的影响,也影响它的效率、成本、能量存储密度和交通工具的成本、安全性和能性,并且在一个地区氢能和燃料电池发展突破将不可避免地影响其他地区全球性的经济发展计划。

国际能源机构(IEA)自1977年发起建立氢能源协定以来,就已经认识到了氢经济的潜在价值。而且该组织也认识到氢能源的技术潜力有助于提供一种稳定的,持续的能源供应,并能够减少二氧化碳的排放。因此,最近的计划主要是对成员国间合作研究的支持,支持的主要研究方向包括:氢能产品的成本效益、氢能产品的运输、氢能产品的分配、氢能产品的后期利用以及基于可更新能源的储存。目前,国际能源机构氢能源研究重点是:风和生物能资源,光电电池电解,金属氢化物和碳纳米结构储存方式以及一体化模型工具研究。这些研究和推广计划已经在德国、瑞士、意大利、美国、西班牙、加拿大得到了相应的支持。然而,这些研发不可能在短期内对氢能源系统商业发展产生重大影响。

国际能源界预测,21世纪人类社会将告别化石能源,进入到氢能经济时代。纵观世界能源发展战略,专家们认为,氢将在2050年前取代石油而成为主要能源,人类将进入完全的氢经济社会。当前我国经济持续高速增长,能源需求量持续上涨,能源战略储备严重低下,国际石油市场的波动已经对我国经济社会发展产生显著影响,由此而产生的矛盾已成为遏制我国长期健康可持续发展的战略瓶颈。率先全面启动氢经济是我国取得长期战略优势的关键。因此,集中优势力量发展清洁高效的氢能源也许是我国抢先进入氢经济,摆脱百年来科技和战略落后,走可持续健康发展的最佳切入点。节能减排,保护环境是人类实现可持续发展的迫切要求,而清洁能源的开发及利用,是一种切实可行的道路,以氢能经济为主的工业经济模式将在可期的未来,给人类生活带来巨大变革。

氢气是密度很低的气体。常温常压下,每立方分米氢气不到0.09 g。作为燃料,装载和运输都不方便。另外它同空气接触容易引起爆炸,不够安全。怎样把氢气储存起来备用和运输,就成为氢能源利用的一项非常重要的课题。

7.1　氢能工业对储氢的要求

氢能工业对储氢的要求总的来说是储氢系统要安全、成本低、容量大、使用方便。具体到氢能的终端用户不同又有很大的差别。氢能的终端用户可以分为两类。一是供应民用和工业的气源;二是交通工具的气源。对于前者,则要求特大的储存容量,几十万立方米,就像现在我们常看到的储存天然气的巨大的储罐。而对于后者,要求较大的储氢密度。考虑到氢燃料电池驱动的电动汽车按500 km续驶里程和汽车油箱的通常容量推算,储氢材料的储氢容量需达6.5%(质量)以上才能满足实际应用的要求。氢能工业对储氢的对储氢系统的要求中最重要的是高储氢密度。衡量氢气储存技术先进与否的主要指标就是单位质量储氢密度,即储氢单元内所储氢质量与整个储氢单元的质量(含存储介质材料、容器、阀及氢气等)之比。例如,一个100 kg的钢瓶(含阀和内部氢气质量)储存1 kg的氢气,那么它的单位质量储氢密度为1%。现在的汽车一般加注一次燃料可以行使600~700 km,当然人们希望氢燃料电池车也能够达到同样的标准。例如5座氢燃料电池驱动的轿车行驶500 km大约需要氢气4 kg,油箱的体积为50~60 L,因此体积储氢密度必须达到67~80 kg/m³。基于此,美国能源部提出单位质量储氢密度达6.5%,单位体积储氢密度达62 kg/m³的目标要求。事实上,国际权威机构则希望到2015年储氢标准能够进一步提高,单位体积储氢密度可以达到80 kg/m³,质量储氢密度达 9%。

　　储氢技术是氢燃料电池走向大规模使用的关键。尽管迄今展现于世的各种储氢技术中还没有找到一种可以与内燃机汽车汽油箱储能密度相匹敌的技术,但是鉴于能源安全考虑和环保要求,氢燃料电池驱动的电动汽车借助于目前的储氢技术现实,正在全球范围内迅速发展起来。鉴于各国及其大汽车公司考虑其技术、经济、国家资源与法规方面的差别与优势,储氢技术中的液氢、高压容器以及金属氢化物储氢等系统均被上车试用或者进入商品销售。尽管如此,如何进一步提高这些技术的性能指标仍然是目前各先进国家所广泛关注。在这些技术中亟待解决的关键问题就是如何提高高压储氢系统的体积储氢密度,如何解决液氢系统的汽化问题和降低成本,如何提高金属氢化物储氢系统的重量储氢密度,如何解决有机氢化物储氢系统的操作和重复循环使用问题,如何重视和解决纳米碳管的实际储氢容量等。此外,深入研究和发展高效、安全、经济的新型车载储氢技术同样是当务之急。

　　储氢设备使用的方便性,例如充放氢气的时间、使用的环境温度等也是很重要的要求。汽车的燃料消耗与其行使状态有关。快速行驶要求储氢系统停止供氢。而汽车在等待红灯时,则要求储氢系统停止供氢,这说明储氢系统应该有很好动态响应;而汽车在中途补充燃料时,也希望在几分钟之内完成,这就要求充氢气的速度特别快;寒冷的季节,气温会下降到零下几十度,此时要求储氢系统也能及时供应氢气。这些常见而实际要求关系到氢能是否实用的全局,就是这些实际要求,有时,也会给不同的储氢系统带来相当大的难题。不用说,储氢系统的安全性是第一重要的要求,不过因为所有的储氢系统在设计时都考虑安全性,并且在使用中能够满足安全要求,人们反而不经常单独提出了。

　　目前还没有足够的条件将氢以气态的形式直接由管道输送,因此气态氢在人防工程中只能用高压气瓶储存,常规高压气瓶储氢密度大约为 1%(质量分数),体积储氢密度大约为 0.071 g/mL。为了提高气态储氢密度,国内外已经研制出了各种重量轻、耐压高的复合材料气罐,例如玻璃纤维金属罐、碳纤维增强铝金属罐等,他们的储氢压力可以达到 30 MPa,重量储氢密度可以达到 3.9%(质量分数),但是采用高压气瓶储氢仍然存在着很多的缺点,如安全性较差,氢气需要高度压缩,压力大,操作复杂等;液态储氢效率较高,体积比和重量比也都较高,但是必须使用耐超低温(-252.6℃)的绝热容器,充、放氢的系统极为复杂,安全性也差,成本很高;固态储氢目前主要是采取金属氢化物,它具有(体积)储氢密度高、储氢压力低,以及安全性好等优点,能够适用于地下工程的氢能发电系统,表 7.1 列出了几种储氢金属的热力学性质,表 7.2 列出了它们与其他储氢方式的性能对比情况。

表 7.1　某些金属氢化物的热力学性质

金属	氢化物	储氢量/%(质量分数)	分解压/MPa	生成热 $\Delta H/(kJ \cdot mol^{-1})H_2$
稀	LaNi$_5$	1.4	0.20(25)	-30.1
土	MlNi$_5$	1.5	0.38(20)	-26.8
系	MmNi$_5$	1.4	3.44(50)	-26.4
钛	TiFe	1.8	0.75(40)	-28.0
系	TiMn$_{1.5}$	1.5	0.7(20)	-28.8
镁系	Mg$_2$Ni	3.6	0.1(250)	-64.4
	MgH$_2$	7.6	0.101(290)	-74.5

表7.2　不同储氢方式储氢性能对比

储氢方法		氢密度 10^{22} atoms/mL	重量密度/%（质量分数）	体积密度/（g·mL^{-1}）
标准状态的氢气		0.0054	100	0.008
氢气钢瓶（15 MPa,47 L）		0.81	1.2	0.071
液态氢（20K）		4.2	100	0.071
金属氢化物	LaNi$_5$H$_6$	6.2	1.4	8.2
	TiFeH$_{1.9}$	5.7	1.8	6.3
	MgH$_2$	6.6	7.6	1.8
	MlCaNi$_5$	—	1.6	3.0

7.2　目前储氢技术

7.2.1　加压气态储存

加压压缩储氢是一种最常见的储氢技术,通常采用笨重的钢瓶作为容器。由于氢的密度小,因此其储氢效率很低,加压到15 MPa时,质量储氢密度小于3%。对于移动用途而言,加大氢压来提高携氢量将有可能导致氢分子从容器壁逸出或者生氢脆现象。对于上述问题,加压压缩储氢技术近年来的研究进展主要体现在以下两个方面:第一方面是对容器材料的改进,其目标是使容器耐压更高,自身质量更轻,以及减少氢分子透过容器壁,避免产生氢脆现象等。所采用的储氢容器通常以锻压铝合金为内胆,外面包覆浸有树脂的碳纤维。这类容器具有自身质量轻、抗压强度高和不产生氢脆等优点。第二方面则是在容器中加入某些吸氢物质,大幅度地提高缩储氢的储氢密度,甚至使其达到"准液化"的程度,当压力降低时,氢可以自动地释放出来。这项技术对于实现大规模、低成本、安全储氢无疑具有非常重要的意义。该方法适合大规模储存气体时使用。由于氢气的密度太低,因此应用不多。气态压缩高压储氢是最直接和最普通的储氢方式,通过减压阀的调节就可以直接将氢气释放出。目前,我国使用容积为40 L的钢瓶在15 MPa储存氢气。为使氢气钢瓶严格区别于其他高压气体钢瓶,我国的氢气钢瓶的螺纹是顺时针方向旋转的,与其他气体的螺纹相反;而且外部涂以绿色漆。上述的氢气钢瓶只能够储存6 m^{3}氢气,大约半公斤氢气,不到装载器质量的2%。运输成本太高,此外还有氢气压缩的能耗和相应的安全等问题。

目前,我国经过近十年的努力,针对氢气压缩、储存和氢安全中存在的问题,课题组突破了70 MPa高压气态储氢系统的若干关键技术,取得的主要成果有:

(1)安全状态远程在线监控的全多层大容积高压储氢容器。将钢带错绕筒体技术与双层等厚度半球形封头和加强箍等结构相结合,创新性地提出了全多层高压容器结构,研制成功了拥有自主知识产权的国际首台高于70 MPa的钢带错绕全多层高压储氢容器,并突破了高压氢气的安全、经济、规模储存的难题。

(2)轻质铝内胆纤维全缠绕高压储氢气瓶设计制造技术,建立了纤维全缠绕高压储氢气瓶结构-材料-工艺一体化的自适应遗传优化设计方法,解决了超薄(0.5 mm)铝内胆成型、高抗疲劳性能的缠绕线形匹配等关键性的技术,成功研制了 70 MPa 纤维全缠绕高压储氢气瓶的单位质量储氢密度达 5.78%,实现了纤维全缠绕高压储氢气瓶的轻量化。

(3)集压缩、净化于一体的低能耗 70 MPa 静态化学氢压缩机,研发了在 150℃下释氢平台压力达到 80 MPa 的储氢合金,解决了高压下储氢合金粉末堆积预防和氢容量匹配、传热优化等关键技术,形成了高压超纯氢静态化学氢压缩技术,研制成功了国际首台 70 MPa 静态化学氢压缩机,该压缩机同时具有明显提高氢气纯度的功能。

(4)高压氢气快充温升仿真系统及其控制技术,考虑材料比热容随温度的变化和气瓶内外壁之间的传热,构建了高预测精度的车载高压储氢容器快充温升数值仿真系统,准确预测了快充过程中气瓶内各处温度、压力的分布规律,给出了实用可靠的温升控制方法。

7.2.2　液化储存

在常压下,液氢的熔点为 -253 ℃。在 -253℃和常压下,气态氢可液化为液态氢,且液态氢的密度是气态氢的 845 倍。液氢的热值高,每千克热值为汽油的 3 倍。因此,液氢储存工艺特别适宜于储存空间有限的运载场合,比如航天飞机用的火箭发动机、洲际飞行运输工具和汽车发动机等。若仅从质量和体积上考虑,液氢储存是一种特别理想的储氢方式。但是由于氢气液化要消耗很大的冷却能量,液化 1 kg 氢需要耗电 4～10 kW·h,因此增加了储氢和用氢的成本。常压 27℃氢气与 -253℃氢气焓值差为 23.3 kJ/mol,室温液化氢气理论做功值为 23.3 kJ/mol,实际技术值为 109.4 kJ/mol,它是氢的最低燃烧热 240 kJ/mol 的一半。液氢储存容器必须使用超低温用的特殊容器。如果液氢储存的装料和绝热并不完善,容易导致较高的蒸发损失,因而其储存成本较贵,安全技术也比较复杂。高度绝热的储氢容器是目前研究的重点。现在有一种壁间充满中空微珠的绝热容器已经问世。这种二氧化硅的微珠直径约 30～150 μm,中间空心,壁厚 1～5 μm。在部分微珠上镀上厚度为 1 μm 的铝可以抑制颗粒间的对流换热,将部分镀铝微珠(一般约为 3%～5%)混入不镀铝的微珠中可有效地切断辐射传热。这种新型的热绝缘容器不需要抽真空,但绝热效果远优于普通高真空的绝热容器,是一种理想的液氢储存罐,美国宇航局已广泛采用这种新型的储氢容器。液氢可以作为氢的储存状态。它是通过高压氢气绝热膨胀而生成。液氢沸点仅为 20.38 K,汽化潜热小,仅为 0.91 kJ/mol,因此液氢的温度与外界的温度存在着巨大的传热温差,稍有热量从外界渗入容器,就能够快速沸腾而损失。短时间储存液氢的储槽是敞口的,允许有少量蒸发以保持低温。即使用真空绝热储槽,液氢也难长时间储存。

液氢和液化天然气在极大的储罐中储存时都存在热分层问题。即储罐底部液体承受来自上部的压力而使沸点略高于上部,上部液氢由于少量挥发而始终保持着极低温度。静置后,液体形成下"热"上冷的两层。上层因冷而密度大,蒸气压因而也低,而底层略热且密度小,蒸气压也高。显然这是一个不稳定状态,稍有扰动,上下两层就会翻动,如略热而蒸气压较高的底层翻到上部,便会发生液氢爆沸,产生大体积氢气,从而使储罐爆破。为防止事故的发生,较大的储罐都备有缓慢的搅拌装置以阻止热分层。较小储罐则加入约 1%体积的铝屑,加强上下的热传导。

液氢储存的最大问题是当你不用氢气时,液氢不能够长期保持。由于不可避免的漏热,总有液氢汽化,导致罐内压力增加,当压力增加到一定值时,必须启动安全阀排出氢气。目前,液氢的损失率达每天 1%～2%。因此液氢不适合于间歇性使用的场合,如汽车。你不能要求汽车总是在运动,当你将车放在车库里,一周后再去开车,就会发现储罐内空空如也。

　　液氢储存的不足是成本较高,并且不易使用,目前最前沿的方法是用一些贮氢材料,一类能可逆地吸收和释放氢气的材料。最早发现的是金属钯,1 体积钯能溶解几百体积的氢气,但是钯很贵,缺少实用价值。20 世纪 70 年代以后,由于对氢能源的研究和开发日趋重要,首先要解决氢气的安全贮存和运输问题,储氢材料范围日益扩展至过渡金属的合金。比如镧镍金属间化合物就具有可逆吸收和释放氢气的性质:每克镧镍合金能贮存 0.157 L 氢气,略为加热,就能够使氢气重新释放出来。$LaNi_5$ 是镍基合金,铁基合金可用作储氢材料的有 TiFe,每克 TiFe 能够吸收贮存 0.18 L 氢气。其他还有镁基合金,如 Mg_2Ni、Mg_2Cu 等,都较便宜。

7.2.3　金属氢化物储氢

　　元素周期表中,除了惰性气体以外,几乎所有元素都可以与氢反应生成氢化物。某些合金、过渡金属、金属间化合物由于其特殊的晶格结构等原因,在一定条件下,氢原子比较容易进入金属晶格的四面体或者八面体间隙中,形成金属氢化物。金属氢化物在较低的压力(1×10^6 Pa)下具有较高的储氢能力,能达到 100 kg/m^3 以上,但是由于金属密度很大,导致氢的质量百分比很小,仅有 2% ~ 7%。金属氢化物的生成和氢的释放过程可以用下式来描述

$$aM + 0.5H_2 \longrightarrow M_aH_b + \Delta Q$$

式中　M 是金属或金属化合物,ΔQ 为反应热。

　　生成金属氢化物的过程是一个放热过程,释放氢则需要对氢化物加热。不同的金属材料所需反应压力不同为 1×10^6 Pa ~ 1×10^7 Pa,反应热为 9 300 ~ 23 250 kJ/kg。氢化物释放氢的反应温度从室温到 500℃ 不等。用作金属氢化物的金属或者金属化合物的热性能都应比较稳定,能够进行频繁的充放循环,并且不易被二氧化硫、二氧化碳、水蒸气腐蚀。此外,氢的充放过程还要尽可能地快。符合这些条件的金属和金属化合物主要有 Mg、Ti、Mg_2Ni、Ti_2Ni、MgN_2、NaAl 等。使用金属单质作为储氢材料一般可以获得较高的质量百分比,但是释放氢时所需温度较高(300℃),而使用金属化合物只需要较低的释放氢的反应温度,但是氢的质量百分比降低了。金属氢化物的储氢含量虽然较高,但金属储氢自有其致命的缺点,即氢不可逆损伤。如氢化物导致的脆性、钢中白点、氢化物析出引起的弹性畸变、高温氢腐蚀、氢致马氏相变和氢沉淀等。当含氢量较高的马氏体钢,贝氏体钢以及珠光体钢以一般冷却速度冷到室温时就很容易产生很多氢致小裂纹,在轧材和锻件的横向或纵向剖面上可以看到像头发丝那样细长的裂纹,称为发裂。如果沿着这些裂纹把试样打断,在断口上可以发现有银白色光泽,比较平坦的椭圆形斑点,称为白点。断口上看到的白点的直径一般为 0.1 ~ 2.5 mm,偶尔也有大于 2.5 mm 的白点。储氢过程中的氢不可逆损伤直接影响到储氢金属的使用寿命,从而制约了该种方法的使用。

　　金属氢化物储氢,是使氢气与能够氢化的金属或合金相化合,以固体金属氢化物的形式储存起来。氢可以跟许多金属或合金化合,形成诸如铁基、镍基和镁基等合金。其中有些金属氢化物,其单位体积内的含氢量甚至高于液氢的密度。金属储氢自 20 世纪 70 年代起就受到重视。近年来,发展了一种以金属与氢反应生成金属氢化物进而将氢储存和固定的技术,它们在一定温度和压强下会大量的吸收氢而生成金属氢化物。而反应又有很好的可逆性,适当改变温度和压强就能够发生逆反应,释放出氢气,且释氢速率较大。这种可逆反应可作为金属储氢的基础。与高压储氢和深冷液化储氢相比,用金属氢化物储氢安全可靠。由于氢被金属吸附

和化合以后,变成固态储存,没有游离的氢气,因而不容易与外界的空气或者氧气形成气相可燃混合物,而且金属储氢对系统的压力要求不高;储氢金属可以重新充装氢气,反复使用。

在金属氢化物充、放氢气的过程中,需要放出或者吸附一定的热量,因此需要增加换热设备,这就导致增加储氢设备的成本以及体积和重量。另外在储存和释放氢的过程中,金属氢化物的肿胀、中毒、老化与粉化也是需要解决的问题。因此提高高金属氢化物储氢的密度和储氢能力,降低储氢金属的制造成本以及延长它的使用寿命,是推广和应用储氢金属的重要前提。

7.2.3.1　储氢机理

储氢机理反应方程式如下

$$xM + yH_2 \longrightarrow M_xH_{2y}$$

式中,M 表示金属元素。

在一定温度下,储氢合金的吸氢过程可分为四步进行。

第一步:形成含氢固溶体(即 α 相)

$$P_{H_2}^{1/2} \propto h[H]_M$$

第二步:进一步吸氢,氢与固溶相 MH_x 反应,产生相变,生成金属氢化物(即 β 相)。MH_x 固溶相与 MH_y 氢化物相的生成反应为

$$\frac{2}{y-x}MH_x + H_2 \frac{2}{y-x}MH_y + Q2/(y-x)MH_x + H_2 \longrightarrow 2/(y-x)MH_x + Q$$

第三步:增加氢气压力,生成含氢更多的金属氢化物。根据此过程,氢浓度对平衡压力作图得到压力-浓度等温线,即:P-C-T 曲线。

第四步:吸附氢的脱附

$$MH_{ad} + e^- + H_2O \longrightarrow M + H_2 + OH^-$$
$$2MH\omega \longrightarrow H_2 + 2M$$

7.2.3.2　常用的储氢体系

根据不同的应用,已开发出的储氢合金主要有稀土系、拉夫斯(Laves)相系、镁系、钒基固溶体和钛系五大系列。

(1)稀土系(AB₅ 型)

稀土系的代表是 LaNi₅ 二元储氢合金,是 1969 年荷兰 Philips 公司 Zijlstra 和 Westendorp 偶然发现的,能够吸储 1.4%(质量分数)的氢,氢化反应热为-30.1 kJ/molH₂,在室温下吸储、释放氢的平衡氢压为 0.2~0.3 MPa。在 P-C-T 曲线坪域范围的氢平衡压几乎一定,滞后性小,初期易活化,吸储或释放氢的反应速度较快,抗其他气体毒害能力强。因此,它是理想的储氢材料,它的应用开发得到了迅速发展。LaNi₅ 型合金具有 CaCU₅ 型六方结构。在室温下,能与六个氢原子结合生成具有六方结构的 LaNi₅H₆。此种合金储氢量大,平衡压力适中,活化容易,滞后系数较小,动力学性能优异。不过,随着充放电循环的进行,由于氧化腐蚀,其容量严重衰减。另外,由于 LaNi₅ 需要昂贵的金属 La,故合金成本较高,使其应用受到限制。对 LaNi₅ 合金的改性研究主要方法是元素取代。为了降低储氢合金的成本,研究人员试验过多种元素。

Al:铝的氧化物可以提高氢的反应性,延长储氢合金的循环寿命,降低室温吸氢压力。但是氧化层阻碍了氢的扩散,导致充放电过电位较大、快放电能力降低,电化学放电容量下降。

Mn:锰元素能够降低合金吸放氢的平衡压力,并且使压力滞后现象减小。但是锰的加入

也增大了固化过程中其他元素的溶解,使合金的腐蚀和粉化过程加快,降低了合金的稳定性。适量加入钴可以延长合金寿命,一般两者同时加入。

Co:用 Co 部分替代合金中的 Ni 后,放电容量变化不大,但是合金吸氢后的晶胞膨胀率却从原先的 24.3% 降低到了 14.3%,储氢合金的循环寿命大大延长。但是过量钴的加入会使合金晶胞体积增大,氢化物稳定性增强,氢在合金中的扩散系数降低,从而使得活化困难和高倍率放电能力降低。另外,Co 的加入会使得合金成本升高。为了降低合金成本,提高合金的高倍率放电能力,研制具有较高容量和较好循环寿命的低钴或者无钴合金是当前一个科研热点。

(2)拉夫斯 Laves 相系(AB₂ 型)

拉夫斯相系已有 C_{14}(Mg_2N_2 型)、C_{15}($MgCu_2$ 型)、C_{36}($MgNi_2$ 型)3 种,其分别为六方、面心立方和面心六方结构。且合金储氢容量高,没有滞后效应;但是合金氢化物稳定性很高,即合金吸放氢平台压力太低,难以在实际中应用。对二元 $LaNi_5$ 相合金的改性在于研制 A、B 原子同时或者部分被取代的多元合金。

(3)Ti-Fe 系

Ti-Fe 系储氢合金具有 CsCl 结构,其储氢量为 1.8%(质量分数)。价格较低是其优点,缺点是密度大,活化较困难,必须在 450℃和 $5×10^6$ Pa 下进行活化,并且滞后较大、抗毒性差。多元钛系合金的初始电化学容量达到了 300 mA·h/g。但是该合金易氧化,循环寿命较短,在电池中的应用方面研究较少。纳米晶 FeTi 储氢合金的储氢能力比多晶材料显著提高,而且其活化处理更加简便,所以纳米晶 FeTi 材料有可能成为一种具有更高储氢容量的储氢材料。

(4)钒基固溶体型合金

钒基固溶体合金(V-Ti、V-Ti-Cr 等)吸氢时,实际上能够利用的 $VH_2 \longrightarrow VH$ 反应的放氢量只有 1.9%(质量分数)。其可逆储氢量大,氢在氢化物中的扩散速度较快;但是在碱性溶液中该合金没有电极活性,不具备可充放电的能力,不能在电化学体系中得到应用。在 V_3Ti 合金中添加适量的催化元素 Ni 放电容量可达到 420 mA·h/g,通过热处理以及进一步多元合金化研究,已使合金的循环稳定性及高倍率放电性能显著提高,显示出了良好的应用开发前景。

(5)镁系储氢合金

Mg_2Ni 可以在比较温和的条件下与氢反应生成 Mg_2NiH_4

$$Mg_2Ni + 2H_2 \longrightarrow Mg_2NiH_4$$

Mg_2NiH_4 的晶体结构一般为立方结构。温度降低时,结构将随之变化。转变为较复杂的单斜结构。Mg_2NiH_4 在高温氢化要比低温氢化容易的多。该合金的优点是密度很小,解吸平台极好,储氢容量高,滞后亦很小,且价格低廉,资源丰富。但是在常压下放氢温度高达 250℃,因此不能在常温附近使用。纯 Mg 虽可储藏 7.6%(质量分数)的氢,但是在常压下,必须在 287℃以上的温度下才能放出氢气。目前的研究重点主要集中在改进镁及其合金吸、温度高、放氢速度慢、抗腐蚀性差等方面。

7.2.3.3　储氢合金的优缺点

储氢合金的优点是合金有较大的储氢容量,单位体积储氢的密度是相同温度、压力条件下气态氢的 1 000 倍,也相当于储存了 1 000 个大气压的高压氢气。充放氢循环寿命长,并且成本低廉。

该法的缺点是储氢合金易粉化。金属氢化物的生成伴随着体积的膨胀,而解离释氢过程时又会发生体积收缩。经多次循环后,储氢金属便破碎粉化,使氢化和释氢渐趋困难。例如具有优良储氢和释氢性能的 $LaNi_5$，经过 10 次循环后，其粒度由 20 目降至 400 目。如此细微的粉末，在释氢时就可能混杂在氢气中堵塞管路和阀门。金属的反复胀缩还可能造成容器的破裂漏气。虽然有些储氢金属有较好的抗粉化性能，但是减轻和防止粉化仍是实现金属氢化物储氢的重要前提条件之一。

杂质气体对储氢金属性能的影响不容忽视。虽然氢气中夹杂的 O_2、CO、CO_2、H_2O 等气体的含量甚微，但是反复操作，有的金属可能程度不同的发生中毒，影响氢化和释氢特性。多数储氢金属的储氢质量分数仅为 1.5% ~ 4%，储存单位质量氢气，至少要用 25 倍的储氢金属，材料的投资费用太大。由于氢化是放热反应（生成焓），释氢需要供应热量（解离焓），实用中需装设热交换设备，进一步增加了储氢装置的体积和重量。因此这一技术走向实用和推广，仍有大量课题等待人们去研究和探索。金属或者合金，表面总会生成一层氧化膜，还会吸附一些气体杂质和水分。它们妨碍金属氢化物的形成，因此必须进行活化处理。有的金属活化十分困难，因而限制了储氢金属的应用。储氢密度低。多数储氢金属的储氢质量分数仅为 1.5% ~ 3%，给车用增加很大的负载。由于释放氢需要向合金供应热量，所以实用中需装设热交换设备，进一步增加了储氢装置的体积和质量。同时车上的热源也不稳定，这使得这一技术难以车用。

金属氢化物储氢技术的发展方向主要是：

(1)减小由于频繁充放氢而对储存系统造成的损害。

(2)加快金属氢化物对氢的充放过程。

(3)开发更轻、更便宜的金属材料。

(4)可以考虑将金属氢化物和压缩储氢相结合，达到最佳的容积和质量储存效率。

7.2.4　非金属氢化物储存

非金属氢化储氢即将氢储存在高储氢能力的化合物中，如氨、甲烷或不饱和烃等，以备不时分解使用，这种储存是不可逆的储存。非金属氢化主要有以下 4 种：氮氢物、醇类化合物烃类化合物和硼氢化合物。由于氢的化学性质活泼，它能够与许多非金属元素或者化合物作用，生成各种含氢化合物，可作为人造燃料或氢能的储存材料。氢可与 CO 催化反应生成烃和醇，这些反应释放热量和体积收缩，低温和加压有利于反应的进行。在高性能催化剂作用下完成反应的压强逐渐降低，从而降低了成本。

甲醇本身就是一种燃料，甲醇不仅可以替代汽油做内燃机燃料，而且能够掺兑在汽油中供汽车使用。它们的储存、运输和使用都非常方便。甲醇还可脱水合成烯烃，制成人造汽油，即

$$n\text{CH}_3\text{OH} \longrightarrow \frac{n}{2}(\text{CH}_3\text{-O-CH}_3) + \frac{n}{2}\text{H}_2\text{O}$$

$$\frac{n}{2}(\text{CH}_3\text{-O-CH}_3) \longrightarrow (\text{CH}_2)_n + \frac{n}{2}\text{H}_2\text{O}$$

氢同一些不饱和烃加成生成含氢更多的烃，将氢寄存其中。例如，甲基环己烷 C_7H_{14} 为液体燃料，本身就是一种燃料，而同时又可以看做是氢的寄存用的氢化物。C_7H_{14} 加热后可以释放出氢，因此也可视为液体储氢材料。氢可与氮生成氮的含氢化合物肼、氨等，它们既是人造燃料，也是氢的寄存化合物。氢和硼和硅形成的氢化物可以储氢。硼氢化合物中，如 B_2H_6、B_5H_9、$B_{10}H_{14}$ 等本身也是燃烧热较高的人造燃料，其燃烧反应时放出的热量比石油等燃料高1.5 倍以上。其中有些硼化物还可以分解释放出氢气。

氢也可寄存在甲醇或者己二醇等醇类化合物中,当醇类作逆向分解时,就可以释放出氢气。甲醇本身也是一种燃料,也是氢的寄存体。甲醇是液态的,容易储存、运输和使用。通过甲醇分解的氢气可以用做氢-氧或者氢-空气燃料电池的燃料。

利用氢在不同化合物中的不同形态的储存特性,给储存、运输和使用氢能带来很多好处。由于这种氢化物大部分都是液态的,很容易储存,在实际的应用中,通过化学的方法裂解氢化物,然后就可以使用分解出来的氢气。巴斯夫公司和 DBB 斯图加特燃料电池发动机公司联合研制出甲醇制氢的燃料电池电动汽车,此车燃料电池的甲醇重整器中使用催化剂分解甲醇制氢。用甲醇做燃料,燃料补充便捷,行驶里程远,并且甲醇的重整温度(250℃)最低。但是在甲醇重整的过程中,释放出的CO 严重影响燃料电池的性能,因此要花很大的努力,才能使 CO 含量降到 10^{-6} 级。总的来说,非金属储氢在燃料电池电动汽车上的应用从技术上来说还不是很完善。

7.2.5　目前储氢技术与实用化的距离

氢的储存技术是开发利用氢能的关键性技术,如何有效地对氢进行储存,并且在使用时能够方便地释放出来,是此项技术研究的重点。目前的一些储氢材料和技术离氢能的实用化还有很大的距离,在体积和质量储氢密度、可逆循环性能、工作温度以及安全性等方面,还不能同时满足实用化要求。特别是氢燃料汽车的续驶里程与其携氢量成正比,所以其对储氢量有很高的要求。氢能最终要走向实用化,也依赖于氢能体系的安全标准。今后储氢研究的重点将集中在高效、新型、安全的储氢材料研发及性能综合评估方面。氢的制取、储运和转化已经进入了研发示范阶段。目前,金属氢化物已经在电池中有广泛应用,高压轻质容器储氢和低温液氢已经能够满足特定场合的用氢要求,化学氢化物也是有前景的发展方向。相信随着储氢材料和技术的不断发展,经过市场介入,氢能可望在 21 世纪中叶进入商业应用,从而开创人类的"氢能经济"时代。表 7.3 给出常用的储氢方法及优缺点。

表 7.3　常用的储氢方法及其优缺点

储氢方法	优点	缺点
液氢	储氢能力大	储氢过程能耗大,使用不方便
压缩气体	运输和使用方便、可靠,压力高	使用和运输有危险;钢瓶的体积和质量大,运费较高
金属氢化物	运输和使用安全	单位质量的储氢量小,金属氢化物易破裂
低压吸附	低温储氢能力大	运输和保存需低温

图 7.1 给出各种储氢方法储 5 kg 氢系统的质量和体积的比较图,其中国际能源署给出了实用化中的最低的体积和质量目标。目前没有一种方法能够同时满足实用化要求,只有液氢离目标近些,高压储氢是有希望的方法。

7.3　碳材质储氢

7.3.1　碳储氢材料影响因素

微孔体积和炭的比表面积是决定氢气吸附性能的最主要的两个因素:前者决定储气罐中的吸

附剂的填充密度;后者决定单位体积的吸附材料的氢气储存量。单位体积的吸附剂的填充密度和吸附量是衡量吸附剂吸附特性的最基本的指标,从宏观参数来看,两者是矛盾的,在向储罐装填吸附材料时,要将两者统筹进行考虑,不仅要保证吸附量足够高,而且要设法使填充密度足够大。从微观结构上来看,决定吸附性能的优劣的最根本的因素还在于其孔径分布情况,尤其是微孔的孔径(小于 3 nm)和孔容(大于 0.5 mL/g),这是炭储氢材料的最核心的性能。

尽管对碳纳米管的储氢能力,各国学者还存在着较大的争议,其主要表现为储氢结果的重复率低。从现有的研究结果以及理论计算来看,碳纳米管储氢能力达到 DOE 标准是很有希望的(不包括个别学者认为不可能外)。碳纳米管储氢实验和理论计算结果很少能够吻合或者不能够精确地吻合的原因也比较容易理解,实验采用的样品会因为制备手段不同而产生不同的卷曲结构,并且含有一定量的杂质,另外样品量也较少。然而理论计算的是采用理想化的碳纳米管模型。理论研究在低温,理想的压力和碳纳米管结构条件下得出了质量分数 14% 的吸附量,而实际的吸附过程很可能要复杂得多。通常认为氢气被碳纳米管吸附存在两种形式:物理吸附和化学吸附。吸附的位置可以在碳纳米管表面、管间空隙,甚至可以在开口的碳纳米管的内部空间。然而至于什么情况下发生物理吸附或者化学吸附,甚至同时发生,仍然存在着争议。物理吸附依靠氢气分子和碳纳米管表面碳原子之间的范德华力作用而缚束在一起;化学吸附的发生则是伴随着氢气分子断键和断键形成的氢原子和碳原子发生反应而结合。此外,值得我们注意的是影响气体吸附的因素很多。外界因素包括氢气的压力、温度。在不同的热动力条件下,即使是相同的样品也会出现不同的吸附量。一般认为高压低温有利于碳纳米管吸附氢气。在相同的温度条件下,吸附量会随着压力增加而增加;同样在相同的压力条件下,吸附量会随温度降低而增加。内部因素则取决于碳纳米管自身参数,如种类、直径、管间距和纯化程度等。单壁碳纳米管由于比表面积大于多壁碳纳米管而更利于吸附氢气。正是由于上述的种种原因,目前对于碳纳米管最大的储氢能力还很难得出一个一致的结论。

7.3.2　活性炭分类

活性炭有几种分类的方法,可以根据制备活性炭的原料,也可以根据活性炭的性质,甚至可以根据活性炭的形状分类。根据活性炭的表比面积,可将活性炭分为高表比面积,中表比面积以及低表比面积活性炭。表 7.4 列出了部分国际品牌活性炭和分子筛的性质。

许多厂家利用不同的前驱体,不同的活化、炭化过程来制备大量的各种各样,并且可应用于气体分离方面的活性炭,最终产品的孔体积、孔结构、孔径分布、灰分含量、密度、硬度及表面化学性质(包括表面含氧,极性、羟基官能团和活性表面积)的变化范围较大。工业生产制造的一些活性炭的物理性质见表 7.4,这些数据均是由厂家提供的。孔径分布可以很宽,产品(RB 和 XE340)分别为 2.35 ~ 1.34 g/mL,其中 BET 表面积及孔的总容积分别 400 ~ 3 000 m²/g 和 0.34 ~ 1.8 mL/g。不同活性炭的物理性质和化学性质上有如此大的差异决定了其在分离混合气组分时有显著不同的吸附特征。

表 7.4　活性炭的物理性质

活性炭	制造商	原料	BET 表面积 /(m² · g^{-1})	孔体积 /(mL · g^{-1})	体积密度 /(g · mL^{-1})	构架密度 /(g · mL^{-1})	灰分/%
BPL	Calgon	煤	1 100	0.7	0.48	2.1	8.0

续表 7.4

活性炭	制造商	原料	BET 表面积 /$(m^2 \cdot g^{-1})$	孔体积 /$(mL \cdot g^{-1})$	体积密度 /$(g \cdot mL^{-1})$	构架密度 /$(g \cdot mL^{-1})$	灰分/%
RB	Calgon	煤	1 250	1.22	0.41	2.35	23.0
Witcarb9 65	Witco	石油	1 300	0.65	1.47		1.0
Amoco PX21	Amoco	石油	3 150	1.8	0.30		2.0
PCB	Calgon	植物	1 200	0.72	0.44	2.2	6.0
Ambersdrb XE340	RohmHas	高聚物	400	0.34	0.60	1.34	<0.5
分子筛							
Mscv	Calgon	煤		0.5	0.67	2.1	
Msc	Takeda	植物		0.43	0.67	2.2	

7.3.3　活性炭储氢

　　活性炭通常用来去除氢气中的杂质,而不是储氢。只有在液氮温度下,活性炭才储氢。活性炭是一种具有微孔结构和较大的内部比表面积的多功能吸附剂。周理等研究表明,在超低温 77 K 和压强为 2～4 MPa 的条件下,超级活性炭的储氢容量可达 5.3%～7.4%。詹亮等通过高硫焦制备的超级活性炭在温度为 93 K,压强为 6 MPa 的条件下储氢量可以达到 9.8%,在温度为 293 K,压强为 5 MPa 的条件下,储氢质量分数仍可达 1.9%,而且吸放氢的速率较快。实验中发现蓬松的活性炭吸附率比结实的活性炭大,在对超级活性炭 AX-21 的研究中发现,粉末状的碳比颗粒碳具有更好的吸附性。

　　在温度为 77 K,压强为 6 MPa 的条件下,碳粉末的储氢容量高达 10.8%,而同等条件下的碳颗粒的储氢容量仅有 5.7%。这个实验结果令人兴奋,但是不容易解释的是使用活性炭压片的结果反而比活性炭粉要提高近 30% 的容量,这一现象也和其他学者观测到的现象相反,需要进一步验证。另外,因为活性炭吸附属于物理吸附,所以其吸氢性能与温度和压强密切相关。温度越低,压强越大,越有利于吸氢。在低温条件为 77 K 的环境下活性炭有良好的吸附特性,随着温度升高,其吸氢量迅速减少。实验中发现,在 1 个标准大气压,温度为 273 K 时,比表面积为 2 800 m^2/g 的超级活性炭 AX-21 的储氢量仅为 0.02%,然而在 315 MPa,273 K 的条件下其储氢量能够达到 0.37%。

7.3.4　活性炭储天然气

　　活性炭吸附储存天然气的报道比较多。天然气储量丰富,并且价格便宜,具有成为洁净燃料的潜能。许多交通工具采用压缩的天然气(CNG)作为燃料,北京市就有 1 000 多辆使用压缩的天然气公共汽车,压缩的天然气通常储存在压力为 20 MPa 的大型钢瓶中。压缩的天然气的能量密度只有汽油的 29%。用储存在装有活性炭的容器中的天然气代替压缩的天然气,这方面已做了不少实验。吸附天然气(ANG)的这一构想可使储存压力大大降低(目标为 3.5 MPa,可通过一级压缩实现),从而可用轻便的气瓶来储存。主要问题是这一装置提供的净容量能否赶上或者超过压缩的天然气。显然需要大孔容、高表面积的活性炭来实现这一目标。

通过对循环活化过程中活性炭的堆密度、失重率、比表面以及灰分含量变化情况的考察，找出了适于天然气吸附的最佳活性炭。我国研究人员制备这种活性炭所需原料是丰富且易得到的氮气、空气和椰壳炭化料，原料烧失率低，制备工艺简单。活化后活性炭仍然有较高的堆密度；这种活性炭的孔径分布合适，微孔高度发达而大孔少，微孔孔径主要集中在 0.8 nm ~ 2.1 nm 范围内，适宜于对天然气的吸附；对活性炭比表面的考察应以单位体积活性炭的比表面为基准，随着循环活化的进行，比表面有一个极大值，这种活性炭的比表面 1 434 m²/mL；酸洗能够降低活性炭灰分含量，增加比表面。

最近发现吸附式存储天然气技术利用的成功与否，其研究的核心问题是高效、低成本的吸附剂的制备以及各种吸附材料的微孔结构、制备方法等对吸附性能的影响。与吸附分离不同，吸附式存储是利用吸附剂表面的吸附高密度，然而吸附分离利用的是吸附剂表面的吸附选择性。天然气的主要成分甲烷是球形的非极性分子，无偶极距和四偶极矩，与吸附剂之间的作用力主要是范德华力中的色散力，因而吸附剂的表面极性对吸附过程影响非常小，其吸附量主要取决于吸附剂的微孔容的比表面积。经过实验证明，综合考虑吸附重量比、填充密度、填充后比表面积损失率等因素，高比表面积的活性炭纤维（activated carbon fibres, ACFS）是最为有效天然气吸附材料之一。

ACFS 最显著的特点就是具有很大的表面积（1 000 ~ 3 000 m²/g）和丰富的微孔，其微孔的体积占总孔体积的 90% 以上，微孔直径在 1 nm 左右且直接开口于纤维表面。作为一种高效的天然气吸附材料，它具有如下优点：

（1）总表面积大及微孔丰富。

（2）通气性能佳，可以很快使罐内气压平衡。

（3）吸附与解吸附速度快。

（4）容易制成各种的形状。

（5）低粉尘、量轻、易操作和处理。

7.3.5　纳米碳储氢

7.3.5.1　纳米碳的发现

1985 年秋，美国人柯尔（R. F. Carl）、英国人克鲁托（H. W. Kroto）、斯莫利（R. E. Smalley），发现碳元素在石墨、金刚石的形式之外的第三种存在形式 C_6。（又称"富勒烯"或"巴基球"），他们因此而获得 1996 年诺贝尔化学奖。获奖者们假定含有 60 个碳原子的簇"C_6"包含有 20 个六边形和 12 个五边形，每个角上都有一个碳原子，这样的碳簇球与足球的形状相同。他们称这样的新碳球为"巴克敏斯特富勒烯"（Buckminsterfullerene），它在英语口语中这些碳球被称为"巴基球"（Buckyball）。

1991 年，日本学者饭岛澄男在用高分辨透射电镜研究巴基球时，发现了作为分子结构延伸的中空管状物，当时命名为巴基管（Bucky-tubes）。随着对纳米领域研究的进一步深入，将此直径仅有几个纳米的微型管命名为碳纳米管（carbon nanotubes）。碳纳米管由于其独特的结构，使它在许多领域发挥着特殊的作用，并因此备受关注。

碳纳米管作为碳元素的同素异形体之一，其结构不同于正四面体结构的金刚石、足球形状的巴基球 C₆ 和六边形片层结构的石墨。分子碳纳米管是由单层、双层或者多层碳原子六方点阵的同轴圆柱面套构成的空心无缝纳米级管状物。根据层数的不同,可以将碳纳米管分为单壁碳纳米管、双壁碳纳米管和多壁碳纳米管。单壁碳纳米管仅由一层管壁组成;双壁碳纳米管则是由双层组成的,目前已经能够大量制备双壁碳纳米管,因此将双壁碳纳米管另分一类;多壁碳纳米管一般具有的层数从 20 ~ 50 不等,其层间距为 0. 34 nm,与石墨层间距(0. 335 nm)相当。无论是单壁碳纳米管、双壁碳纳米管,还是多壁碳纳米管,都具有很高的长径比,径比一般为 100 ~ 10 000,由此完全可以认为碳纳米管是理想的一维分子。碳纳米管还可以根据其生长形状和方向分为定向碳纳米管和非定向碳纳米管。

7.3.5.2　纳米碳制备

几种较常用的制取方法如下:

(1)电弧放电法(electricarc charge)

电弧放电法是目前比较流行的方法之一。此种方法的一般工艺是:首先将电弧室先抽真空,然后充入惰性气体(氦或者氩)保护,用两个石墨棒做电极,一个固定做阴极,另一个可以移动做阳极。两个电极逐渐靠近,使电极间起弧(此时电极间距只有几个毫米)。电极间等离子区温度很高,使炭得以升华。由于阳极不断消耗,必须不断地移动阳极保证两极间距恒定。

在催化电弧放电法制备单壁碳纳米管 SWNT 的方法中,人们经常用的催化剂有两类:一类是过渡金属,例如铁、铜、镍、钴等;另外一类镧系元素,例如镧、钕、钆、钇等。单壁碳纳米管的质量和产额主要与所用催化剂有关,用 Co、Fe、Ni 和 Ni+Y 做催化剂效果最好。Pa 和 Pt 做催化剂,生成物中只有多壁碳纳米管存在。有些元素单独使用并没有催化作用,然而当它和其他元素混合使用时却能提高单壁碳纳米管的产额并且改变其特征。例如,硫、铅、铋单独使用并没有催化作用,如果和钴元素混合使用,则能够提高 SWNT 的产额,制备出较长的单壁碳纳米管。成会明等人的研究发现用氢气作为试验气氛并加入硫作为生长剂,会得到直径比较大的单壁管。

(2)激光蒸发法(laserablation)

另外一种制备碳纳米管的有效方法是激光蒸发法,首先将一封闭的石英管放到控温管式炉中,石墨靶放在石英管中间,石英管抽真空并将温度升至所需温度,然后通入氩气。将 Nd:YAG 激光器的二次谐波(0. 532 nm)脉冲激光聚焦在靶上,从靶面蒸发出的碳进入保护气体中,被保护气流被从高温区带走,并沉积在水冷铜板收集器上。当使用纯石墨靶时,生成物中只发现了多壁碳纳米管。与放电法类似,在石墨靶中掺入少量金属也可以制备出单壁碳纳米管。

(3)化学气相沉积法(CVD)

化学气相沉积法用于制备纳米碳的研究近几年非常活跃。斯坦福大学(Stanford University)科学家戴宏杰的小组做了许多探索并取得了可喜成绩。他们制备出平行于基板平面、定向生长的单根单壁碳纳米管(SWNT)或者 SWNTs 束,而此前报道这种方法制备的 SWNTs 都是垂直于基板平面的。他们制备的关键就是用溶胶-凝胶技术合成了一系列液态催化剂材料,并且对载体进行了特殊处理,结果发现含铁钼的催化剂材料能在硅铝载体上均匀成膜,具有良好的催化活性。其金属与载体间相互作用力强,硅铝复合材料高温下表面积和孔隙体积大,每克催化剂可合成 10 g　SWNTs。我国科学家解思深的研究小组用钴镍合金-沸石做催化剂获得了缺陷少、刚直、石墨化程度高的 SWNTs。对单壁碳纳米管(束)生长的影响,发现铁、钴比镍的催化活性高,氧化铝做载体比硅好,最优化的组合是氧化铝担载的铁钴合金或铁钴镍合金做催化剂,他们认为单壁碳纳米管束与单根 SWNTs 的生长机理并不相同,载体对管束的生长似乎并不起决定性作用。CVD 法制备 SWNTs 尽管可以获得纯净的、高产率的 SWNTs,但是其应用及商业化生产的最大障碍就是成本高,前处理工艺复杂,制备条件苛刻,温度通常高达 900 ~ 1 000℃,催化剂及载体的处理耗时费力。

7.3.5.3　纳米碳处理

碳纳米管的制备都伴随有无定形碳纤维、无定形碳微粒、石墨微粒以及金属催化剂等杂质。这些杂质与碳纳米管混杂在一起,给碳纳米管更深入的性质研究及其应用都带来了极大的不便,因此有必要对碳纳米管进行纯化处理,目前对碳纳米管的纯化研究也已获得了越来越多的重视。纯化处理主要是利用碳纳米管与无定形碳等杂质之间的物理化学性质差别来达到提纯的目的,提纯方法主要有气相氧化法和液相氧化法等。

(1)气相氧化法

因为碳纳米管的管壁结构与两端结构不同,具有完整六元环结构的管壁柱面与两端半球面及原始产物中的纳米微粒(石墨等)以及无定形碳等对氧化的反应活性不一样,碳纳米管的两端和碳纳米微粒都有非六边形和局部的剧烈弯曲造成的缺陷,而且碳纳米微粒边缘还有较活泼的悬键存在,相对于完整的碳纳米管而言,这些部位具有较强的反应活性,所以当碳纳米管在气相中被氧化时,是从两端开始,向中间进行的。碳纳米管有很高的长径比,因此可以用这种方法使碳纳米管的端帽打开。用此种方法可以将与碳纳米管共存的碳纳米微粒副产物除去。由于石墨微粒和多面体微粒及碳纳米管具有相似的六边形晶体结构,碳纳米管的氧化是从两端开始的,当碳纳米管端口被氧化时,它们也被氧化除去。然而无定形碳和无定形纤维,因其不具备石墨的晶体结构,且氧化温度低于具有石墨结构的碳纳米管,因此也可以通过高温氧化法将其除去。

气相氧化法的具体操作步骤是,将碳纳米管的原始产物研磨后,放入石英管中,在空气或者氧气流中加热,加热温度到 750℃,氧化时间为 30 min。此方法虽然达到了纯化的目的,但是产率太低,其原因是:

①碳纳米管会有一定数量晶形不完整的缺陷。

②因为实际制备的碳纳米管并不总是具有理想的、由完整六边形网络组成的柱状结构。有的碳纳米管可能是类似于卷轴的结构,并不是完全闭合的同轴柱面,或者是在弯曲处存在裂缝、摺皱等缺陷。

③碳纳米管与其共存的具有石墨晶体结构的碳纳米微粒在氧化反应上差异很小,要想将其完全除去,就只有将碳纳米管的两端被氧化后再继续氧化。

(2)液相氧化法

为了克服气相氧化法的氧化过程中局部氧化不均匀、氧化时间难于掌握及过低的纯化率等缺点,研究了液相氧化法。其方法是将原始的碳纳米管产物分散于具有较强氧化性的高浓度酸(HNO_3,H_2SO_4,$H_2SO_4 + HNO_3$ 或者 $H_2SO_4 + KMnO_4$ 等)中回流,氧化除去碳纳米管中的副产物。实验结果表明,用 $H_2SO_4 + KMnO_4$ 做强氧化剂的氧化提纯效果是最好的。与气相氧化法相比,液相氧化作用均匀,纯化后所得的碳纳米管是纯化前的 40%(质量分数)。

催化法制备的原始碳纳米管产物中还含有二氧化硅、铝和镍等杂质,在使用碳纳米管前,也要去除这些杂质。因此催化法制备的原始碳纳米管的纯化方法增加了一个新的步骤。首先要使用氢氟酸浸泡十几小时,去除上述杂质,然后再放在上述的氧化剂溶液中去除非晶炭等杂质,最后经去离子水冲洗、过滤以及烘干后,即可以得到纯度达95%(质量分数)以上的碳纳米管。

虽然液相氧化法除去了副产物,但是改变了碳纳米管的表面结构,使碳纳米管表面产生了许多官能团(>C=O、-COOH、-OH等)。这对于碳纳米管在力学、电学、材料学等方面的应用是不利的,但是对于在化学领域尤其在催化领域的应用倒不一定是件坏事。

7.3.5.4　纳米碳储氢

(1)现状

Gregg 认为流体在与其分子大小相近的微孔内,密度将会增大,微孔内可能储存大量的气体。Broughton 和 Pederson 发现多壁碳纳米管对表面张力小的流体具有毛细作用后推测,孔径相对较小的纳米级微孔将具有更强的毛细作用。这些推断引起了人们对新型碳材料吸附储氢的关注。特别是近年来一些实验数据激发起人们对纳米碳储氢的兴趣。1997 年,Dillon 对含有 10% SWNTs 的炭灰进行吸氢实验时发现在温度为 133 K 和 0.04 MPa 条件下,储氢量高达 10%(质量分数)。同年,Rodriguez 报道了石墨纳米纤维 GNFs 在室温 25℃,12 MPa 时储氢量高达 60.58%(质量分数),这一结果比现有储氢的指标高 2 个数量级。2001 年来对碳纳米材料储氢实验的报道数据如表 7.5。

表 7.5　碳材料储氢性能比较

材料	温度/K	压力/MPa	最大储氢量 (质量分数)/%	方法
石墨	298	11.35	4.52	
GNFs(管状)	298	11.35	11.26	
GNFs(人字形)	298	11.35	67.55	压降计算
GNFs(层状)	298	11.35	53.68	排水法测体积
GNFs	298	7	12.8	高压天平
GNFs	296	12.5	1.6	体积法
GNFs	300	11.3	<1.0	
MWNTs	298	0.101	0.25	TGA
MWNTs	298	10	1.3	根据压降计算
CNTs	823	0.101	Li-CNTs2.5	TGA
	823	0.101	K-CNTs 1.8	TGA
	298	10 ~ 12	4.2	
SWNTs(50%)	300	0.04		计算质量差
SWNTs(高纯度)				
SWNTs(低纯度)	133	0.04	5-10	TGA
SWNTs(低纯度)				
	80	7.18	8.25	

从上表可知,SWNTs 和 GNFs 表现出了较好的储氢性能,但是文献并没有报道这些实验数据是否能重复。Rodriguez 的实验方法,是考察样品室中氢气的压力降来确定氢气吸附的情况。单壁碳纳米管在较低温度下有较高的吸附量。

(2)试验

检测氢气吸附的方法有质量法和体积法两种。体质量法包括:直接用微量天平测量吸附时质量的变化,如高压天平和 TGA 等装置;直接计算吸附前后吸附剂质量的变化,得出物理吸附量。积法包括:根据系统内氢气的压力降来计算氢气的吸附量;用排水法检测解吸时的体积,计算吸附率。

体积法可以用来测定碳纳米材料上氢气的吸附率,其理论基础是:将一定压力的氢气充入有吸附剂的样品室中(前提是要保证样品室密封性),待样品室内的压力稳定后,即氢气的吸附压力达到平衡,记录此压力。假设在已知样品室的容积,那么在此温度和压力下,就能够计算出样品室内气态氢气的量。然后通过减压排水以达到解吸的目的,并且可以得到排放出的氢气的量。通过比较两种不同状态下氢气的量,就可以获得出氢气在碳纳米材料上的吸附率。

由此可知,体积法测定氢气的吸附率时,影响实验结果的主要因素有:样品室的体积、系统密封性和排水的准确性等。高度密封的系统是吸附实验的前提,要求在中高压的条件下,系统能够保持一定的压力条件不变。准确测量样品室的体积和排水的准确性是得到准确吸附率的保证。实验中,可通过空白实验的方法准确测定样品室的体积,另外也可以通过多次空白来检测系统的密封性。

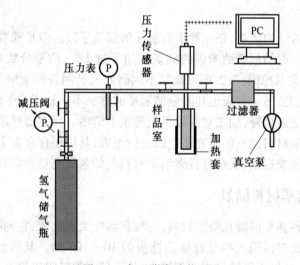

图 7.2　氢吸附实验装置图

体积法氢吸附实验步骤如下:

①首先检查系统的密封性,确保整个试验装置不漏气。

②将一定质量的样品分别放入到样品室中。

③抽真空以清洁吸附剂的表面。首先抽真空 1 h,再在抽真空的条件下对样品室进行加热,150℃恒温 2 h,继续抽真空,以除去吸附剂中的水分等其他杂质,最后,将其在抽真空的条件下冷却至室温。整个抽真空的过程需要 6 h。

④充入氢气,记录初始压力(压力传感器检测压力大小,然后由 PC 显示)。

⑤通过 PC 采集数据 12 h,自动得出吸附曲线,并且记录平衡时的压力。

⑥氢气解吸。由于氢气在水中不溶解,因此可以采用排水法测量氢气的体积。常温下经减压阀将样品室的阀打开,释放氢气,直到样品室的压力与外界的大气压一致为止。

在实验过程中使用多种方法(Raman、TEM、IR、SEM 和 XRD)表征碳纳米材料的结构和表面等性质,主要用到的检测仪器有:红外光谱仪、微波拉曼光谱仪、透射式电子显微镜、X 射线衍射仪和场发射扫描电子显微镜。拉曼光谱仪用来检测纳米碳的晶体结构特征,另外还可以和 IR 一起检测吸附前后碳纳米材料的特征峰,用以鉴别吸附的机理和本质;SEM 检测碳纳米材料的表面形态,并用电子能量色散谱(EDX)检测样品中元素的相对含量;TEM 初步观察样品的尺寸特征以及微观结构;XRD 检测处理方法对碳纳米材料结构的影响,并且可以估计管径的分布。

试验发现:

①实验结果测得在同一种吸附剂上,纯氢的吸附量比高纯氢的低;但是差别并不是很明显。高纯氢中的氢的体积分数是 99.999% ,而纯氢有 99% 的氢气。

②发现酸处理和空气氧化处理对石墨层间距为 d_{002} 时有一定的影响。酸处理和空气氧化处理都能使石墨纳米纤维 GNFs 中的石墨层的间距增大。并且比较 XRD 强度,能够估计酸处理和氧化处理能提高 GNFs 样品的纯度。

实验发现开口的超长,大尺寸的碳纳米管储氢容量最大为 4.1% (9.8 MPa);较大间隙(10 nm 左右)的人字形石墨纳米纤维能够提高碳材料的储氢容量(在室温和 10.2 MPa 压力下,其吸附氢气量为 3.7%)。

(3)展望

碳纳米管储氢有着结构优势,是一种很有前途的储氢手段。但是随着对它的深入研究,实验结果差别非常的大。有的报道纳米碳的储氢量超不过 1% (质量分数),有的甚至高达 8% ~10% (质量分数)。究其原因:一方面可能是不同研究人员制备的碳纳米管的结构形态不相同、处理方法不同造成的;另一方面也和测量储氢量的方法不一致所产生的误差有关系。

由于碳纳米储氢进展缓慢,加之对其储氢机理也不清晰。反对的呼声日益趋高,是可以理解的。但是对于碳纳米材料储氢的研究还应该进行下去,其中还存在着不少的问题有待解决,一些可以开拓的方向还要探索;继续进行碳纳米材料的储氢研究是非常有意义的。

7.3.6　其他碳基材料储氢

活性炭纤维是一种新型的微孔吸附材料,与粒状活性炭相比较,它的吸附容量约是粒状活性炭的 115 ~ 100 倍,比表面积大约是粒状活性炭的 10 ~ 100 倍。其活性炭纤维内部只有微孔,微孔的大量存在使活性炭纤维的表面积增大,从而使吸附量得以提高。由于活性炭纤维可以大规模生产,储氢性能良好,成本较低,因此,活性炭纤维作为储氢材料具有一定的工业前景。

碳纳米纤维是一种很有潜力的储氢材料,它具有很高的比表面积,并且碳纳米纤维表面具有分子级细孔,内部具有中空管,大量氢气能够在中空管中凝聚,从而使其具有很高的储氢容量。Fan 等采用催化浮动法制备的碳纳米纤维,在室温,11 MPa 条件下储氢容量可达到 12% 。毛宗强等用自制的碳纳米纤维在特制的不锈钢高压回路中进行了吸附储氢的验证实验,发现在室温条件下,经适当处理的碳纳米纤维的储氢容量最高可以达到质量分数 9.99% 。白朔等研究表明,在室温,12 MPa 条件下,经过适当表面处理的碳纳米纤维储氢量也能够达到 10% 。

虽然碳纳米纤维具有储氢量大等优点,但是其循环使用寿命较短,储氢成本较高,因而在应用中受到一定限制。

碳纳米管由于其具有储氢量大,释放氢速度快,可以在常温下释氢等优点,被认为是一种有广阔发展前景的储氢材料。碳纳米管可分为多壁碳纳米管和单壁碳纳米管。自 1997 年 Dilion 开辟了碳纳米管储氢研究的先河以来,研究人员进行了大量的研究取证。Ye 等采用激光烧蚀法制备的单壁碳纳米管经处理后,在温度为 80 K、4 MPa 下可以获得质量分数为 8% 的储氢量。中科院金属研究院制备的碳纳米管经盐酸浸泡和真空中热处理后,在室温和 10 MPa 压力条件下获得了质量分数为 4.2% 的储氢量。李雪松等用浮动催化法制备的多壁碳纳米管经 2 200 ℃ 热处理后,测得了质量分数为 4% 的储氢量。Brown 等则采用中子非弹性散射的方法证实了氢在 25 K 和 11 MPa 下的吸附为物理吸附。刘靖等认为,定向的多壁纳米碳管更利于氢气的存储,铜粉对碳纳米管的储氢性能有促进作用。他们将催化裂解的二茂铁和二甲苯混合溶液得到的定向多壁纳米碳管和铜粉制成电极,由恒流充放电实验测得电极的最大比电容量可达 1 162 mA·h/g,对应储容量为 4.31%。

由于人们至今尚无法完全理解碳纳米管的储氢机理,也无法准确测量碳纳米管的密度,只是有人提出了碳纳米管上吸附的球棍模型。并且碳纳米管成本较高,批量生产技术还不是很成熟。因此,一些研究者对碳纳米管的储氢前景提出质疑。周理等研究表明,多壁碳纳米管总的储氢量不会超过内部中空管中凝聚的氢气量。因此,他认为碳纳米管并不是一种具有潜力的储氢材料。

7.4　储氢研究动向

7.4.1　高压储氢技术

气态高压储存正朝着更高压力的方向发展。目前,已经有 350 MPa 压力的储氢罐商品。这种储氢罐是采用铝合金内胆,外面缠绕碳纤维并浸渍树脂。压力高达 700 MPa 的储氢罐样品也已经成功面世。现在许多氢燃料汽车就采用这种特制的高压储氢瓶作为车载的氢源。图 7.3 是这样一组高压气瓶,装配在一个框架内,所有的瓶子并联在一起,以增大容量。

图 7.3　高压氢气瓶组

7.4.2 新型储氢合金

储氢合金是一种能储存氢气的合金,它所储存的氢的密度大于液态氢,因此被称为氢海绵。而且氢储入合金中时不仅不需要消耗能量,反而能够放出热量。储氢合金释放氢时所需的能量也不高,加上工作压力低,并且具有储氢量大,操作简便,无污染,安全可靠和可重复使用等特点,因此是最有前途的储氢介质。

储氢合金的储氢原理是可逆地和氢形成金属氢化物,或者说是氢与合金形成了化合物,即气态氢分子被分解成氢原子而进入了金属之中,氢分子被吸附在金属表面后,离解成氢原子嵌入到金属的晶格中形成氢化物。由于氢本身会使材料变质,如氢损伤、氢脆、氢腐蚀等。而且储氢合金在反复吸收和释放氢的过程中,会不断发生膨胀和收缩,从而使合金发生破坏,因此,良好的储氢合金必须具有抵抗上述各种破坏作用的能力。

正在研究和发展中的储氢合金通常是把吸热型的金属(例如铁、铜、锆、铬、钼等)与放热型的金属(例如钛、锆、铈、镧、钽等)组合起来,制成适当的金属间化合物,使之起到储氢的功能。吸热型金属是指在一定的氢压下,随着温度的升高,氢的溶解度增加;反之为放热型金属。效果较好的储氢材料,主要有以钙型、镁型、稀土型及钛型等金属为基础的储氢合金。

在合金储氢材料中,镁基合金属于中温型储氢合金,吸、放氢性能比较差,但是由于其储氢量大(MgH_2 的含氢量可达到 7.6% (质量分数),而 Mg_2NiH_4 的含氢量也能够达到 3.6% (质量分数))、资源丰富、质量轻(密度仅为 1.74 g/cm^3)、成本较低和无污染,吸引了众多的科学家致力于开发新型镁基储氢材料。被视为是最具潜力的金属氢化物储氢材料。但是镁基合金的抗腐蚀能力差以及吸、放氢温度较高(200℃以上)仍然是阻碍其应用的主要因素,也是氢化物储氢研究的重点。经过长时间的摸索和研究,发现了向 Mg 或者 Mg_2Ni 中加入单一金属。形成的合金的吸、放氢性能并不能改变多大,而向 Mg 或者 Mg_2Ni 中加入一定质量百分比的其他系列储氢合金(例如 TiFe、TiNi 等)会收到意想不到的效果。Mandal 等发现向 Mg 中加入一定量的 TiFe 和 $LaNi_5$ 可以明显地催化 Mg 的吸、放氢性能。如 Mg 与 40% (质量分数)的 FeTi(Mn),在室温下吸氢 3.3% (质量分数),而且在室温 3 MPa 下,10 min 内可吸收 80% 的氢,在40 min 内可吸饱氢。对镁合金的机械合金化处理,也可以有效地改善镁合金的吸放氢的动力学性能。近年来,采用金属、非金属、金属氧化物等作为催化添加剂,与镁基合金复合制成了多种镁基复合储氢材料。

用钛锰储氢合金储氢,与高压氢气钢瓶相比,具有体积小、重量轻的优点。在储氢量相同时,它的体积和重量分别为钢瓶的 25% 和 70%。这种储氢合金不仅具有只选择吸收氢和捕获不纯杂质的功能,而且还可以使释放出的氢的纯度大大提高,因此,它又是制备高纯度氢的净化材料。这类储氢合金可以采用高频感应炉熔炼和铸造,并经高温氢气处理而制得。它的特点是储氢量大,比重小,价格低廉。在 20 ℃时,每克合金能够吸收 225 cm^3 的氢,或释放185cm^3 的氢,即每 1 cm^3 的合金能够储藏 1 125cm^3 的氢。Ti-Mn 系储氢合金的成本较低,是一种适合于较大规模工程应用的无镍储氢合金,而且我国是一个富产钛的国家。在实际工程应用中,Ti-Mn 多元合金以其较大的储氢量、优异的平台特性得到了广泛的应用。日本蒲生孝治等研究发现 $Ti_{1-x}Zr_xMn_{2-y-z}Cr_zV_y$($x = 0.1 \sim 0.2, y = 0.2, z = 0.2 \sim 0.6$)合金不需要热处理就具有良好的储氢特性。该五元系中,以 $Ti_{0.9}Zr_{0.1}Mn_{1.4}V_{0.2}Cr_{0.4}$ 的储氢性最好,最大吸氢量可达240 mL/g,最大放氢为 233 mL/g。为了进一步降低合金的成本,浙江大学曾进行了用钒铁合金替代纯 V，用 Al、Ni 代 Zr 的研究，发现 $Ti_{0.9}Zr_{0.2}Mm_{1.4}Cr_{0.4}(V-Fe)_{0.2}$ 具有较好的平台特征和储氢特性，30℃吸氢量能够达到 240 mL/g，放氢率可达 94%。德国的 Benz 公司研制的 $Ti_{0.98}Zr_{0.02}V_{0.45}Fe_{0.1}Cr_{0.05}Mn_{1.4}$ 合金储氢量达 2.0%（质量分数），平台特性也很好。日本的 E. Akiba 等对 TiV 系固溶体合金进行了研究，研制的 $Ti_{25}Cr_{30}V_{40}$ 合金储氢量可以达到 2.2%（质量分数）。

目前，世界上只有日本丰田公司研制出应用于燃料电池汽车上的用金属氢化物储氢的储氢器，另外美国正在进行以金属氢化物供氢的燃料电池驱动的高尔夫球车的试验。在燃料电池小型化应用方面，美国氢能公司以金属氢化物提供氢，开发了燃料电池驱动的残疾人轮椅车，以及功率为 40 W 的燃料电池便携电源，这种电源可以用于便携式收音机、手提电脑或其他便携设备；加拿大巴拉德公司研制出与笔记本电脑中燃料电池相配套的钛系金属氢化物储氢器；日本公司用金属氢化物提供氢，研制出了小型燃料电池照明电源。我国北京有色金属研究总院、南开大学、浙江大学和原中科院上海冶金所都在金属储氢合金的研究方面有所建树，开发出适合小型燃料电池用合金储氢罐，供应国内外研究单位。

7.4.3　有机化合物储氢

7.4.3.1　原理

有机液态氢化物储氢技术是借助某些烯烃、芳香烃或炔烃等储氢剂和氢气的一对可逆反应来实现加氢和脱氢的。从反应的储氢量和可逆性等角度来看，苯和甲苯是比较理想的有机液体储氢剂，环己烷（cyclo-hexane，简称 Cy）和甲基环己烷（methylcyclo-hexane，简称 MCH）是比较理想的有机液态氢载体。有机液态氢化物可逆储放氢系统是一个封闭的循环系统，由储氢剂的①加氢反应；②氢载体的储存、运输；③氢载体的脱氢反应过程组成。氢气通过电解水或者其他方法制备后，利用催化加氢装置，将氢储存在 Cy 或 MCH 等氢载体中。由于氢载体在常温、常压条件下呈液体状态，其储存和运输简单易行。将氢载体输送到目的地后，再通过催化脱氢装置，在脱氢催化剂的作用下，在膜反应器中发生脱氢反应，释放出被储存的氢能，再供用户使用，储氢剂则经过冷却后储存、运输、循环再利用的过程。

7.4.3.2　特点

与传统的储氢方法相比，有机液态氢化物储氢有以下特点：

（1）储氢量大，且储氢密度高。苯和甲苯的理论储氢量分别为 7.19% 和 6.16%（质量分数），高于现有的金属氢化物储氢和高压压缩储氢的储氢量，其储氢密度也分别高达 56.0 g/L 和 47.4 g/L；有关性能参数比较见表 7.6。

表 7.6　苯和甲苯的储氢方式的比较

储氢系统	密度/($g \cdot L^{-1}$)	理论储氢量/%	储存 1 kg H_2 的化合物量/kg
苯	56.00	7.19	12.9
甲苯	47.40	6.16	15.2

（2）加脱氢反应高度可逆，储氢剂可反复循环使用。

（3）氢载体储存、运输和维护安全方便，储氢设施简便，特别适合于长距离氢能输送。氢载体 Cy 和 MCH 在室温下呈液态，与汽油类似，可以方便地利用现有的储存和运输设备，这对长距离、大规模氢能输送意义重大。

（4）储氢效率高。以 Cy 储氢构成的封闭循环系统为例，假定苯加氢反应时放出的热量可以回收的话，整个循环过程的效率高达 98%。

7.4.3.3　研究进展

（1）方法的研究。自 Sultan 等人于 1975 年首次提出该技术以来，国外一些学者就对此项储氢技术进行了专门的研究，但是，还远远谈不上应用。E. Newson 等人的研究结果显示，有机液态氢化物更适合大规模、季节性（约 100 天）的能量储存。日本正在开发水电解十苯加氢电化学耦合系统，准备以 Cy 为氢载体，海运输送氢能。瑞士在车载脱氢方面进行了深入的研究，并已经开发出两代试验原型汽车 MTH-1（1985 年）和 MTH-2（1989 年）。同时，意大利也在利用该技术开发化学热泵，G. Cacciola 利用 MCH 或者 CY 系统可逆反应加氢放热、脱氢吸热的特性，用工业上大量存在的温度范围为 423～673K 的废热源供热，实现 MCH 或 CY 的脱氢反应，而甲苯或者苯加氢反应放出的热量则以低压蒸汽的形式加以利用。

（2）催化剂研究。在有机液体氢载体脱氢催化剂中，贵金属组分起着脱氢作用，而酸性载体起着裂化和异构化的作用，这也是导致催化剂结焦、积炭的重要原因。因此，开发 MCH 脱氢催化剂的关键在于强化脱氢活性中心的同时，弱化催化剂的表面酸性中心。解决方案是从研究抗结焦的活性组分或者助催化剂入手，对现有工业脱氢催化剂进行筛选和改性，强化其脱氢功能，弱化其表面酸性，使其适应 MTH 系统苛刻条件对催化剂的要求。

在 400℃、0.12MPa、纯 MCH 进料的反应条件下，制得的改性催化剂 $PtSnK/\gamma-Al_2O_3$ 的活性稳定性保持在 100h 以上，比改性前至少提高了 8 倍。有机液体氢化物脱氢催化剂开发的另一种思路是在载体负载活性组分前对其表面进行改性。研究低温、高效、长寿命脱氢催化剂是其中的重要内容。基本思路是在 $\gamma-Al_2O_3$ 上覆炭，把 $\gamma-Al_2O_3$ 载体高金属相活性和高机械强度等优点和活性炭比表面积高、抗氮化物、抗积炭毒化能力强的特长结合起来，从而提高活性组分的分散度和改善催化剂的抗结焦性能，有关实验正在进行中。

在目前的绿色化学研究体系中，离子液体作为一类新型的环境友好的"绿色溶剂"，具有很多独特的性质，比如非挥发性、高的热稳定性、不易燃烧、较强的溶解能力等，因而在很多领域（如催化、电化学、合成、分离提纯等）有着诱人的应用前景。研究发现，将离子液体［BMIM］BF_4^-［$H4Ru_4(\eta_6-arene)$］BF_4（［BMIM］$^+$：1-丁基-3-甲基咪唑阳离子）双相系统应用于苯、甲苯等芳烃的催化氢化中，可以显著提高反应速率，同时产品易分离、易纯化、可重复使用，并且不会引起交叉污染，有效实现绿色催化与生产。

可以预见，在有机液体储氢技术的研究中，基于离子液体热稳定性好，通过阴阳离子设计可调节其物理化学性质以及绿色对环境无害等特性，选择适宜离子液体作为加氢、脱氢反应的催化剂将是今后研究的一个十分重要方向。

（3）膜反应器研究。用膜反应器取代传统的固定床反应器，利用膜对氢气的选择性分离以提高氢载体的转化率并获得高纯度氢气。在各种对氢气有选择透过性的膜中，Pd 的质量分数占 Pd_2Ag 膜的 23%，被认为是氢气在其中渗透性较好的一种。Ali J. K. 等人曾经在 573～673K、1MPa～2MPa、液体空速 12h^{-1}、$Pt/\gamma-Al_2O_3$ 作催化剂的实验条件下，考查了 MCH 脱氢时这种 2mm 厚的膜对氢气的分离效果，其转化率提高了 4 倍以上，而且在实验连续运行的两个月中，膜没有任何损害，其稳定性良好。但是 Pd_2Ag 膜也存在着一些问题，如 Pd_2Ag 膜反应器稳定性差,其供热困难,而且密封膜容易结快,对硫和氯等容易中毒,寿命短以及价格昂贵等等。

7.4.3.4 经济分析

以瑞士 Scherer 等对液体有机氢化物 MTH 系统(甲基环己烷-甲苯-氢)的能源储备、优化利用的经济评价为例:同传统的化石燃料发电相比,利用有机液体储氢技术将夏季剩余电能储存以及备冬季使用而建立的氢能-电能系统的费用支出较为昂贵,但是其在碳排放、环境效益和能源储备等方面具有不可替代的优势。分析表明,综合性能最优的 MTH 系统是 MTH-SOFC(固体氧化物燃料电池)系统,其最大利用效率为 48%,冬季使用最低费用支出为 0.17 美元/kW·h,明显高于传统化石燃料的发电费用支出(0.05±0.1 美元/kW·h),而且略低于氢-光电系统的发电费用(0.22 美元/kW·h);其 CO_2 排放量低于天然气的 80%,而且从能源战略角度来看,其能源储备效益非常显著。

7.4.3.5 挑战

有机液态氢化物储氢技术虽然取得长足的进展,但是仍然有不少待解决的问题。

(1)催化剂问题大。现在多采用脱氢催化剂 $Pt_2 Sn/\gamma-Al_2O_3$,其在较高温度,非稳态操作的苛刻条件下,极易积炭失活。另外,现有催化剂的低温脱氢活性还很难令人满意。需要开发出低温高效,且长寿命脱氢催化剂。

(2)脱氢效率低。有机液体氢载体的脱氢是一个强吸热、高度可逆的反应,其脱氢效率在很大程度上决定了这种储氢技术的应用前景。因此要想提高脱氢效率,必须升高反应温度或降低反应体系的压力。

7.4.4 碳凝胶

碳凝胶(carbon aerogels)是一种类似于泡沫塑料的物质。这种材料的特点是:具有超细孔,较大的表面积,并且有一个固态的基体。通常它是由甲醛和间苯二酚溶液经过缩聚作用后,在 1 050℃ 的高温和惰性气氛中进行超临界分离和热解而得到的。这种材料具有纳米晶体结构,其微孔尺寸小于 2 nm。最近试验结果表明,在 8.3 MPa 的高压条件下,其储氢量可达3.7%(质量分数)。

碳凝胶可以分为气凝胶、固凝胶、干凝胶,常用的制备方法是通过酚醛树脂反应生成凝胶,在高温惰性气氛下热解而得到。碳凝胶具有良好的导电性、曲折的开环结构、电化学稳定的纳米多孔网络以及较高的表面积(400~900 m^2/g),这些特性使得它也可以作为燃料电池催化剂载体。

7.4.5 玻璃微球

玻璃微球(glass microspheres),玻璃态化结构属于非晶态结构材料,是将熔融的液态合金急冷而得。大多数玻璃态化材料的尺寸在 25~500 μm 之间,球壁厚度仅为 1 μm。在 200~400℃ 范围内,材料的穿透性增大,使得氢气可在一定压力的作用下浸入到玻璃体中存在的四面体或者八面体空隙中,但是这些空隙不规则并且分散不均。当温度降至室温附近时,玻璃体的穿透性消失,然后随温度的升高便可释放出氢气。

空心玻璃微球具有在低温或者室温下呈非渗透性,但是在较高温度(300~400℃)下具有多孔性的特点。按照现在的技术水平,采用中空玻璃球(直径在几十至几百 μm 之间)储氢已经成为可能。在高压下(10 MPa ~ 200 MPa)条件下,加热至 200 ~ 300 ℃的氢气扩散进入空心玻璃球内,然后等压冷却,氢的扩散性能随温度下降而大幅度下降,从而使氢有效的储存于空心微球中。研究发现,这种材料在 62 MPa 氢压条件下,储氢能够达到 10%(质量分数),经检测 95% 的微球中都含有氢,而且在温度为 370℃时,15min 内可以完成整个吸氢或放氢过程。使用时加热储器,就可以将氢气释放出来。微球成本较低,由性能优异的耐压材料构成的微球(直径小于 100 mm)可承受 1 000 MPa 的压力。玻璃微球的储氢性能见表 7.7。与其他储氢方法相比,玻璃微球储氢尤其适用于氢动力车系统,是一种具有发展前途的储氢技术。其技术难点在于制备高强度的空心微球,工程应用的技术难点是为储氢容器选择最佳的加热方式,以确保足量氢的释放。

表 7.7　玻璃微球的储存性能

储氢方式	储氢温度 /℃	储氢量(质量分数)/%	相对液氢密度 ρ_h/ρ_{hL}	储存时间 /d	(储氢)能耗 /(kJ·mol^{-1}H^2)	(放氢)能耗 /(kJ·mol^{-1}H^2)
中空微球	300	3.0	0.25 ~ 0.3	300	0.5	—
MgAlSi 微球	300	26	0.6	103 ~ 104	70	—
N$_{29}$玻璃微球	300	15	0.5	60	30	—
聚乙烯三太酸盐微球	80	21	0.6		20	—
聚酰胺微球	80	37	0.7		35	—
石英玻璃微球	80	42	1.25			—
液化储氢	20	12	0.95 ~ 1.05	10		—
LaNi$_5$–H$_2$	295	1.4	1.25			—
MgNi–H$_2$	550	3.2	1.14			—
FeTi–H$_2$	350	1.5	—			—

7.4.6　氢浆储氢

所谓"氢浆"是指有机溶剂与金属储氢材料的固-液混合物,很明显它可以用来储氢。氢浆具有下述特点:固-液混合物避免储氢合金粉化和粉末飞散问题,可以减少气-固分离的难题;固-液混合物可用泵输送,传热特性大大优于储氢合金;可以改善储存容器的气密性和润滑性;氢在液相中溶解和传递、再在液相或者固体表面吸储或释放,整个过程除去附加热较容易做到;工程放大设计比较方便。

前面已经说明储氢合金吸放氢过程会发生粉化和体积膨胀(一般 15% ~ 25% 之间),并且在氢气流驱动下粉末会逐渐堆积形成紧实区,加之氢化物的导热性很差(与玻璃相当),不仅降低了传热效果,还增加氢流动阻力,从而导致盛装容器破坏。因此改善系统的传热传质是非常重要的。可以认为"氢浆"是目前解决储氢材料粉体床传热传质的最佳选择。自 20 世纪 80 年代中期美国布鲁克海文国家实验室 BNL 成功地将 LaNi$_{4.5}$Al$_{0.55}$,LaNi 和 TiFe$_{0.7}$Mn$_{0.2}$ 的粉末,加入到 3% 左右的十一烷或者异辛烷中,制成可流动的浆状储氢材料。发展的储氢合金浆液连续回收氢的系统均表明:溶剂的存在并不影响合金粉料的储氢性能,并且表现出很好吸放氢速度。浙江大学在教育部博士点基金的支持下,于 20 世纪 90 年代中期建立了国内外首套浆料系统工业尾气氢回收中间试验。由于传热传质的改善,储氢合金的利用率比原来粉体床气-固反应提高了 25 倍。近年来,在国家氢能 973 项目的支持下,系统研究了高温型稀土-镁基储氢合金及其氢化物在浆液中催化液相苯加氢反应的催化活性。$CeMg_{12}$ 和 $ReMg_{11}Ni(Re=La,Ce)$ 两种重要的稀土-镁基储氢合金在四氢呋喃中进行球磨改性处理后对合金相结构、表面状态、微观结构形貌及吸放氢性能的影响及其相关机制,提出了合金表面与有机物中碳原子发生电荷转移的新机制。

J. J. Reilly 研究了 LaN_5H_x-n-$CH_3[CH_2]_9CH_3$ 氢浆储氢原理。他认为氢进入 $LaNi_5$ 的历程如下:

$$\frac{1}{2}H_2(g)\ \frac{1}{2}H_2(l)氢溶解进入溶剂相$$

$$\frac{1}{2}H_2(l)\ \frac{1}{2}H_2(l\cdot s)氢到达液-固相界面$$

$$\frac{1}{2}H_2\longrightarrow H(*)氢在固相表面吸附的离解$$

$$H(*)\longrightarrow H\ 从吸附扩散至主体$$

$$H(\beta)\longrightarrow H(\beta-\alpha)通过\ \beta\ 相向\ \beta-\alpha\ 界面扩散$$

$$H(\beta-\alpha)\longrightarrow H(\beta)在相界面的相转移$$

在研究中,他假定有机溶剂不储氢,因此其机理的使用范围受到了很大限制。因为事实上,有的有机溶剂是可以储氢的(见本章第 7.4.3 节),这样氢浆的液-固相都能储氢,但是情形要复杂些。

7.4.7　冰笼储氢

据报道美国华盛顿卡内基研究所的温迪·麦克和她的同事发现,在足够高的压力条件下,氢分子可以压缩进用冰做的“笼子”内。氢不像甲烷等分子较大的气体,能够“关押”在“冰笼”里,由于氢分子太小,很容易在“冰笼”内进进出出,因此难以“关押”。但是实验证明,如果压力足够高,氢分子能够成双成对或者 4 个一组地被装进“冰笼”中。为产生冰的“笼形物”,研究人员把水和氢的混合物加压到 2 000 个大气压,刚开始时氢和冰是分离的,并且氢在冰的周围形成了气泡;但是当温度冷却到-24 ℃时,水和氢就融合成了“笼形物”。可见,在制备过程中需要高压和低温条件。

一旦“笼形物”形成,就能够用液氮作为冷却剂在低压下储存氢。目前在大多数情况下,氢能汽车采用液态氢,但是液态氢必须在-253 ℃的极低温下保存,这就需要复杂昂贵的冷却系统。相反,液氮是便宜并且取之不尽的冷却剂,同时液氮对环境也不会造成污染,因此,用液氮保存氢的笼形物储氢具有良好的发展前景。

7.4.8　层状化合物储氢

受到纳米碳管储氢的启发,科学家们认为既然管形的纳米碳能够储氢,那么其他管形的无机材料为什么不能储氢呢? 清华大学李亚栋等人提出用硼等层状化合物做原料使之卷起来形成管状物,并试验了储氢的可能性,结果表明,层状化合物储氢还是值得探索的。

　　总之压缩储氢是目前最为广泛使用的储存方式,对环境污染较小,经济性较好,效率能够达到93%;液化储氢成本昂贵,但是由于具有很高的能量密度,因此主要用于航空航天领域;金属氢化物储氢体积密度可高达100 kg/m³ 以上,是所有储氢方式中最高的,但是质量比较大,成本也高于压缩储存方式;碳质吸附储氢还处于初期的发展阶段中,目前的研究重点是提高室温、常压条件下氢的吸附量,在吸附机理、吸附剂的合成和吸附剂的净化等方面取得突破性进展。尽管许多工作尚未展开,但是碳质吸附储氢已经显示出了一定的优越性,是未来非常有潜力的氢储存方式。氢的储存技术是开发利用氢能的关键性技术,如何有效地对氢进行储存,并且在使用时能够方便地释放出来,是该项技术研究的重点。目前的一些储氢材料和技术离氢能的实用化还有很大的距离,在质量和体积储氢密度、可逆循环性能、工作温度以及安全性等方面,还不能同时满足实用化要求。氢能最终要走向实用化,也依赖于氢能体系的安全标准。今后储氢研究的重点将集中在高效、新型、安全的储氢材料研发及性能综合评估方面。氢的制取、储运和转化已经进入研发示范阶段。目前,金属氢化物已经在电池中有广泛应用,高压轻质容器储氢和低温液氢已经能够满足特定场合的用氢要求,化学氢化物也是有前景的发展方向。相信随着储氢材料和技术的不断发展,经过市场介入,氢能可望在21 世纪中叶进入商业应用,从而开创人类全新的"氢能经济"时代。

　　由于每一种储氢材料都有各自的优缺点,并且大部分储氢材料的性能都有加合的特点,而储氢材料的纳米化使其具有许多新的动力学、热力学特性,因此纳米复合储氢材料是未来储氢材料制备的一个新的方向,具有广阔的发展空间。纳米复合镁基材料的优良的储氢性能说明了这类材料储氢的巨大潜力。而氢化物储氢材料是一种具有优良的储氢性能的材料,目前对于 NaAlH$_4$ 吸放氢过程中的相变、催化剂的催化机理尚未完全弄清楚,今后应继续研究不同催化剂混合的催化机理和催化效果,开发出活性更高、稳定性更好的催化剂。在纳米结构碳材料的储氢研究中,由于材料制备方法的多样、纯度和结构的差异、处理手段和测量方法的不同,因此获得的储氢数据显得很离散。今后应首先使储氢的测试方法标准化,材料的制备规范化,以进一步研究纳米结构碳材料的储氢机理。对于活性炭(AC),它只有在低温条件下才实现好的吸附特性。

第8章 燃料电池

本章提要 本章介绍了一种可以将贮存在燃料和氧化剂中的化学能直接转化为电能的发电装置——燃料电池。8.1 简单介绍了燃料电池的工作原理、几种不同分类、的电机相比之下的优点以及在各个领域的应用。8.2 则分别详细阐述了质子交换膜燃料电池、直接甲醇燃料电池、磷酸燃料电池、固体氧化物燃料电池、熔融碳酸盐燃料电池以及特种燃料电池五种不同燃料电池的原理、应用和发展。

8.1 概 述

燃料电池(fuel cell，FC)是一种可以将贮存在燃料和氧化剂中的化学能直接转化为电能的发电装置。它的发电方式与常规化学电源一样,电极是提供电子转移的场所,阳极催化燃料(如氢等)的氧化过程,阴极催化氧化剂(如氧等)的还原过程,导电离子在将阴阳两极分开的电解质内迁移,电子通过外电路做功并构成总的电回路。在电池内这一化学能向电能的转化过程是等温进行的,即在 FC 内,在其操作温度下利用化学反应的自由能。但是,FC 的工作方式又与常规的化学电源不同,它的燃料和氧化剂并非是贮存在电池内,而是贮存电池外的贮罐内,当电池工作时,要连续不断地向电池内送入燃料和氧化剂,排出反应产物,同时也需排出一定量的废热,以维持电池工作温度的恒定。FC 本身只能决定输出功率的大小,而贮存的能量则由燃料和氧化剂的贮罐决定。

在过去的十年中,作为一种新颖的电能转换系统,燃料电池已经获得了大量的关注。较高的效率和低排放等特点使燃料电池对于发电设备中起到重要作用。作为一种清洁能源,如果用在燃料电池的发电上,氢气很有潜力。氢气生产的以碳氢化合物(Hydrocarbon,HC)为基础的燃料改革在合适的燃料处理器中已经变得越来越重要,特别是移动电话和住宅燃料电池应用。

在过去的几年中影响燃料电池的发展的主要因素是在全球关注的环境后果化石燃料的电力生产和车辆的推进。燃料电池是清洁、高效和非危险性能源的最佳解决方案。燃料电池的电化学装置可以直接将化学能转换为电能作为燃料使用,在固定发电、汽车、便携式和微型系统中都被认为是关键技术。

在各种燃料电池,甲醇燃料电池展示了这种设备可能取代目前的便携式电源和微功率源的市场。燃料电池产生的电力直接来自含氢燃料和空气中的氢气以及电化学反应中产生的氢气,工业生产氢气是通过把甲烷和甲醇石脑油变成气态,再进行变革而成。高纯度氢气主要是用来作为低温燃料电池的燃料,如聚合物或碱性电解质燃料电池。

8.1.1 燃料电池的工作原理

燃料电池的发电原理与化学电源是一样的,电极提供电子转移的场所,阳极催化燃料如氢的氧化过程,阴极催化氧化剂如氧的还原过程;导电离子在阴阳极分开的电解质内迁移,电子通过外电路做功并构成电的回路。但是燃料电池的工作方式又与常规的化学电源不同,更类似于汽油、柴油燃料等。燃料电池的燃料和氧化剂不是储存在电池内,而是储存在电池外的储罐中。燃料电池本身只决定输出功率的大小,其储存能量则由储存在储罐内的燃料与氧化剂的量决定。电池阴、阳极及电池总反应方程式如下:

$$阳极:H_2+CO_3^{2-}\longrightarrow H_2O+CO_2+2e$$

$$阴极:\frac{1}{2}O_2+CO_2+2e\longrightarrow CO_3^{2-}$$

$$总反应式:\frac{1}{2}O_2+H_2\longrightarrow H_2O$$

8.1.2　燃料电池的分类

(1)按燃料电池的运行机理分类

根据燃料电池的运行机理的不同,可以分为酸性燃料电池和碱性燃料电池,例如磷酸燃料电池(PAFC)和液态氢氧化钾燃料电池(LPHFC)。

(2)按电解质种类分类

根据燃料电池中使用电解质种类的不同,可分为酸性、碱性、熔融盐类或固体电解质的燃料电池。即碱性燃料电池(AFC)、磷酸燃料电池(PAFC)、熔融碳酸盐燃料电池(MCFC)、固体氧化物燃料电池(SOFC)和质子交换膜燃料电池(Proton Exchange Membrane Fuel Cell,PEMFC)等。在燃料电池中,磷酸燃料电池(PAFC)、质子交换膜燃料电池(PEMFC)可冷启动和快启动,可用作为移动电源,适应燃料电池电动汽车(FCEV)使用的要求,更加具有竞争力。

(3)按燃料类型分类

燃料电池的燃料可分为氢气、甲醇、甲烷、乙烷、甲苯、丁烯、丁烷等有机燃料和汽油、柴油以及天然气等气体燃料,有机燃料和气体燃料必须经过重整器"重整"为氢气后,才能成为燃料电池的燃料。根据燃料电池使用燃料类型的不同,可分为直接型燃料电池、间接型燃料电池和再生型燃料电池。

(4)按工作温度分类

根据燃料电池工作温度的不同,可分为低温型(温度低于 200 ℃);中温型(温度为 200 ~ 750 ℃);高温型(温度高于 750 ℃)。质子交换膜燃料电池(PEMFC)在常温下可以正常工作,这类燃料电池需要采用贵金属作为催化剂,燃料的化学能绝大部分都能转化为电能,只产生少量的废热和水,不产生污染大气环境的氮氧化物。

8.1.3　燃料电池的特点

与热机相比,燃料电池具有以下几项优点:

(1)高效

燃料电池按电化学原理等温地直接将化学能转化为电能,它不通过热机过程,不受卡诺循环的限制,因此可得到很高的发电效率。如果将排出的燃料进行重复利用,中、高温燃料电池的综合效率则可达 70% ~ 80% 。

(2)环保

燃料电池以富气体为燃料,其二氧化碳的排放量比热机过程减少 40% 以上。由于燃料电池的燃料气在反应前必须脱硫及其化合物,而且燃料电池是按电化学原理发电的,所以它几乎不排放氮化物和硫化物,而其反应产物为水,因此减少了对环境的污染。

（3）低噪音

与传统发电技术比,燃料电池本体没有旋转部分,因此它工作时较安静,噪音很小。实验表明,距离 40 kW 磷酸燃料电池电站 4.6 m 处的噪音是 60 dB,而 4.5 MW 和的 11 MW 大功率磷酸燃料电池电站的噪音已经达到不高于 55 dB。

（4）燃料来源广

燃料电池可以使用多种初级燃料(如天然气、煤气、甲醇、乙醇、汽油),也可使用发电厂不易使用的低质燃料(如褐煤、废木、废纸,甚至是城市垃圾),但需要专门的装置对它们进行重整。

（5）可靠性高

碱性燃料电池和磷酸燃料电池的运行均证明,燃料电池运行高度可靠,可作为各种应急电源和不间断电源使用。

（6）积木性强

由于燃料电池是由基本电池组成,可以用积木式的方法组成各种不同规格、功率的电池,并可按需要装配、安装在海岛、边疆、沙漠等地区,构成独立的分布式电源,简单方便。

8.1.4 燃料电池的应用

作为一种新型、高效、清洁的能源,燃料电池在发电站、移动电站、微型电源和动力源等方面得到广泛的应用。

（1）发电站

燃料电池可以作为固定式和分布式电站,既可用于边远地区的小型发电,也可配置给医院、旅馆、住宅区等作为电源,其中以是目前技术最成熟、商业化应用最广泛的燃料电池,价格已降至 1 500 美元/kW。美、日、欧等国家和地区投入运行的大型电站已在 100 座以上,最大的是东京电力公司的五井电厂(11 MW)。目前国内这一方面的研究和应用还处于中小型发电站阶段,具有代表性的如上海神力科技有限公司为中国人民解放军南京工程兵学院研制了 1 台 5～10 kW 燃料电池发电站。浙江大学电力学院 1 台 10 kW 燃料电池发电站则已稳定运行超过 1 000 h。

（2）移动电站

燃料电池具有模块结构、积木性强、噪音低、维修方便等特点,是军事、野外作业、偏远无电地区的理想移动电源。美国和加拿大开发了从几十瓦到上千瓦级的 PEMFC 便携式移动电源系列产品。中国富原公司目前也开发了一系列的 PEMFC 野外移动电源,功率范围在 0.5 ～1 kW。

（3）微型电源

微型燃料电池可用作手机、照相机、摄像机电池。美国研制的微型燃料电池以 25 μm 厚塑料薄膜为其基本容器,已具备批量生产的能力。

（4）动力源

燃料电池因体积小、比功率大、可以冷启动、安全耐用,在地面车辆动力、潜艇动力、航空航天动力和娱乐设施等方面有独特的发展潜力。

①航空航天动力

AFC 和 PEMFC 都可以在常温下启动工作,且能量密度高,是理想的航天器工作电源,尤其是采用氢气为燃料,工作时排放出的水可供航天员饮用,这样就不用携带饮用水。

早在 20 世纪 60 年代,美国国家航空航天局(National Aeronautics and Space Administration,简称 NASA)就采用培根型碱性燃料电池作为阿波罗飞船的工作电源,到了 20 世纪 70 年代则采用 PEMFC。

②地面车辆动力

随着汽车工业的快速发展,汽车排出的尾气对环境的污染也越来越严重。为了保护环境,减少城市中的大气污染,适应世界各国越来越严格的汽车尾气排放标准,世界各国政府尤其是大的汽车公司均投入巨资发展以 PEMFC 为动力的电动车。PEMFC 的最大优点在于能在室温附近工作,启动速度快,能量转换效率高,因此适宜作为车辆的动力源。

③潜艇动力

AFC 和 PEMFC 在运行时基本上没有红外辐射,而且噪音小,用作潜艇动力可大大提高军事隐蔽性在携带相同质量或体积的燃料和氧化剂时,PEMFC 的续航力量大,比斯特林发动机大 1 倍。20 世纪 90 年代初加拿大海军研制了 1 台以 PEMFC 作为动力的海洋探测器。德国建造了 2 艘以 PEMFC 作为动力的潜艇。

8.2　　燃料电池的不同种类

根据电解质的性质,可以将燃料电池分为五大类,即碱性燃料电池(AFC)、磷酸燃料电池(PAFC)、熔融碳酸盐燃料电池(MCFC)、固体氧化物燃料电池(SOFC)与质子交换膜燃料电池(PEMFC),这五类燃料电池各自都处在不同的发展阶段。

8.2.1　质子交换膜燃料电池

质子交换膜燃料电池凭借其工作温度低,启动速度快,无电解液的腐蚀和流失问题,能量密度高等优点,逐渐成为新型交通工具、固定式电站、便携式电脑及移动通信设备的理想动力源。加拿大、美国、欧洲和日本等发达国家地区在 PEMFC 的研究和开发方面已取得重要进展。

8.2.1.1　质子交换膜燃料电池工作原理

质子交换膜燃料电池是以聚合物质子交换膜为电解质的燃料电池,由若干单电池串联而成,单电池由表面涂有催化剂的多孔阳极、多孔阴极和置于二者之间的固体聚合物电解质构成。当分别向阳极和阴极供给氢气与氧气时,进入多孔阳极的氢原子在催化剂作用下发生电极反应解离为氢离子和电子,氢离子经由电解质转移到阴极,电子则经外电路到达阴极,氢离子与阴极的氧原子及电子结合生成水图。生成的水不稀释电解质,通过气体扩散电极随反应尾气排出。阳极氢在较低的电位下氧化,阴极氧在较高的电位下还原,在两极之间产生了电压和电流。电池的核心组件是由阴极、阳极和电解质组成的膜电极三合一组件(MEA)。

8.2.1.2　质子交换膜燃料电池系统结构

燃料电池的工作原理与普通电化学电池之间存在较大差别:普通电池是将化学能储存在

电池内部的化学物质中,它只是一个有限的电能输出和储存装置;而燃料电池的燃料和氧化剂是储存在电池外的储罐中。燃料电池发电时,需要连续不断地向电池内送入燃料和氧化剂,排出反应产物,同时也排出一定的废热,以维持电池工作恒定温度。燃料电池本身只决定输出功率的大小,其储存的能量则由储存在储罐内的燃料与氧化剂的量决定。从这个意义上来说,燃料电池是一个氢氧发电装置,这也正是燃料电池与普通电池最大的区别。

实际上,PEMFC 是一个系统,除 PEMFC 电池组之外,整个系统还包括一个燃料及其循环系统、氧化剂及其循环系统、水/热管理系统和一个能控制各类开关和泵的控制系统。

燃料及其循环系统和氧化剂及其循环系统主要向 PEMFC 提供燃料和氧化剂,并回收未完全反应的气体;水/热管理系统主要用来保证电池内部的水平衡和热平衡状态;控制系统则按负载对电池功率的要求,或随电池工作条件(压力、温度、电压等)的变化,对反应气体的流量、压力、水/热循环系统的水流速等进行控制,来保证电池正常有效地运行。

(1)燃料及其循环系统

PEMFC 的燃料可以选用纯氢或碳氢化合物,如果电池以纯氢为燃料,则系统结构相对简单,仅由氢源、稳压阀和循环回路组成,其中氢源可以采用压缩氢、液氢或金属氢化物储氢;稳压阀控制燃料氢气的压力;循环回路用来循环利用过量的燃料气,燃料气的过量一方面是为了保证电化学反应的充分进行,另一方面是为了部分起到保持水平衡的作用,通常是采用一个循环泵或喷射泵将这部分氢送回到电池燃料气的入口处,在这种情况下,可认为由氢源系统所提供的氢 100% 被用以发电。

如果 PEMFC 以碳氢化合物为燃料,则该系统结构要相对复杂得多,其中至少要包括一个燃料处理器,用来将燃料或燃料与水的混合物转换为蒸气,这类转换气中包括大部分氢、二氧化碳、水和微量的一氧化碳。另外,随着燃料处理器的不同,转换气中还可能含有氮气。必须指出的是,在任何 PEMFC 系统中,转换气中惰性气体和其他气体都将在不同程度上影响电池的性能。由于 PEMFC 的工作温度通常在 100℃ 以下,在典型的 PEMFC 系统中,CO 很容易吸附在铂催化剂上,引起催化剂中毒,导致电池性能有所下降。因而,一般必须将转换气中的 CO 浓度控制在 1×10^{-4} 以下,这可通过一个转换器或一个选择氧化器来实现。

(2)氧化剂及其循环系统

PEMFC 的氧化剂可是纯氧或空气,若以纯氧作氧化剂,其系统组成和控制与纯氢作燃料气相类似。然而,从实用化和商业化的角度来考虑,PEMFC 均采用空气作氧化剂,其中对应于不同的应用需要,空气可是常压,也可是压缩的。通常,采用常压空气作氧化剂,可以简化电池系统的结构。考虑到电池性能随氧压力的增大而升高,因而在获得同等电池性能的前提下,采用常压空气作氧化剂的 PEMFC 系统,必须具有较大的尺寸和更高的制造成本。采用常压空气带来的另外一个问题就是增加了电池系统水/热管理的难度,这种缺点对小型低功率电池系统的影响并不十分明显,但对大型商用电源来说,其负面影响是不可忽视。正是由于上述原因,在 PEMFC 的众多应用中,都采用压缩空气作氧化剂,尽管这样增大了氧化剂及其循环系统的复杂性。通常,这样一个系统都包含一个由 PEMFC 驱动的压缩机和一个可以从排放气中回收部分能量的涡轮热膨胀器。一般来说,采用何种形式的氧化剂,应取决于特定应用场合下系统效率、重量及制造成本之间的平衡。

(3)水/热管理系统

水/热管理系统是以压缩空气为氧化剂的 PEMFC 所采用的典型的水/热管理系统,大部分的反应物水随着过量的空气流从阴极排出。通常,氧化剂的流量是 PEMFC 发生反应所需化学计量流量的 2 倍。由于 PEMFC 的最佳工作温度为 70~90 ℃,反应产物均以液态形式存在,容易收集,因而相对其他类型的燃料电池(如磷酸型燃料电池),PEMFC 的水管理系统更为简单。另外,在其他的一些系统中,反应产物水也可由阳极排出。在多数 PEMFC 系统中,反应产物水被用于系统的冷却和部分用来加湿燃料气和氧化剂,产物水首先通过燃料电池堆的反应区冷却电堆本身,在冷却的过程中水蒸气被加热至燃料电池的工作温度,被加热的水再与反应气体接触,起到增湿的效果。除了在增湿过程中,部分热量被反应气体带走,还需要一个进一步的热交换过程,将水中多余的热量带走,防止 PEMFC 系统热量逐渐积累,造成电池温度上升,性能也会下降。这些热交换过程是采用一个水/空气热交换器来完成,当然在一些特殊的 PEMFC 系统中,这部分过多的热量也可用作空调(加热)和饮用热水来使用。

(4)控制系统

PEMFC 系统是一个由众多子系统组成的复杂系统,系统中的每一部分既是相互独立,又是互相联系,任一部分工作失常都将直接影响电池性能。为保证整个系统可靠运行,需要多种功能不同的阀件、传感器和水、热、气调节控制装置,由这些控制装置及其相应的管路组成的控制系统很大程度上决定了 PEMFC 系统的实用性,如作为笔记本电脑电源的小型 PEMFC,在燃料电池本体已实现微型化的前提下,控制系统必须微型化。

8.2.2　直接甲醇燃料电池

直接甲醇燃料电池(DMFC)是以廉价的液体甲醇为燃料,与氢氧燃料电池相比,可以省去各种辅助的制氢和净化系统,因而适合于用作可移动电源,如移动电话、笔记本电脑和电动车电源等。目前许多国家都投入巨大的人力物力开展深入的基础研究和实际应用探索据文献报道,美国 LosAlamos 国家实验室和 Motorola 实验室联合研制成功一种微型 DMFC 电池用于蜂窝电话(cellular telephone),其能量密度是传统充电电池的 10 倍,Manhattan 通过改进电池结构,使电池的比能量较之锂离子电池提高了 2 倍,预期不久的将来要达到 30 倍,已于 2001 年商品化。从目前世界各国研究的进展判断,直接甲醇燃料电池将以比人们想象快得多的速度进入实际应用。

对直接甲醇燃料电池性能起决定作用的因素是电极催化剂和质子交换膜。广泛采用的甲醇电极催化剂主要是碳载 Pt-Ru 双组元合金,氧电极催化剂为碳载 Pt,固体电解质是 Nafion 全氟磺酸膜。由于燃料电池的工艺过程较为复杂,研究中发现甲醇阳极和氧阴极的制备工艺,膜-电极组合体(MEA)的热压成型技术以及放电运转条件等均对电池性能有重要作用。

8.2.2.1　直接甲醇燃料电池原理

如图 8.1 所示,直接甲醇燃料电池(DMFC)单元是由甲醇阳极、氧阴极和质子交换膜所构成。

电极本身由扩散层和催化层组成。其中催化层是电化学反应发生的场所。常用的阳极和阴极电极催化剂分别为 PtRu/C 和 Pt/C 贵金属催化剂。扩散层起到了支撑催化层、收集电流及传导反应物作用。它一般是由导电的多孔材料制成,现在使用的多为表面涂有碳粉的碳纸或碳布。目前质子交换膜多采用全氟磺酸高分子膜,如 Nafion 膜。

阳极甲醇氧化的半反应是:$CH_3OH + H_2O \longrightarrow CO_2 + 6H^+ + 6e^-$

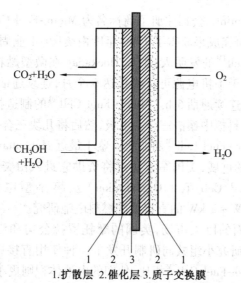

1.扩散层　2.催化层　3.质子交换膜

图 8.1　直接甲烷燃料电池的工作原理
1—扩散层;2—催化层;3—质子交换膜

阴极氧还原的半反应是:$3/2O_2+6H^++6e^-\longrightarrow 3H_2O$

电池总反应如下:$CH_3OH+3/2O_2\longrightarrow CO_2+2H_2O$

一个甲醇分子完全氧化成 CO_2 是一个 6 电子转化过程。实际上由于甲醇是不完全氧化过程,往往有中间产物如 HCHO、CHOOH 以及类 CO 化合物生成。所以电极表面常常会吸附中间产物。电极上存在的活化过电位、欧姆过电位和传质过电位也会使电极电位大大降低。

20 世纪 80 年代初,全氟磺酸膜(如 Nafion)应用在氢氧燃料电池中,使得 PEMFC 在性能上获得很大的突破。但如何解决氢源问题就一直困扰 PEMFC 的进一步发展。甲醇重整制氢是近年来人们找到的一种有效方法:甲醇作为一种化工原料,具有含氢量高、来源丰富、价格便宜、容易携带及储存等特点,所以以甲醇重整的富氢气为氢源的 PEMFC 也获得了很大发展。但中间转化装置的存在使得系统整体效率降低,而且结构复杂。另一种方法则是采用储氢材料作为氢源,但目前已知的储氢材料储氢容量较低,体积比功率往往达不到实际使用要求。

直接甲醇燃料电池往往是直接利用甲醇水溶液作为燃料,氧或空气作为氧化剂的一种燃料电池。虽然甲醇电化学活性与氢氧燃料电池比起来相对较低,但它具有结构简单、燃料补充方便、体积和质量比能量密度高、红外信号弱等特点。因而在手机、笔记本电脑、摄像机等小型民用电源和军事上的单兵携带电源等方面具有极大竞争优势。进入 90 年代以后,美国、欧盟、加拿大和日本等国家和地区相继开展了对直接甲醇燃料电池基础性的研究和应用方面的探索。

8.2.2.2　直接甲醇燃料电池研究现状

20 世纪 90 年代初,NASA 的 JPL 实验室和南加州大学的研究者提出直接使用甲醇作为 PEMFC 阳极燃料的 DMFC 的构想,并获得了专利。后来他们和美国军方合作研究用于野外无线电通信电源。当时的目标是建造大小和一本书相当的直接甲醇燃料电池样机。功率为 50 W、排除物中只含有水和二氧化碳。1997 年在佛罗里达举行的第 14 届电动汽车会议上,美国甲醇研究院(AMI)展示的 DMFC 单元,是由 JPL 实验室和 Giner 公司研制的。

1998 年 Manhattan Scientifics 公司注册了商标名为 Micro-Fuel Cell™用于手机电源的微型直接甲醇燃料电池。该项研究成果获得了 1999 年度由美国《工业周刊》杂志评选出的第七届技术创新奖。Micro-Fuel Cell™的发明人，R. G. Hockaday 在微型燃料电池技术上获得了多项专利。Micro-Fuel Cell™用于手机电源可待机长达 6 个月，连续通话 1 星期;而现在使用的锂离子电池只能待机 2 星期,连续通话 5 h。Micro-Fuel Cell™的制造技术使用一种类似印刷电路板的技术,在一片绝缘材料板中镶嵌三合一电极,然后将几块三合一电极串联起来构成电池组。公司在 2001 年将 Micro-Fuel Cell™商业化。鉴于最近 Manhattan Scientifics 公司在小型直接甲醇燃料电池方面取得的进展,美国军方决定将资助它进入由美国能源部组织的"先进的电池试验组织"(Advanced Cell Test Organization)从事小型电源方面研究。Manhattan Scientifics 公司主要负责 2 W ~ 3 kW 的直接甲醇燃料电池研究。

针对无线通信电源方面的巨大市场,美国的摩托罗拉公司和洛斯阿拉莫斯国立实验室 Shimshon Gottesfeld 领导的研究小组共同研制开发了一种使用直接甲醇燃料电池的蜂窝电话电源。与 Hockaday 的 Mirco-Fuel Cell™相比,他们的电池体积则更小、质量更轻。电池大小为 25 mm^2,厚度 2 mm。它的内部使用了摩托罗拉公司设计的一种特殊电路,将低电压转变成可用于现有的移动电话的较高电压。电池系统去除了空气泵和换热系统,大大简化了体积,降低了质量。可以更是可达待机一个月,连续通话 20 h。

在欧洲,DMFC 的开发已受到各国的关注。由法国、意大利、比利时等国研究机构和公司共同组织的 NEMECEL(New Low-cost Direct Methanol Fuel Cell)计划,就是探索千瓦级工业上需求的燃料电池供电系统。它是从 1997 年 12 月开始为期 4 年,主要探索新的电解质、电极催化剂、优化电极结构及电池系统。计划目标是建立一个 1 kW 的 DMFC 样机,使用常压下的空气作氧化剂,温度在 130 ℃,能量密度 200 mW/cm^2。负责电池组装的法国 Sodeteg 公司建立了一套非常先进的电池评价装置,且组装了多个电池组,并设计了专门的软件控制电池的自动运行。

1995 年,德国的西门子公司就报道了 DMFC 方面的研究,使用 Nafion117 膜,催化剂载量 4 mg/cm^2,温度 140 ℃,氧气压力为 0.4 MPa,输出功率达 200 mW/cm^2。经过 3 年的努力,到 1998 年将载量降低到 2 mg/cm^2,温度降到 110 ℃,0.2 MPa 氧气,输出功率相当。最近组装 3 对电极面积为 550 cm^2 的电池组。80 ℃,0.2 MPa 氧气和空气条件下,输出功率分别为 88 W 和 77 W。功率密度在 0.5 V 时可达 50 mW/cm^2。他们的目标是建立 1 kW 的电池组,主要用作工业上的移动电源。

印度的 A. K. Shukla 也报道了 DMFC 的研究,而他们使用不锈钢取代传统的石墨板作为双极板,电极面积为 25 cm^2,组装了一个 5 W 的电池组。操作条件是 90 ℃,氧压 4×10^5 Pa,催化剂载量 5 mg/cm^2。

自 1999 年起大连化学物理研究所与安徽天成电器公司成立了直接醇类联合实验室,开展了 DMFC 的研究,目标是小型移动电源的研制。该实验室已经对 DMFC 的电极结构、制备工艺和电池组装技术等方面开展了广泛的研究。所组装的单电池的放电性能也已达到了目前国外文献所报道的水平。

8.2.3　磷酸燃料电池

磷酸燃料电池(Phosphoric Acid Fuel Cell,PAFC)是当前商业化发展得最快的一种燃料电池。正如其名字所示,这种电池使用液体磷酸为电解质,通常位于碳化硅基质中。磷酸燃料电池的工作温度要比质子交换膜燃料电池和碱性燃料电池的工作温度略高,可以在 150 ~ 200 ℃左右,但仍需电极上的白金催化剂来加速反应。其阳极和阴极上的反应与质子交换膜燃料电池相同,但由于其工作温度较高,所以其阴极上的反应速度要比质子交换膜燃料电池的阴极的速度快。

较高的工作温度也使其对杂质的耐受性比较强,当其反应物中含 1% ~ 2% 的一氧化碳和百万分之几的硫时,磷酸燃料电池照样可以工作。磷酸燃料电池的效率比其他燃料电池低(约为40%),其加热的时间也比质子交换膜燃料电池长。虽然磷酸燃料电池具有上述缺点,它们也有许多优点,例如构造简单、稳定、电解质挥发度低等。磷酸燃料电池可用作公共汽车的动力,而且有许多这样的系统正在运行,不过这种电池将来也不会用于私人车辆。在过去的20 多年中,大量的研究使得磷酸燃料电池能成功地用于固定的应用,已经有许多发电能力为0.2 ~ 20 MW 的工作装置被安装在世界各地,为医院、学校和小型电站提供动力。

它采用磷酸为电解质,利用廉价的炭材料为骨架。它除以氢气为燃料之外,现在还有可能直接利用甲醇、天然气、城市煤气等低廉燃料,与碱性氢氧燃料电池相比,最大的优点是不需要CO_2 处理设备。磷酸型燃料电池已成为发展最快的,也是目前最成熟的燃料电池,它代表了燃料电池的主要发展方向。

目前世界上最大容量燃料电池发电厂是东京电能公司经营的 11 MW 美日合作磷酸型燃料电池发电厂,该发电厂从 1991 年建成以来运行良好。近年来投入运行的 100 多个燃料电池发电系统中,90% 是磷酸型的。

8.2.3.1　磷酸燃料电池原理

燃料电池是一种电化学装置,其组成与一般电池相同。其单体电池是由正负两个电极(负极即燃料电极和正极即氧化剂电极)以及电解质组成。不同的是一般电池的活性物质贮存在电池内部,因此,限制了电池容量。而燃料电池的正、负极本身不包含活性物质,只是一个催化转换组件。因此燃料电池是名符其实的把化学能转化为电能的能量转换机器。电池工作时,燃料和氧化剂由外部供给,进行反应。原则上只要反应物不断输入,反应产物不断排除,燃料电池就可以连续地发电。

磷酸燃料电池的基本组成和反应原理是:燃料气体或城市煤气添加水蒸气后传送到改质器,把燃料转化成 H_2、CO 和水蒸气的混合物,CO 和水进一步在移位反应器中经触媒剂转化成H_2 和 CO_2。经过处理后的燃料气体进入燃料堆的负极(燃料极),同时将氧输送到燃料堆的正极(空气极)进行化学反应,借助触媒剂的作用迅速产生电能和热能。

阳极反应　　　　　　　　　　$H_2 + 2e^- \longrightarrow 2H^+$

阴极反应　　　　　　　$1/2O_2 + 2H^+ \longrightarrow H_2O + 2e^-$

总反应　　　　　　　　　$1/2O_2 + H_2 \longrightarrow H_2O$

电池(单个电池)的输出电压在无负荷的状态下,为 1 V 程度。提高电流密度,通常设计以 0.6 ~ 0.7 V(单个电池)为额定值。无负荷状态与实际电压的差作为热能而放出。并且电池本身的发电效率不决定于电池面积,所以,燃料电池本质上即使是下容量的,也是高效率的。实际使用上是按输出的需要,把数十个以至数百个电池本体串联而积成为电池组合体的。

PAFC 作为一种中低温型燃料电池,不但具有发电效率高、清洁、适应多样燃料、无噪音、运转费低、设置场所限制少、大气压运转容易操作、安全性优良、部分负荷特性好等特点,而且还可以热水形式回收大部分热量。最初开发 PAFC 是为了控制发电厂的峰谷用电平衡,近来则侧重于作为向公寓、购物中心、医院、宾馆等地方提供电和热的现场集中电力系统。

PAFC 用于发电厂包括两种情形,一种是分散型发电厂,容量在 10 ~ 20 MW 之间,安装在配电站;另一种是中心电站型发电厂,容量在 100 MW 以上,可以作为中等规模热电厂。PAFC 电厂比起一般电厂具有如下优点:即使在发电负荷比较低时,依然保持高的发电效率;由于采用模块结构,现场安装简单、省时,并且电厂容易扩张。

受 1973 年世界性石油危机以及美国 PAFC 研发的影响,日本开发了各种类型的燃料电池,PAFC 作为大型节能发电技术由新能源产业技术开发机构(NEDO)进行开发。自 1981 年起,进行了 100 kW 现场型 PAFC 发电装置的研究和开发。1986 年又开展了 200 kW 现场性发电装置的开发,来适用于边远地区或商业用的 PAFC 发电装置。

富士电机公司是目前日本最大的 PAFC 电池堆供应商。截至 1992 年,该公司已向国内外供应了 17 套 PAFC 示范装置,富士电机在 1997 年 3 月完成了分散型 5MW 设备的运行研究。作为现场用设备已有 50 kW、100 kW 及 500 kW 总计 88 种设备投入使用。

8.2.3.2　磷酸燃料电池发展概况

20 世纪 60 年代中期美国把碱性燃料电池(AFC)用于宇宙飞船。但由于用纯的 H_2 和 O_2 做燃料和氧化剂,用贵金属铂做催化剂成本很高,不适于民用。为了使燃料电池适于民用,美国联合技术公司(UT)和美国 32 个煤气公司共同开展(1967 ~ 1975 年)"目标计划",该计划是发展供家庭、小的商业及工业用户用的经济的天然气燃料电池供电装置。此计划决定该发电装置的规模为 12.5 kW(家庭最大用电要求),使用重整后的天然气做燃料,电池组以磷酸燃料电池为主,融熔碳酸盐燃料电池(MCFC)为后备技术。

1973 年,对 12.5 kW 磷酸燃料电池进行了详细评价。1973 ~ 1975 年间 60 个 12.5 kW 的磷酸燃料电池实验电站 PC-11,在美国、加拿大和日本等国家进行了现场试验,在不同的环境和运行条件下,它们都运行了三个月左右,取得了有关技术、经济、维修、对负载的反应特性、可靠性等方面的宝贵数据。接着美国煤气协会(GRI)继续进行该计划的研究工作(1977 ~ 1985 年),开发 50 座 40 kW 的发电设备后又从经济核算考虑,决定发展 200 kW 发电设备,并从 1992 年开始批量生产。

美国能源部(DOE)又委托美国联合技术公司,组织了 9 个电力公司从 1971 年开始研究燃料电池在电力工业上的应用,称为 FCG-1 计划,该计划的目标是建立大型燃料电池发电站。1977 年建成 1 MW 电站,1980 年在纽约建成 4.5 MW 试验电站,1993 年在东京建成第二个 9.5 MW 的试验电站,后来又发展成商品型 11 MW 电站 PC-23,1991 年 3 月在东京开始发电。

美国是最早发展 PAFC 电站技术的国家,而日本是 PAFC 电站技术发展最快的国家,它仅用了 10 ~ 15 年的时间,就成为和美国一样世界上 PAFC 电站技术发展水平最高的国家。日本政府自 1981 年开始执行"月光计划",即国家的燃料电池发展计划。自 1974 年开始日本政府的燃料电池研究和发展计划作为"阳光计划"的一部分,1981 年转成"月光计划"。在 1981 ~ 1986 年期间,"月光计划"预算拨款 4 400 万美元,其中 3 000 万美元用于发展 PAFC 系统。用于发展小型分散供电电站和大型集中供电电站。"月光计划"原是 10 年计划,1987 年改为 15 年计划(至 1995 年),总的研究与发展经费预算为 570 亿日元。

　　从 70 年代起,日本的煤气公司和电力公司以参加美国的目标计划和 FCG-1 计划的形式,开始研究和发展燃料电池。他们参加了 12.5 kW、90 kW 等 PAFC 就地电站的示范试验,并引进 1 MW 和 4.5 MW 电站,以取得燃料电池的运行、维修等方面的经验。与美国技术合作建造 11 MW 电站并已成功运行 6 925 h(至 1993 年 2 月)。在能制造各种规格的 PAFC 电站后,仍然不断购买美国产品,使日本更快地掌握了制造、运行 PAFC 电站的先进技术。

　　日本制造商在电力公司、煤气公司的通力合作下,已可以生产 50 kW、100 kW、200 kW、1 000 kW、5 000 kW、11 MW 等各种规格的 PAFC 电站,有的已小批量生产。日本生产 PAFC 电站的公司主要是富士、东芝、三菱、日立等。

　　英国、德国、荷兰、比利时、意大利、丹麦、瑞典、芬兰等九个国家 22 家公司在 1989 年 9 月 11 日成立了欧洲燃料电池集团(EFCG),总公司设在伦敦。计划 3 年内投资 2 500 万欧洲货币单位与美、日竞争。他们购买美国、日本的 PAFC 电池电站进行示范试验,来取得 PAFC 在欧洲的运行、维修经验;并利用自己在燃料处理及交、直流电能转化方面的先进技术来开展 PAFC 电站技术的研究和发展工作。

8.2.4　固体氧化物燃料电池

　　固体氧化物燃料电池(Solid Oxide Fuel Cell,SOFC)是通过电化学反应将燃料的化学能直接转化为电能的电化学装置,被称作第四代燃料电池。与传统热机相比,固体氧化物燃料电池具有高效率能量转化(可达 50% ~80%)、燃料适用性广(氢气、一氧化碳、氨气、天然气等多种碳氢燃料)、环境污染小、全固态、模块化、成本低、节能减排等优点,发电效率可达 60% 以上,进行热电联供后效率在 80% 以上。固体氧化物燃料电池可应用到固定式电站、分布式电站、移动式发电系统、电子产品等方面,前景非常广阔。固体氧化物燃料电池技术对优化能源结构、减少环境污染、促进相关高新技术产业的发展等方面都有着积极的影响。目前,制约燃料电池发展的主要瓶颈是其成本和使用寿命,因此降低电池成本、提高电池使用寿命是关键。

8.2.4.1　固体氧化物燃料电池运行原理与电池构件

　　固体氧化物燃料电池是通过氢氧反应将化石燃料中的化学能直接转换为电能的电化学装置,其结构简单,由两个多孔电极与电解质结合成三明治结构,仅有 4 个功能组件:阴极、阳极、电解质和连接体。空气流沿阴极注入后,氧分子在阴极和电解质间,从阴极取得 4 个电子而分裂成 2 个氧离子渗透、迁移至电解质和阳极之间,与氢发生反应释放 H_2O、CO_2 和热。电子通过阳极、外电路回到阴极产生电能。这种反应中包括燃料或氧气(通常是空气)、电解质(固体或液体)和电极 3 种物质的接触,三相接触是燃料电池设计的关键技术之一。

　　有效的电池必须维持阳极反应释放能量的反应速率,一般有 3 种提高反应速率的方法,即使用催化剂、提高反应温度、增大电极面积。SOFC 的关键技术体现在电池构件的材料选择方面,每种材料必须具有正确的化学特性、结构特性和电特性,才能使其具备在电池中的功能. 为得到高的电流密度(mA/cm^2)和比功率(W/kg),SOFC 需维持高温运行(属于高温电池,达到 1 000 ℃)。因此,电池构件的热膨胀系数应尽量一致或接近,以便减少相互之间的热应力,否则会导致电池爆裂和机械失效。此外,电池的空气通道需要保证适时适量的氧气(空气)输入,而燃料通道则需避免。因此,SOFC 的密封和密封材料的选择也是至关重要的。

　　为达到上述效果,SOF 系统中阳极支撑体采用摩尔分数 8% 的 Y_2O_3 掺杂于 ZrO_2 陶瓷(厚度为 1 mm），阳极功能层为 10~20 m 厚度的 $NiO+YS_2$ 薄膜。电解质选用 YS_2，与阳极功能层粘合。阴极为陶瓷钙钛矿 ABO_3，在 A 位和 B 位用锶、钙、钡、镍、镁、钴低价阳离子代替，形成掺杂锰酸镧 $LaSrMnO_3$、$LaSrCoFeO_3$、$LaCoNiO_3$ 合金陶瓷阴极。目前，这种电池材料选择在离子电导率、成本和性能匹配等方面效果最佳.

SOFC 系统中有 2 个构件，即阳极和电解质都选择钇稳定氧化锆（Yttria Stabilized Zirconia，YS_2），但二者的微观形态有显著差异。作为阳极的 YS_2 必须有多孔结构以便氧离子通过，为了有此效果，SOFC 的阳极一般都采用镍掺杂钇稳定氧化锆（$NiYS_2$）陶瓷合金。镍作为催化剂的同时还可以增大反应接触面积，YS_2 为体结构支撑镍粉，按照一定比例充分混合烧结，并与 YS_2 有接近一致的热膨胀系数。$NiYS_2$ 陶瓷合金阳极的微孔结构使得其真实表面积达到表观面积的上千倍，维持电池的正常运行，而电解质呈相对致密结构迫使反应产生的电子走外电路发电.

目前 SOFC 组的结构主要为：管状、平板型和整体型三种。如果按照工作温度可分为高温型（800~1 000 ℃）、中温型（600~800 ℃）和低温型（300~600 ℃）。早期的固体氧化燃料电池通常采用 Y_2O_3 稳定 ZrO_2（YS_2）电解质，这种高温氧化固体燃料电池 SOFC 的工作温度需维持要在 800~1 000 ℃左右。高温对电池各部件的热稳定性、高温强度、电子导电率、热膨胀匹配、化学稳定性等要求较高，材料选用受限，高温下电极与电解质反应而使电池性能下降等。而降低 SOFC 的操作温度会带来很多好处，例如可以提高电极的稳定性，延长电池寿命，更宽的材料选择范围，提高使用较低价格金属作为连接器的可能性。近年来国内外学者广泛关注与对中低温氧化燃料电池的研究。

8.2.4.2　中温固体氧化物燃料电池

电解质、阳极、阴极是固体氧化物燃料电池（SOFC）的关键构件。传统的 SOFC 的电解质是 0.08 氧化钇稳定氧化锆，在 1 000 ℃左右才有可观的离子电导率（0.1 S/cm）。目前阳极材料普遍使用的是 Ni+电解质，其电子和离子导电性能都较好，但仍存在电极烧结、阳极积碳、对含硫燃料容忍性差等问题。传统阴极材料 $La_{1-x}Sr_xMnO_3$ 的理想工作温度约为 1 000 ℃，在中低温下的极化电阻迅速增加。这些传统电池材料要求电池的工作温度都比较高。较高的操作温度会造成电池材料的选择范围比较窄，电极与电解质之间发生界面反应，电池密封困难等问题。降低 SOFC 操作温度的一个重要途径是开发在中低温范围内有较高离子电导率的电解质和具有良好离子–电子混合电导性能、催化性能的电极材料。

$La_{1-x}Sr_xGa_{1-y}Mg_yO_{3-b}$（LSGM）在中温下有很高的离子电导率，而且在很宽的氧分压范围内是纯的氧离子导体。$La_{1-x}Sr_xCr_{1-y}Mn_yO_{3-b}$（LSCM）因有良好的催化、重整等性能，可望解决传统阳极材料的积碳问题。$La_{1-x}Sr_xFe_{1-y}Co_yO_{3-b}$（LSFC）材料具有很高的电子电导率，其作为阴极材料的极化作用远远小于 $La_{1-x}Sr_xMnO_3$。但是这些材料都是对钙钛矿（ABO_3）型材料的双位掺杂，在其合成过程中很容易出现有害的非钙钛矿相；此外，人们目前大多采用上述某一种材料作为 SOFC 的电极、电解质材料进行研究，还没有发现关于以这三种材料作为一个体系组装单电池的报道。

中温 SOFCs 的工作温度应在 800 ℃以下，甚至低于 750 ℃，电极催化剂可不依赖贵金属；可使用廉价的连接材料，且材料和材料之间的稳定性更好；发电效率高（60%~70%）；可热电联供，与蒸汽、燃气轮机等构成联合循环发电系统，进一步提高发电的效率。

为了获得高的效率，堆叠系统通过串联各单元进行构造。电池被串接的分离器执行送电，并且起到分开燃料气体和空气的功能。为获得令人满意的电特性,电极材料的密集气孔的控制是获得燃料和空气流动的关键。因此,电解质和电极之间的接合是很重要的,而且电解质和分离器材料必须拥有足够的密度以防止两种气体混合。

SOFCs 的关键构件是电解质、阳极、阴极。各构件的功能各不相同,包传输、催化、结构和热力学特性。传统的 SOFCs 的电解质是 8%(摩尔分数,下同),在 1 000 ℃ 左右才有可观的离子电导率(0.1 S/cm)。目前普遍使用的阳极材料是 Ni+电解质,其电子和离子导电性能都比较好,但仍然存在电极烧结、阳极积碳、对含硫燃料容忍性差等问题。因为阴极损耗控制和影响多种设计 SOFC 的性能,发展更好的 SOFC 阴极是一个非常活跃的研究项目。用于 YSZ 基电池的标准材料,YSZ 和 Sr 掺杂了 $LaMnO_3$(LSM)的复合物,是在性能、稳定性和便于制造之间妥协折中的一个方案。LSM 是一种良好的电子导体,有和 YSZ 相配的热膨胀系数(coefficient of thermal expansion,CTE),但是它有很低的离子导电率。在复合电极内,YSZ 为电解质,连接电极并允许传导离子。传统阴极材料 $La_{1-x}Sr_xMnO_3$ 的理想工作温度约为 1 000 ℃,在中低温下的极化电阻迅速增加。这些传统电池材料要求电池的工作温度都比较高。较高的操作温度会造成电池材料的选择范围比较窄,电极与电解质之间发生界面反应,电池密封困难等问题。降低 SOFCs 操作温度的重要途径是开发在中低温范围内具有较高离子电导率的电解质和具有良好离子-电子混合电导性能、催化性能的电极材料以及电解质层薄膜化。开发研究所涉及的工作包括:关键构件的材料开发与研究,工艺研究和性能研究。工艺研究和性能研究包括了粉体制备,电解质和电极的成型,电解质、阴极和阳极的沉积工艺;热动力研究,微观结构表征,力学和电性能研究;SOFCs 模拟技术,规模化生产,成本和市场研究以及燃料的研究和选用。

8.2.4.3 低温固体氧化物燃料电池

尽管采用 YSZ 电解质的高温 SOFC 的技术已经相当成熟,但在材料性能、寿命和成本等方面仍然存在许多问题,这在相当大的程度上制约了 SOFC 的发展。当 SOFC 的操作温度降到 600～800 ℃ 的中温范围内,不仅可以提高 SOFC 的热力学效率,可采用廉价的不锈钢作为电池堆的连接材料,从而大幅度降低 SOFC 的成本,而且可以降低密封难度,简化电池堆的设计和电站平衡(BOP)的材料要求,减缓电池组件材料间的互相反应以及电极材料微结构的退化,提高电池堆的寿命。当操作温度进一步降到 400～600 ℃ 的低温范围内时,有望实现 SOFC 的快速启动和关闭,而且可以接利用烃类和醇类燃料,这为 SOFC 进军电动汽车、军用潜艇及便携式电池等移动电源领域打开了一扇大门。

操作温度中低温化是 SOFC 的发展趋势,很多国家和组织各自提出了的发展计划。美国在 2000 年由能源部牵头,组织政府有关部门、开发商、大学和国家实验室共同成立了一个固态能量转换联盟(SECA)的组织,旨在开发具有应用前景的高比能量的固态燃料电池(主要是中温 SOFC),使之能满足多元化市场的需要,并可利用资源充足的化石气体。美国国家资源委员会给出了低温 SOFC 发展的具体化目标:到 2010 年,SOFC 实现 400～500 ℃ 下的低温操作,功率密度高于 500 mW/cm^2,且具有良好的热循环性能;热启动时间短(小于 5 min),可直接使用甲醇、乙醇、天然气、煤油等为燃料;具有成本低,可靠性高等优点。2005 年,日本也启动了"先进陶瓷反应器"项目,旨在开发以电化学方式转化能量和物质的高效微型陶瓷反应器(主要是 SOFC)。该项目的一个主要目标就是开发在 650 ℃ 或更低温度下功率密度已经超过了

$2 \ W/cm^3$的陶瓷反应器系统,用作辅助电源等。国际氢能合作伙伴(IPHE)明确提出中低温SOFC发展的两步走计划:到2006年,使用现有电料,建立在650 ℃下运行的SOFC系统;到2008年,利用发展的新型材料,制备可在500~650℃下运行,具有更好的热循环性能及电极性能的SOFC体系。

8.2.5 熔融碳酸盐燃料电池

熔融碳酸盐型燃料电池(MCFC)是一种高温燃料电池(600~700 ℃),可以用煤、天然气等多种燃料发电,不但发电效率可达到50%~65%,而且污染排放远远低于火力发电,因此特别适合用于大型发电厂,是未来绿色大型发电厂的首选模式。目前我国燃料电池的整体研究水平同比西方发达国家落后了10~15年。我国是产煤和燃煤大国,及时重点开发MCFC燃料电池,将改变我国电力事业的落后状况,降低环境污染,形成我国有自主知识产权的燃料电池产业,促进一批基础学科及交叉学科的发展。

8.2.5.1 熔融碳酸盐燃料电池原理和结构

熔融碳酸盐燃料电池工作原理图如图8.2所示。熔融碳酸盐燃料电池发电时,由外部向阳极供给燃料气体(如H_2),向阴极供给空气和CO_2的混合气。在阴极,O_2从外电路接受电子,与CO_2作用,生成碳酸根离子,碳酸根离子经过电解质板,向阳极移动。在阳极,H_2与碳酸根离子进行反应,生成CO_2和水蒸气,同时向外电路放出电子。反应式如下:

电极反应　　　　　　　阳极 $2H_2 + 2CO_3^{2-} \longrightarrow 2CO_2 + 2H_2O + 4e^-$

阴极　　　　　　　　　　$O_2 + 2CO_2 + 4e^- \longrightarrow 2CO_3^{2-}$

总反应　　　　$2H_2 + O_2 + CO_2(阴极) \longrightarrow 2H_2O + CO_2(阳极)$

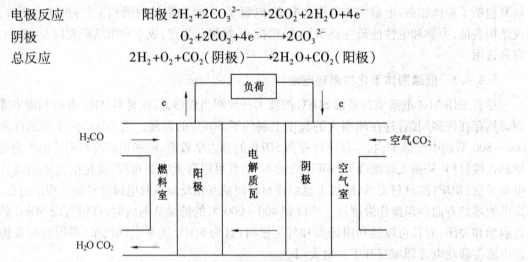

图8.2　熔融碳酸盐燃料电池工作原理图

同传统的燃料电池一样,熔融碳酸盐燃料电池主要有阳极、阴极、电解质等主要部分构成,其他部分有双极板,电流收集器,气泡屏等。

熔融碳酸盐燃料电池结构包括以下结构组件:

(1)碳酸盐电解质

电解质一般选用Li_2CO_3、Na_2CO_3、K_2CO_3,室温呈白色粉末,高温熔化后为无色透明的低黏度液体。电解质一般工作温度为650 ℃,选择电解质要考虑其电导性、表面张力、蒸汽压、腐蚀性,现在工作电解质常选择62% Li_2CO_3、38% K_2CO_3组成,有关碳酸盐熔盐物理性质已有详尽报道。

（2）电解质瓦的制备

$LiAlO_2$ 具有强的抗碳酸熔盐的腐蚀能力,用来制备多孔的电解质陶瓷载体或称为电解质瓦,第一步须化学合成 $LiAlO_2$ 粉,然后制成电解质瓦。

$LiAlO_2$ 有 3 种结晶形态 $\alpha-LiAlO_2$、$\beta-LiAlO_2$、$\gamma-LiAlO_2$；其中 $\gamma-LiAlO_2$ 在高温下最稳定,所以在熔融碳酸盐燃料电池中作为电解质瓦。上述反应唯独在 600 ℃时全部转化为 $\gamma-LiAlO_2$,利用 X 射线、扫描电镜、表面积分析仪和颗粒尺寸测定仪可以分别鉴别 $LiAlO_2$ 的形态、结构、面积和颗粒大小,利用电阻计测量电阻率。$\gamma-LiAlO_2$ 粉为制多孔陶瓷载体最佳原料。

$LiAlO_2$ 电解质瓦制造多孔的 $LiAlO_2$:陶瓷载体或一次性制造含电解质的 $LiAlO_2$ 陶瓷瓦有热压法、冷压法、铸带法、电泳法、造纸法、烧结法等等,最常用的方法是用 $LiAlO_2$ 粉冷压、烧结、充填电解质的方法,例如将 $LiAlO_2$ 粉(7 MPa)压成板(加 15% 玉米粉)之后,在电炉中烧结 $0.5 \sim 12$ h,$1\,000 \sim 1\,200$ ℃。产生的多孔陶瓷体的物理特性孔隙度 44% ~63%,平均孔径在 $0.2 \sim 0.7$ μm,表面积大于 50 m²/g。这种多孔陶瓷再浸泡在熔融碳酸盐中,制成 $LiAlO_2$ 的电解质瓦可用在熔融碳酸盐燃料电池中。由于电解质瓦很薄,因此为了增强可在 $LiAlO_2$ 粉中加入康钦线网,其工业规模使用方法可用铸带法。其方法是 $LiAlO_2$ 粉、粘接剂、碳酸盐混合物混合在一起制成浆,以刮刀制成陶瓷泥浆带,再蒸发烘干后烧结成多孔的陶瓷瓦。

（3）阴极

阴极也称为氧化极或空气极,其材质为 NiO(p 型半导体)。它是由多孔 Ni 板加工氧化或用 Ni 粉烧结而成,改善了 NiO 电极的电阻(0.2 Ω)在氧化前 Ni 板孔隙率为 70% ~80%,孔径 $6 \sim 10$ nm,厚为 0.8 mm,NiO 可完全为熔融碳酸盐润湿,为电解质液膜覆盖。工作时反应燃料气体通过膜在电极上反应,所以孔隙体积的电解质充满程度是很重要的因素。较长时间的运转结果表明,阴极 NiO 在碳酸熔盐中溶解,尽管其只有 15×10^{-6} 的溶解度,在阳极附近还是析出金属 Ni,导致二极短路,其反应如下:

阴极 $NiO + CO_2 \longrightarrow NiCO_3$

阳极 $H_2 + NiCO_3 \longrightarrow H_2O + CO + Ni$

因此对阴极的要求是在电解质中具的抗腐蚀能力、良好的电导性以及自身结构上的物理特性以适合反应动力学的需要(如孔隙率、孔径、孔的分布等)。目前除往 NiO 中加入 Co、Ag 等元素防止溶解以外,还在探索了新的阴极材料,诸如 $LaCoO_3$、$LiFeO_3$、Li_2MnO_3、$LaNiO_3$、$LaFeO_3$ 等复合氧化物材料。

（4）阳极

阳极是一种含有质量分数 Cr(10%)的多孔的 Ni 合金,是一种由 Ni 粒在真空或 H_2 还原气氛中烧结的多孔合金。一般阳极厚 $0.5 \sim 1$ mm,孔隙率 60% ~70%,孔径 5 μm。为了改善合金的上述性能,尤其是蠕变性能,常在合金中加入 Co、Cr、W,同时还开展新型阳极材料的研究。美国以 Cu 代 Ni,提高了电极抗氧化、抗渗碳的性能,还有利用复合涂层的方法开发高性能的扩散型多孔气体扩散电极。

（5）双极板

在组合电池中提供靠近的阳极和阴极之间的电接触,要求双极板材料具有强的抗腐蚀性能。在阳极侧还原气氛用 Ni 材,阴极侧氧化气氛用不锈钢材料。有时双极板兼作电流收集器或者分离板。

(6)气泡屏

在靠近电解质的阳极面前设置一多孔的 Ni 薄膜,提供离子的输运,以防止气体进入。

(7)电流收集器

阴极电流收集器为波纹状穿孔板,以使氧化剂通过,阳极电流收集器为波纹板供燃料气体通过。

8.2.5.2 我国熔融碳酸盐燃料电池技术发展概况

2008 年 11 月 10 日,有我国自主知识产权的"燃料电池发电技术研究开发"课题取得了重要突破,在国内首次成功实现大面积双极板熔融碳酸盐燃料电池堆的发电试验。

该燃料电池技术研发课题是由华能集团公司所属西安热工院研究院自主设计,是华能集团公司科技项目——绿色煤电,关键技术研发项目中的一个子课题。课题目标是设计研发并建成了 2 kW～5 kW 高温燃料电池发电系统试验台和电池堆,内容包括熔融碳酸盐燃料电池的性能研究,燃料电池堆组装技术研究及高温燃料电池尾气余热利用等技术。

该试验的成功表明,热工院自主设计的双极板结构合理,易于加工,且能够满足 5 kW～10 kW 熔融碳酸盐燃料电池堆的设计要求;并已完全掌握 560 mm×400 mm 双极板的设计与制造、组装等各项相关技术。目前,课题组已经完成 5 kW 熔融碳酸盐燃料电池发电系统的设计方案,正在进行 5 kW 熔融碳酸盐燃料电池堆的研制工作。

燃料电池作为一种新兴的发电技术,而具有发电效率高、污染小、可用作分散电源、不需要大量冷却水等优点,被认为是继火力发电、水力发电、核能发电之后的第四大发电方式,是 21 世纪清洁发电技术之一。

8.2.6 特种燃料电池

8.2.6.1 再生式燃料电池

可再生燃料电池(regenerative fuel cell system,RFC)是目前比能量最高的储能系统,比能量可以达到 400～1 000 W·h/kg,是目前最轻的高能二次电池比能量的几倍。RFC 非常适合低重量、长耗时的用电需要,尤其在对于重用于高空长航时太阳能飞行器、太空船的混合能量存储推进系统、偏远地区不依赖电网的储能系统、电网调峰的电源系统以及便携式能量系统等。

可再生燃料电池(RFC)系统是由水电解(WE)组件和燃料电池(FC)组件构成的储能系统。根据系统中 FC 和 WE 两个功能部件的不同组合,RFC 可以分为以下 3 种形式:

(1)分开式

RFC 的能源可逆转换系统是由分开的两个单元组成,分别承担 FC 功能和 WE 功能,RFC 运行时,两个单元轮流工作以分别起到对外供电和储能的作用;

(2)综合式

RFC 的能量可逆转换系统是由一个单元组成,其中分割成两个分别实现 FC 功能和 WE 功能的组件,两个组件轮流工作以起到对外供电和储能的作用;

(3)一体式

一体式再生燃料电池(unitized regenerative fuel cell,URFC)的 FC 功能和 WE 功能是由同一个组件来完成,即执行 FC 功能时,URFC 实现氢氧复合并对外输出电能;执行 WE 功能时,

URFC 在外加电能的条件下将水电解成氢气和氧气以达到储能的目的。URFC 使用双功能组件不仅降低了 RFC 的成本,而且最大限度地降低了 RFC 的体积和重量,提高了比功率和比能量。

目前分开式和综合式的 RFC 实用化已得到实现,但通常体系比较复杂,而且价格昂贵,主要原因是它们采用了两个独立的装置,即燃料电池和水电解池,不仅增加了 RFC 的成本和系统的复杂程度,而且还降低了 RFC 的体积和重量比功率和比能量。从长远来看,随着储能系统向大功率、小型化发展,尤其是空间飞行器对空间电源的运行时间以及体积和重量的要求越来越高,开发一体式可再生燃料电池,将 FC 和 WE 两个功能由同一个双功能组件完成,实现更高比能量和比功率是 RFC 系统发展的必然趋势。URFC 技术是 RFC 中最先进的技术,是目前国外的研究重点。

URFC 具有燃料电池的所有优点,充电方便、无自放电、无放电深度及电池容量限制,配合太阳能或风能可以实现自给工作,在这些方面是传统二次电池所是无法比拟的。美国的 Lawrence Livermore国家实验室(LLNL)目前正在研发利用太阳能与 URFC 组合系统为空间飞行器提供能源。

目前 RFC 系统在一定规模上已经实现了实际应用,但是仍存在系统复杂,体积和重量大的缺点。美国的 Lawrence Livermore 国家实验室认为将 RFC 的 FC 和 WE 功能二合一的 URFC 系统将为以太阳能工作的空间飞行器提供更加优越的能量存储系统。URFC 系统的开发难度很大,近年来,固体聚合物水电解技术(SPE-WE)快速发展为 URFC 的发展提供了发展动力。目前 URFC 的制造商并不是很多。质子能系统公司(Proton Energy System)是目前唯一的可以提供商品化 URFC 系统的供应商。

20 世纪 90 年代,在美国 DOE、NASA 等机构的资助下,LLNL 进行了 URFC 的研究。LLNL 的 Mitlitsky 在 1996 年成功开发了 50 W 的 URFC。该示范电池单池面积 46 cm^2,循环次数超过 2000 次,而能量衰减却小于 10%。在 NASA 和 EPRI 的支持下,Proton EnergySystem 公司从 1998 年开始研发 URFC。通过长期努力,他们将一个已商业化的质子交换膜水电解装置改造成了一个 URFC 系统。该电池的性能无论是燃料电池模式还是水电解模式都超出了 LLNL 所使用的 URFC 的性能。德国、日本等国家在 RFC 领域也有了一定规模的研究。欧洲在 2000 年之后的空间飞行器也即将使用 RFC 系统。

我国在 RFC 领域的研究相对处于滞后阶段。目前国内只有中科院大连化学物理研究所于 1997 年承担了一个有关可再生燃料电池系统研究的"863"项目,成功的开发了百瓦级可再生燃料电池原型系统。除此之外,还未见国内其他相关报道。随后,大连化学物理研究所进行了 URFC 的应用基础研究。邵志刚等成功地将薄层亲水电极结构引入到 URFC 中,电极催化层使用的贵金属催化剂担量仅为 0.4 mg/cm^2,在电池的初步充放电循环中取得了比较满意的双功能性能,在充放电电流密度为 400 mA/cm^2 时,URFC 的燃料电池电压和水电解电压分别为 0.7 V 和 1.71 V。随后刘浩等使用具有薄层亲水双效催化层和过渡双效催化层的复合电极结构,在很大程度上提高了 URFC 的充放电循环寿命。宋世栋等开发了新型耐腐蚀扩散层,URFC在 20 次充放电循环中性能稳定。电池在燃料电池模式下,电流密度为 500 mA/cm^2 时,电池电压为 0.7 V;在水电解模式下,电流密度为 1 000 mA/cm^2 时,电解电压为 1.6 V,电流密度为2 000 mA/cm^2时,电解电压仅为 1.8 V。

8.2.6.2　直接炭燃料电池

我国的煤电占发电总量的 80% 左右,直接燃煤发电不仅效率低,造成能源浪费,而且还排放出大量的 CO_2、SO_2、NO_x 和粉尘等污染物,其中 CO_2 的排放占总排放量的 90%,SO_2 的排放占总排放量的 70%,NO_x 的排放占总排放量的 67%,造成严重的环境污染。为此人们不断地探索着新的煤转换利用技术,例如通过煤的汽化和煤的干馏得到煤气,然后再结合涡轮机或者熔融碳酸盐燃料电池(McFC)进行发电,Mortia 等人就对这两种煤的综合利用方式进行比较后,分析了各自在不同温度下的效率,仍然不能从根本上解决效率低和环境污染的问题。然而直接炭(煤)燃料电池,也就是利用煤的电化学氧化获得电能的方法,实现了从根本上解决效率低和环境污染的难题,直接炭(煤)燃料电池(DCFC)是一种特殊类型的、采用煤等固体炭直接做燃料的燃料电池,它将储存在炭中的化学能,直接通过电化学氧化反应转化成电能。利用 DCFC 实现煤到电的转换过程中,没有直接燃烧,不经过热机转换过程,无需对煤进行重整汽化,因而 DCFC 是高效洁净的煤电技术。

早在 1800 年 Jacques 等人就建造了一个 1 kW 级的直接炭燃料电池,电流密度获得了高达 100 MA/cm^2,展示了直接炭燃料电池的巨大发展潜力。但是随着蒸汽机技术的不断成熟以及科学界对燃料电池认识的浅薄,DCFC 的研究未能深入的继续下去。直到 20 世纪后期,随着能源价格的迅猛上涨,对环境污染控制的日益严格以及燃料电池技术的进步,DCFC 的研究又重新被提出。基于能源安全和能源结构(美国 55% 电力来自煤)的考虑,美国能源部大力资助 DCFC 的研究,分别在 2003 年和 2005 年组织了两次 DCFC 研讨会,有力地推动这一项技术的研究进展。

近些年来,燃料电池的研究大部分集中在以氢气为阳极的燃料电池,然而这些燃料电池的发展都面临一些严重的问题。首先,即使没有任何的技术问题,地球上也没有足够的催化剂和耐腐蚀材料供这些燃料电池使用;其次,这些燃料电池所用的燃料氢气存在着着火和爆炸等危险;第三,目前世界上氢气的产量仅仅能够满足合成化肥和石油化工的需要。氢气主要是通过甲烷和含炭燃料(煤、石油、天然气和生物质等)重整而生产的,这样氢气中便会含有一定量的 CO,而多数类型的燃料电池催化剂会因此而中毒,致使 60% 的能量无法利用。此外,液体燃料的重整也需要很昂贵的催化剂;固体燃料的重整需要大量的气体清除剂,这又会陷入储量和来源不足的问题中。相对于这些燃料电池,DCFC 直接将炭化学能转化为电能,无需进行重整汽化,也不需要贵金属做催化剂,具有其他燃料电池无法比拟的优点。

DCFC 是电化学效率最高的发电系统之一,理论能量转化效率甚至超过 100%,即

$$C+O_2 \longrightarrow CO_2 \qquad\qquad E^0=1.02 \text{ V}$$

由上式可知,嫡变为正值(600 ℃时 $\Delta S=1.6$ mol)时,结果导致其标准自由能的变化(600 ℃时 $\Delta G=395.4$ kJ/mol)大于标准熔变(600 ℃时 $\Delta G=394.0$ kJ/mol)。固相的反应物 C 和气相的产物 CO_2 各自以纯净的物质存在,它们的化学势即反应活性是固定的,不会随着燃料的转换程度和电池内部的位置而改变,这使得碳在全部的转化过程中电池的理论电压几乎能稳定在 1.02 V,从而实现最小的 Nemst 损失,这样燃料的利用效率就能够达到 100%,不包括余热利用实际的电能转化效率可达 80%,高于所有其他类型的燃料电池,更远高于传统的热机燃煤电站。与大多数阳极燃料相比,碳有着很高的体积能量密度,以氧气为氧化剂时,炭的体积能量密度为 20.0 kW · h/L,而氢气为 2.4 kW · h/L,锂为 6.9 kW · h/L,锌为 9.3 kW · h/L,镁为 11.8 kW · h/L,汽油为 9.8 kW · h/L,甲烷为 4.2 kW · h/L,2#柴油为 9.8 kW · h/L。

　　在低污染方面,DCFC 的优势就更加突出。用 DCFC 每发一度电所产生的烟气只有传统燃煤发电的十分之一,这是由于燃煤发电需要将煤和空气混合,而 DCFC 中煤与空气是隔离的原因。又由于 DCFC 发电是电化学反应,因此不会产生 NO_x 和粉尘等污染物。DCFC 烟气的主要成分为 CO_2,可方便回收利用,不再向大气中排放 CO_2,从而有效地抑制温室效应。

　　作为 DCFC 燃料的炭来源丰富,除煤以外,还可利用石油和天然气的含碳副产物,可再生的生物质(秸秆、果壳、谷物皮壳、草等),甚至是有机垃圾,这些物质经过热解即可变成炭,仅美国一年的炭黑产量就可以达到数十亿千克。DCFC 电站是模块化结构设计,可根据实际情况,经济方便的调整电厂的规模,因此 DCFC 适于建设坑口电站,变输煤为输电,从而降低煤在运输中造成的污染并节省运输费用。煤是地球上储量最丰富的化石能源,占化石能源总储量的 60%,只需要稍加预处理,即可应用于 DCFC,这与将煤裂解成煤气后再应用于熔融碳酸盐燃料电池和固体氧化物燃料电池相比,不仅操作过程简单,节省资金,排放污染物少,而且可以大大提高能源的利用率。因此 DCFC 技术是特别适合我国的能源结构,是我国急需的能源技术。

第9章 氢经济以及氢政策

本章提要 本章从氢经济、氢的经济成本、氢的安全以及氢政策的角度出发,阐述了氢能对汽车工业、能源工业以及环境成本等方面的影响,以及各国政府对氢能政策的制定。

9.1 氢 经 济

与能源来推动的"化石能源经济"相对应,"氢经济"(Hydrogen Economics)就是以氢为能源来推动的经济。发展氢经济是人类摆脱对化石能源的依赖、保障能源安全的永久性战略选择。20世纪90年代以来,世界主要发达国家和国际组织都对氢能研发和实现向"氢经济"的转化给予极大重视,投入巨资进行氢能相关技术研发。

虽然氢气的制取、储存和运输的方法有很多种,但是目前为止并没有确定这些方法中哪个更突出、更合理、更占优势。从经济的角度来讲,用氢和燃料电池来发电是非常浪费的,其成本是电网供电的四倍。事实上,如果能源被直接传输到设备中,其使用率将会更加高效。而在投入实际操作中,低密度、极低沸点的氢在被压缩和液化的过程中,将会增加能源的消耗成本以及储存的投资费用等。太阳光线里面的能量含量较低,这使得光合作用的能量转换效率必须保持在较高的水平,而且使得光生物反应器的发展受到很大局限。对于动力能源(如轮船、汽车、飞机)、建筑或便携式电子设备而言,氢能源是十分值得推崇的。在氢能源经济中制氢占十分重要的地位,当今最有前景的制氢方法之一是通过生物质的转化,这些原料不但分布广泛,丰富而且更加清洁,再利用率极高。展望未来,到21世纪末,太阳能源型燃料将会纳入全球能源经济选择范围之内。

发展"氢经济"需要一个完整的氢能源体系作为基础,氢能源体系是由生产、运输、存储、能量转化和应用五个环节组成的,这五个环节既相互影响,又相互依存。在向氢经济转化的过程中,需要新建大量的储存、运输氢能以及发送氢能源到终端使用者手里的基础设施,这些都需要巨大的投资费用。氢能的使用同时也会带动一些可再生能源设备,如电解水设备、燃料电池、储氢器等一系列新兴制造产业,全面推动经济发展。而核聚变电站、太阳能电站、风力电站及潮汐电站的发展又可以与氢能技术进一步结合,把人类利用能源的水平提高到新的水平。

由于在现存资金储备的成交量非常缓慢,目前"氢经济"离我们现实社会还有一定距离,发展"氢经济"还面临很多困难和挑战。在氢能发展中,应侧重在氢的应用技术的研发上,首先为氢找到适宜的终端用户和适宜的终端用氢技术,以此促进氢的生产、运输和储存技术的研发和规模化发展。所以相对于很多工业化发达国家来说,发展中国家的这种过渡期可能开始的比较晚。这些工业化国家越早开始这种向氢转换的过渡期,那么它们就会越快达到这种能源的可持续性。我国除了在此领域密切跟踪之外,还应结合我国地域辽阔、无电地区广大的特点,发展移动式、便携式、小型化的用氢技术。

作为光合作用的产物,有机物与微生物可以被用作可持续化氢生产的最多样化、可持续利用非汽油资源。其最突出的优点就在于其能够源源不断的供应,而不会突然中断,因此在一些农业剩余物、生物量产量以及微生物产量都十分丰富的国家,这些有机物质可以被有效的回收利用,这使得产氢率大大提高,可实现氢经济。然而,在这个生物质的转化过程中,最严峻的问题并不是技术上的不足而是经济上的问题。虽然有机物和微生物汽化工艺已经应用于发电和产热等,但是与日俱增的氢需求使生物质的转化技术在不久的将来从经济上达到可行。

在国内很多可持续的能源都可以用作来生产氢。工业制氢可以通过天然气的汽化或电解等方法。不同制氢方法来制取液氢时的成本如表 9.1 所示。相对于电来说,天然气更为低价,在工业大规模生产中,蒸汽汽化比电解更加的便宜,其他方法还是较贵。至于氢能输送价格,目前用管道输送氢气的价格最低。

表 9.1　不同制氢方法的成本比较

	$kW \cdot h/L$	价格/(美元·$(kW \cdot h)^{-1}$)	价格/等同于美元/L 汽油
生物液态氢	2.64	0.123	1.00
柴油制氢	10.00	0.050	0.45
石油液态氢	2.64	0.073	0.58
汽油制氢	9.10	0.060	0.55
天然气制氢	10.20*	0.016	0.15
风能制氢	2.64	0.268	2.36

* 单位为 $kW \cdot h/kg$。

9.2　氢气的经济成本

9.2.1　氢能与汽车工业

汽车工业是国民经济的支柱产业之一,它在给社会带来巨大经济效益的同时,也造成了严重的环境污染和石油资源的匮乏。21 世纪汽车工业发展首先要解决的两大问题:①如何面对世界石油资源日益减少与石油消耗持续增长的现实? ②如何面对世界各国日趋严格的排放限值标准及要求改善人类生存环境的强烈呼声?在过去的近 20 年中,轿车汽油机经历了从化油器到电控汽油喷射,又到发动机集中管理系统的技术飞跃,这些为降低汽油机的能耗和减少有害物的排放作出了重要贡献。

氢燃料电池是指使用氢气作为活性物质,与氧气(或空气中的氧)发生电化学反应,在清洁的状态下获得直流电能的发电装置。其过程不涉及燃烧、无机械损耗、能量转化率高(达80%)、产物仅为电、热和水蒸气,实现了零排放。另一方面,近年来氢能燃料电池技术的迅速发展也为其运用于汽车创造了条件。随着技术的进步,燃料电池的功率密度不断提高,电池组的输出功率不断增大,电池的体积和成本也明显降低,而且 FC 运行平稳,无振动和噪声,因此以氢为动力的燃料电池汽车技术得到了世界各国政府和企业的高度重视,并且取得了重大进展。

美国通用汽车公司是全球“氢能经济”概念的倡导者,并在燃料电池等“氢能经济”相关技术领域保持领先地位。从 1998 年起通用就建立了专门研发机构开发燃料电池技术,作为未来交通可持续发展的解决方案,通用汽车认为以氢为能源的燃料电池将是 21 世纪汽车的核心技术。通过降低成本和提高续程能力,通用汽车的目标是成为第一家售出100万辆燃料电池车的公司。加拿大巴拉德公司,戴姆勒-奔驰公司及美国福特公司联合组建了合资公司——DBB燃料电池发动机公司。

汽车用燃料电池研究最多、最成功的是质子交换膜燃料电池(PEMFC)。由于具有能量转化率高、低温启动、无电解质泄漏等特点,PEMFC作为第5代燃料电池被公认为最有希望成为电动汽车的理想动力源。近年来,PEMFC技术取得了重大突破,燃料已经实现内重整,使得系统体积大为减少,有望进一步"减负";更重要的是催化剂中Pt载量大为降低,成本问题有望得到解决,相信PEMFC汽车在不久的将来能够实现商业化。

目前燃料电池汽车的产业化至少有三大困难要克服:

(1)氢源问题

包括氢的制备、储存与运输。地球上的氢虽然蕴藏丰富,但是不易直接获得。氢通常通过电解水获取,也可从石油、天然气和煤等化石燃料中转化而得。但是这些制氢方法并不能完全摆脱化石能源的束缚,因此从长远的角度上考虑,氢必须通过可再生能源获得,如生物能、水电、太阳能、风能或地热能等。对于FCV来说,如何安全、有效地将氢储存在汽车上的问题显得尤其突出。原则上,常用的氢的储存方式有高压气态、低温液态和固态,其中固态氢是用金属及合金的氢化物吸附氢,就像海绵吸水一样,储氢效率很高,安全性好。液氢不适宜汽车使用。

(2)成本问题

由于要用到贵金属Pt,因此成本居高不下。目前虽然石油比氢便宜得多,但随着石油的减少,价格上升,再加上污染环境治理的成本,氢就显得更经济。此外,批量生产燃料电池,研制新的电池材料,可以进一步降低成本。

(3)加氢站等基础设施缺乏

如果没有大量方便的加氢站,FCV不可能正式走上高速公路,但如果没有大量的FCV所产生的需求,大量的加氢站又不可能出现。要解决这一矛盾需要政府、社会、能源公司方方面面的参与。

与其他发达国家相比,在我国发展燃料电池汽车工业的需求更强烈,有着重要的战略意义。随着我国国民经济持续高速发展,汽车进入家庭成为趋势,中国作为世界上最大的发展中国家,汽车市场存在着巨大潜力。如果燃料电池汽车的成本降低到大家所能接受的水平,其对我国经济增长所作的贡献将相当可观。

我国20世纪90年代初时许多科研院所就已经开始研究和示范PEMFC及其在车上的应用。据不完全统计,到目前为止,我国已经自行设计、制造、实验了7辆不同型号的燃料电池样车。目前,我国已经进行了"氢能的规模制备、储运及相关燃料电池的基础研究"(即氢能973项目),"十五"氢能项目以及"863"燃料电池汽车等重大专项。2002年1月中国科学院在大连宣布启动科技创新战略行动计划重大项目——大功率PEMFC发动机及氢源技术,研究和开发自主知识产权的75 kW和150 kW燃料电池发动机及氢源成套技术,使燃料电池汽车时速可达120 km以上,而在2008年北京奥运会期间,由燃料电池驱动的轿车就已经在赛场上投入运行。武汉大学化学与分子科学学院发现了燃料电池技术的原创性突破:他们所研制的碱性聚合物电解质燃料电池,有望未来大幅度降低成本。

发展氢燃料电池汽车是我国经济持续发展的新的增长点,氢燃料电池技术也将引发一场汽车技术革命。采用燃料电池发动机作为汽车的动力之后,汽车结构会发生重大变化,燃料电池汽车技术的研发则不断升温,正在成为世界各主要发达国家和汽车厂商在 21 世纪重大技术领域进行竞争的焦点之一。2000 年,我国汽车工业产值已超过 3 000 亿元。在未来 20 年内,巨大的潜在需求将使汽车产销保持高速增长势头。

9.2.2　氢能与能源工业

能源按其生成方式可分为一次能源和二次能源。一次能源是指自然界中以天然的形式存在且没有经过加工或转换的能量资源,而二次能源是一次能源直接或间接转换成其他种类和形式的能量资源,如煤气、焦炭、汽油、煤油、柴油、电力、氢气等。如果将来的控热核聚变采用氢的同位素氘和氚作原料的话,根据一次能源的定义,氢就是一次能源。未来能源工业中氢能的重要地位主要体现在以下两个方面。

(1)氢能发电

随着氢气制备与安全储运技术、燃料电池发电技术以及电能变换与控制技术的不断发展和日趋成熟,氢能发电技术即将获得广泛应用,并将导致能源领域的一场革命。氢能发电系统主要由氢源、燃料电池和电力变换器及其控制系统组成。其显著特点是发电效率高、环境友好、机械传动部件少,特别是基于 PEMFC 的氢能发电系统还具有工作温度低、无烟气排放、伪装性能优良等特点,其民用和军用价值都很高。

目前全世界都在推动第二代能源系统的建设,其特点是燃料的多元化,设备微型化和分散化。与常规的集中供电电站相比,分布式供电方式具有如下优势:

①长距离输电的能耗也非常大。燃料电池的出现使每一栋楼房和每一家住户都可以成为发电的场所(燃料电池系统可安装在任何地方),由此,可减少发电和输电时的大量能源损耗,并可充分利用发电时产生的热能(例如楼房、住宅取暖、热水供给等)。

②分布式供电方式不需远距离运输配电设备,输电损失显著减少,运行安全可靠,可以满足特殊场合的需求,提高能源利用率。

③相对于化石能源而言,可再生能源能量密度较低、分散性强,而且目前的可再生能源利用系统规模小、能源利用率较低,作为集中供电手段是不现实的。分布式供电方式为可再生能源利用的发展提供了新的动力。

因此,随着技术的不断发展,氢能发电是继火电、水电和核电之后的第四代发电方式,将为经济发展做出重大贡献。

(2)动力燃料

如前所述,氢能具有可储性。随着化石燃料的日益枯竭,氢能将逐渐取代柴油、汽油成为新的可贮存的动力燃料。氢可以通过太阳能、风能和水能发电电解水,生物质汽化分解(全生命周期内的碳循环是闭合的),光化学、热化学或生物化学方法分解水等方法制得,这不仅满足需求量大的要求,也符合可再生持续发展的要求。

9.2.3　氢能与环境成本

(1)环境成本的定义与分类

近年来,高科技的发展推动了生产力的迅速进步,然而由此造成的环境破坏问题也日益严重。这些问题向人类提出了严峻的挑战,加强环境保护、合理利用自然资源成为人类的共识。

由于企业控制并使用大部分环境资源,对环境产生着重要的影响,从企业的角度考虑环境破坏的治理显得尤其重要。

　　传统的成本理论一般是从人类经济活动的角度出发,以生产的某一空间和时间范围来界定成本的范畴,它只反映了那些生产中直接消耗的,并能以货币计量的,能以价格确认和交换的物化劳动和活劳动的耗费。随着人类生产和贸易活动的不断发展,与生态系统的相互作用也不断增加。当人类从生态系统中获取资源的强度超过它的自然再生能力,而排放废物的强度超过它的自然净化能力之时,生态系统就会受到破坏,它的持续生存能力也因此而受到人类生产活动的威胁。

　　为此,对经济效益进行评价时需要从人类全部活动过程和整个生态环境资源的大视角出发来界定成本的范畴,要充分考虑资源环境的消耗与破坏,于是提出了产品的"环境成本"概念。

　　环境成本的定义有多种方式,日本环境厅将环境成本定义为"以降低因企事业单位活动产生的环境负荷为目的所支付的成本及相关费用,包括环境保全的投资额和当期费用"。荷兰国家统计局把环境成本定义为"为了防止一项设施对周围环境造成不利影响而进行的环境保护活动所发生的成本"。而联合国国际会计和报告标准政府间专家工作组将环境成本定义为"本着对环境负责的原则,为管理企业活动对环境造成的影响而采取或被要求采取的措施的成本,以及企业因执行环境目标和要求所付出的其他成本"。

　　企业从其控制和管理经营成本的角度出发,对环境成本有不同的理解和定义。管理的目的不同,管理的范围不同,管理的对象不同,环境成本的定义也相应会有所区别,但综合而言,环境成本就是"以保护资源、维护生态环境为目标,充分考虑产品生产前后对生态环境所产生的影响,按所测定的自然资源消耗标准,对产品投入进行计量和控制,并列计必须的资源消耗与环境治理补偿性费用,使其成为必要消耗与必要补偿组合而成的产品价值的载体"。

　　相对于传统成本而言,环境成本内容更为广泛和复杂,其分类方式也有许多,如按环境成本与环境质量的关系分类,环境成本可分为:环境保护成本、环境监测成本、环境内部失败成本和环境外部失败成本;以利于管理决策为中心分类,环境成本可分为:传统成本、潜在成本,或有成本、公关成本;以降低环境负荷为中心分类,环境成本可分为:生产过程直接降低环境负荷的成本、生产过程间接降低环境负荷成本、销售及回收过程降低环境负荷的成本、企业环保系统的研究开发成本、企业的环保支援成本以及其他环保支出等。

　　环境成本具有不同于企业其他成本的特征,主要表现在递增性、可追溯性和相关性:

　　①递增性是指随着环境资产的日益稀缺及经济发展而导致的劳动力成本、研究治理成本上升,使企业环境成本必然逐年递增。工业经济的大发展直接导致了世界环境资源的日益稀缺,按照价值规律,环境资产的价值必然上升,其使用成本也必然上升。

　　②可追溯性即使企业导致环境问题的行为在当时有关的环境法律根本不存在,或者说在当时是合法的,企业也应对其环境问题负有责任,我国最通俗的说法是谁污染谁治理,包括以前污染的现在也要治理,这就涉及治理的成本费用问题。

　　③相关性是指企业对环境问题其他责任方的环境恢复成本、环境使用成本负有相关责任。即企业应对生产经营中的供应方的材料来源是否污染及破坏环境,销售对象深加工和消费是否会因本企业的工艺技术问题而污染破坏环境等负有相关责任。

（2）氢能对环境成本的影响

2001 年,我国 SO_2 排放量达 19.48 兆吨。SO_2 和酸雨造成的经济损失约占 GDP 的 2%。世界银行估计,1995 年中国环境污染对不同范围造成的损失约为 480 亿美元,占当年国内生产总值的 7%。到 2020 年,如果其他各种条件不发生改变,仅仅城市居民健康的损失就将占国内生产总值的 13%。2000 年全国仍有 76% 的居民使用煤和柴草,室内空气污染严重。在农村,由此引起的呼吸道疾病是导致死亡的祸首。农村生活用能源仍有 55% 依靠薪柴和秸秆。薪柴消费量超过合理采伐量 15%,导致大面积森林植被破坏,水土流失加剧。

如果氢能源能够广泛应用,就可以大大减轻环境污染。即使不能完全消除由环境污染造成的经济损失,哪怕只改善一小部分其在经济上体现的数目也是相当可观的。事实上,只要能有效减少不必要的损失,这也是通过其他办法提高生产效率而促进经济增长的一种方式。再有,若环境成本折算成经济成本的问题得到合理解决,氢能从生产到应用时刻体现出清洁环保的特点,故环境成本较低,从而具有很强的竞争力。

综上所述,虽然目前氢能离实际应用还存在一段距离,但其特有的优越性能特点,将在汽车工业和能源工业中掀起一场革命。作为一种清洁的可再生能源,氢能越来越受到人们的关注,我们应该利用这一大好时机,行动起来,推动氢的相关技术如制氢、储氢和燃料电池等技术的发展,促进氢经济的早日到来。

9.3　氢能政策

能源政策包括生产、分配和消耗三大问题。这也是用来解决给定实体存在的重大问题的方法。能源政策可能包括国际条约用于商业贸易活动的法律规范(如贸易、运输、储藏等)、鼓励投资的优惠政策、能源生产的指导方针、税收或其他公共政策技术,还有与能源排放相关的研究和发展、能源经济、整体的能源贸易协议和市场经营等,当然也包括能源多样化以及未知因素所可能导致的能源危机。

由于原料、石油的价格以及迅猛发展的科技等因素在经济领域中有很大的不确定性,任何支持和鼓励生物燃料应该提供对于生物柴油和乙醇的供应刺激。政策选择包括奖金和减免税收。由于化石燃料的价格上涨(尤其是石油、天然气和煤气),对生物数量上竞争力的利用已经随着时间的推移有了相当的进步。生物质和生物能源是能源政策中的关键。

政府需要对过渡到氢能经济所产生可能的影响给予足够的重视,氢的生产依赖于水和能量,而后者正在逐渐减少并且成为政治问题,其严重性如同石油和天然气的问题一样。

由于一些技术和经济的原因,目前对于氢能源的实际利用没有普及到世界上从富到贫的每一个国家。对发达国家,积极投入氢能源的发展和研究。尤其是通过国际合作项目。在氢能源技术变得有竞争力的时候,可以促进对它的认识。对于发展中国家所面临的一个最大的窘境是如何投资氢能研究并且把它转变成经济效益。大多数发展中国家可能倾向于投资氢能技术而不是成为尖端科技的发明者或研究者,因为发展中国家普遍被城市效应污染,经济也因向密集型转化而困扰,但至少发展中国家可以从工业化的氢能源经济的进程中得益。国际组织在帮助建立一个有关氢能源和其他清洁能源的市场基础的政策中扮演着重要的角色,同时也应该支持发展中国家向氢能源经济转化、生产和分配等。

在燃料电池系统的可持续能源供应的贯彻下,氢能的市场份额越来越大。可持续发展的概念包括链接互联的思想、经济、社会和环境间关注度的平衡。对于全球而言,能源是对社会发展和经济增长的重要投资,能源的需求量正在不断提高,商业性能源的消耗量在发展中国家增加得更快。在发展中国家的能源消耗量已经超过过去 30 年的 4 倍,并且在未来预计继续迅猛增长。

欧盟政策旨在考虑到与能源政策最密切的相关的包括欧盟经济的竞争力、能源供应的安全性、环境保护。表 9.2 列举了氢能在代用燃料中所占比例与在欧盟所拟定的最佳发展中与其他汽车燃料的比较。2003 年,欧盟委员会(EC)颁布了《促进交通工具使用生物燃料指令》,目标是使其成员国在 2005 年将机动车生物燃料的混合比例提高到总燃料的 2%,并使这个比例在 2010 年提高到 5.75%。目的是利用生物燃料加强欧盟整体的经济竞争力、优化能源政策、降低温室气体排放、提高就业,并强调发展生物能源能够提高欧盟能源供给安全。

表 9.2　氢能在代用燃料中所占比例

时间	生物燃料	天然气	氢能	总和
2010	6	2	——	8
2015	7	5	2	14
2020	8	10	5	23

各国在燃料种类、燃料作物的选择、种植方式、转化技术及生产成本等方面具有很大的差异。为促进生物燃料发展和鼓励消费,各国政府采取了多种支持政策,主要体现在补贴支持、税收支持、金融支持、边境措施、技术标准五个方面。

巴西是世界上第一个出台生物能源政策的国家。《巴西乙醇计划》开始于 1975 年,2003 年以后巴西乙醇产业大发展,归于两个因素:一是科学家采用了耐燃材料,研制出"柔性发动机"。这种发动机耐腐蚀,可以使用任意比例的乙醇混合汽油作为燃料,柔性发动机得到广泛推广。2009 年,巴西生产的轻型车和摩托车 100% 都采用"柔性发动机",消费者可以随时更改他们油箱中的燃料类型;二是巴西的乙醇生产采用的是产量高效的甘蔗,其产量是玉米的 6 倍。甘蔗能够很容易地适应巴西的环境,四季可以生长,降低了生产成本。

欧盟各国主要采取了两种方式促进生物燃油的发展,一是对机动车车用燃料添加生物燃料的成员国实行免收欧盟最低税的政策,二是对生产用燃料的植物种植给予奖励,并出台政策补贴生物燃料用农作物的生产。

英国、法国等都是传统的农业补贴大国,其政府限制了对其他农产品如大豆和向日葵的补贴数量。随着这些政策的出台,欧洲汽车生产商加快了研发速度,使新车型能够配合新的生物燃油的使用。据国际能源署(IEA)报告,现在欧洲大多数的交通工具都可以使用低比例的生物和化石混合燃料。

美国是世界上利用玉米生产生物乙醇规模最大的国家,美国制定的促进生物能源的法案中,最有代表性的法案是 1992 年《能源法案》(EPACT),它支持了可再生能源的发展,从 1994 到 2002 年,政府一共给予包括生物能在内的新能源共 2 650 万美元补贴。《1999 年美国总统之行政命令 13134 号》制订了生物燃料发展规划,此命令还包括设立永久性理事会,理事会成员由能源和农业局长、环保局署长、国家科学基金会主任和其他机构的领导组成。为了保护国内的生物燃料生产企业对进口生物燃料乙醇征收关税。以玉米为原料的生物燃油工业在 2007 年经济危机中得到了 0.3 亿美元的税收抵免,比其他可再生能源产业得到的税收抵免高

4 倍。

日本产业省(METI)是日本氢和燃料电池技术的主管单位。NEDO 公司是日本产业省的全资公司,负责日本氢和燃料电池项目管理、资金、学术研究项目,也是工业和政府项目的管理中心。NEDO 有三个关键氢能项目:

(1)加氢基础设施,重点在基础研究和材料、车载储氢容器、氢气运输及加氢站。目前日本有 15 座加氢站,主要分布在福岗、大阪、东京、横滨等地,计划到 2025 年全日本将建立 1 000 座加氢站。

(2)家庭用燃料电池热电联供的固定电站("ENE,FARM"):已于 2009 年 5 月 5 日正式宣布开始商业化,到 2010 年 3 月已安装 5 000 台。每台售价 370 万日元,其中政府补贴 140 万日元,实际售价 200 多万日元。

(3)燃料电池汽车将于 2015 年开始商业化:预计 2010 年的售价为 5 万美元,政府还是要出台财政补助政策,另外混合动力、插电式(plog-in)、纯电池电动车也同时在市场上销售。计划到 2025 年日本有 200×10^4 台上述 4 种车型在路上行驶。

鉴于我国严峻的能源、资源及环境状况,必须制定长远的能源发展战略。我国能源产业要在强化节约和高效利用现有能源的同时,构筑稳定、经济、清洁的能源体系;在增强石油战略储备能力的同时,加快发展可再生资源和清洁能源,重点发展生物氢能。政府要加大科技投资力度,强化生物制氢技术研究和开发,建立包括生物工程技术、环境工程技术和清洁生产技术等在内的绿色技术体系,政府可以根据我国特殊的国情制定出政策。

(1)中国生产生物燃料的原料是粮食,现在 80% 的乙醇原料是谷类。作为世界上人口最多的发展中国家,国家粮食安全显得尤为重要。尤其是 2007 年粮食危机出现以后,国内粮价受国际粮价的影响大涨。因此中国生物燃料长期稳定的发展必须建立在粮食安全和国内粮食储备充足的基础之上,促进开发替代粮食资源,如以各类木质纤维类生物质(如农作物秸秆)作为生产生物乙醇的原料。

(2)生物燃料的价格不能与原油相比。每年中国政府为生物燃料消费补贴 15 亿人民币,如果没有政府补贴和财政支持,乙醇生产商根本没有利润。因此只有突破性的科技进步才能实现扩大生产。中国可以学习美国经验,专门为生物燃料的研发建立研究基金,一次提高科研院所或企业对生物燃料生产技术和生物燃料内燃机技术改革创新的积极性。

(3)进行国际经济技术合作,欧美和巴西等国家或地区对燃料乙醇的研究和应用起步早,发展迅速,已形成由能源部、农业部和环保局共同负责,并由相关企业和研究所承担有关研究项目的研发体系。中国可以吸收美国、巴西和欧盟的科学技术,结合中国生物资源的特点,开发出适应中国生物能源发展的新路。

(4)政府应加大对生物燃料相关农业产品种植的补贴力度,使农民种植生物燃油用经济作物没有后顾之忧。中国加入 WTO 后,中国农产品市场的大门被打开,2008 年中国农产品的进口关税简单平均税率已经被降到了 15% 左右,和欧盟的农产品关税相当,因而欧盟的粮食价格在国际粮食市场上有足够的竞争力。另外一方面中国应该将农产品补贴作为今后农业发展的重点。

目前在国内发展生物燃料存在极大的机遇和优势:

(1)收集农作物废料的人力成本低,具有极大的竞争力。

(2)发展以秸秆、纤维素为原料的第二代生物燃料有利于农民增收和农村经济发展。

（3）国内生物燃料市场庞大，有利于生物燃料大规模的生产、推广。

尽管目前中国与发达国家相比，在发展生物能源上仍有很大的差距，但只要制定出适当的政策鼓励生物燃料及原材料的生产、研发和消费，相信中国将来一定会使生物能源在中国能源结构中发挥巨大作用，造福中国，造福世界。

9.4　氢的安全

9.4.1　氢气是安全的燃料

氢是一种高能燃料，与其他燃料相比，氢气是一种安全性比较高的气体。氢气在开放的大气中，很容易快速逃逸，不像汽油蒸汽挥发后滞留在空间中不易疏散。氢焰的辐射率小，只有 0.01 ~ 0.1，而汽油–空气火焰的辐射率大于 0.1，即后者几乎为前者的 10 倍。

国内外大量的使用实践经验表明氢有十分安全的使用记录。总结国内外的用氢经验，氢的常见事故可以归纳为以下几个方面：未察觉的泄漏、阀门故障或阀门漏泄、安全爆破阀失灵、放气和排空系统出事、氢箱和管道破裂、材料损坏、置换不良、空气或氧气等杂质残留于系统中、氢气排放速率过高、管路接头或波纹管损坏、输氢过程中发生撞车和翻车等事故等。表9.3 为美国 1967 ~ 1977 年 10 年中的工业用氢事故进行的统计分析，把收集到的 145 起事故原因分成以下 7 类。

表 9.3　氢事故分类

事故原因	事故发生的次数
未察觉的漏泄	32
氢氧废水的爆炸（核电厂）	25
管道和压力容器的破裂	21
不适当的惰气置换	12
放风与排气系统的事故	10
氢跟氯的反应事故	10
其他	35
总计	145 次

在这些统计的工业事故中，氢只是作为石油精炼、氯碱工业或核电厂中的副产品或废气来对待，并未真正涉及它在氢能领域中的使用。同时，这些事故的发生也并未牵涉氢的安全处理新技术。

以上这些事故原因还必须和着火条件相结合才能酿成灾祸，着火条件包括火源（如热点火源和电点火源，其中也包括静电和气体摩擦、冲击波等）以及氢气跟空气或氧气的混合物处于当时、当地的着火和爆震极限之中。因此通过严格的管理和认真地执行安全操作规程，其中绝大部分的事故都是可以消除的。

9.4.1.1　高压氢气泄漏危险

由于氢是一种非导电物质，高压氢气瓶的密封泄漏非常危险。高压氢气泄漏时在漏隙处产生高速氢气流动,由于气流内自身的摩擦或气流和管壁的摩擦,使氢气流带电,而随着气流速度的增加,氢气流的静电位也升高,从而形成高电位氢气流,使带电氢气在空气中着火燃烧。氢气瓶和排氢管道有良好的接地设施时,可以避免静电积累。这样如果泄漏的氢气高速流动通过导管变成低速排到大气中,危险性就大大减少了。

表 9.4 中列举了不同工业气体的黏性系数,氢与其他气体相比,它不仅分子量最小,而且它的黏度也是最小的,气体的泄漏速率基本上可以说和黏度成反比。氢的黏度最小,所以它具有最大的泄漏速率。但氢极易扩散,氢的扩散系数比空气大 3.8 倍,若将 2.25 m^3 液氢倾泻在地面,仅需经过 1 min 之后,就能扩散成为不爆炸的安全混合物,所以微量的氢气泄漏,可以在空气中很快稀释成安全的混合气。这又是氢燃料一个大的优点。燃料泄漏后不能马上消散是最危险的。氢气瓶安放的地方只要保持敞开性和良好的通风,安全是有保障的。氢的另一个危险性是它和空气混合后的燃烧极限的范围很宽,按体积比计其范围为 42% ~75%,氢和空气的混合物,其爆轰极限为 18% ~59%(按体积比计)。因此不能因为氢的扩散能力很大而对氢的爆炸危险放松警惕。

表 9.4　不同工业气体的黏度系数

工业气体	黏性系数/(kg·(m·s⁻¹))	温度/℃
氧	$20.683×10^{-6}$	25
氦	$19.79 ×10^{-6}$	25.22
空气	$18.451×10^{-6}$	26.67
氮	$17.856×10^{-6}$	26.67
二氧化氮	$15.029×10^{-6}$	26.67
甲烷	$11.16×10^{-6}$	26.67
氢	$8.928×10^{-6}$	25

9.4.1.2　液氢的安全

液氢是一种仅次于液氦的深度冷冻液体,其液态的温度保持在 20.3 ~14 K 之间。当液氢中混有空气或氧气等杂质时,会在液氢储罐或管道、阀门中凝结成为固态的空气或氧气,堵塞管道;而固态的空气或氧气在受热时又会先挥发成气体,并与挥发的液氢构成易爆的可燃混合物,在管道或容器内部或在其排放口造成燃烧或爆炸。

由于储存液氢的容器内外之间传热温差较大,外部热流会从周围的环境不断传入容器内部,使液氢不断汽化。挥发过程中产生的氢气不断积累在一个密闭的容器内部,密闭管道或容器内的压力就会随储存时间的延长而升高,致使液氢储罐超压破裂。为了避免这类事故,人们设计了液氢储罐,液氢储罐用高绝热材料做罐壁,罐内设置了排气管、液面探头,储罐还有液氢汽化装置,可及时将液氢变成气态氢供用户使用。

液氢与其他液化的气体燃料相比,其挥发快,有利于安全。假设 3 m^3 的液氢、甲烷和丙烷分别溅到地面上并蒸发,假设周围是平坦的,风速为 4 m/s,图 9.1 给出它们影响的范围,丙烷、甲烷和氢的影响范围分别为 13 500 m^2、5 000 m^2 和 1 000 m^2,可见液氢的影响范围最小。

在封闭的或者局部封闭的空间,液氢的溢出可能引起氢和空气混合物爆轰。有文献报道在 6.4 m×4.054 m×4.115 m 的木质房内(总体积为 106.77 m^3),溢出液氢后并形成可燃蒸汽

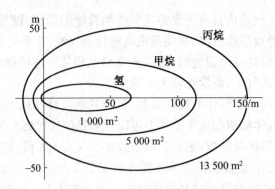

图 9.1　3m³ 液化燃料溢出后产生可燃气体混合物的面积(风速 4 m/s)

的混合物进行点火试验,点火源采用能量较弱的电火柴(electric match)和能量较强的 M-36 军用雷管,溢出液氢量从 10~30 L 仅产生爆燃,当溢出的液氢从 30~40 L 后(相当于氢浓度 32.6%~31.5%),则产生爆轰。

试验结果表明产生爆燃或爆轰主要取决于液氢溢出的量(即浓度),但爆轰的强烈程度与混合的均匀程度有关。溢出 40 L 液氢经过 30 s 之后均匀扩散(即达到 31.5% 氢浓度),即使用电火柴引爆,也产生最强烈的爆轰。爆破压力不仅冲破了房子的木结构,打碎了专门设计排放内压的一堵纤维板壁,还毁坏了房内的所有设备。

纯氢和氧进行燃烧,它的燃烧产物主要是水蒸气(H_2O)和很少量的羟基(OH^-)。羟基是燃烧反应中的一种寿命较短的中间产物,羟基辐射光带在近紫外光区内,水蒸气的辐射光带在红外光区内,H_2O 是最终的燃烧产物,因此氢燃烧时的火焰应是无色透明的,但实际上在氢火焰中有少量的可见光,主要是其中有一些微量杂质,使氢火焰带上颜色。由于以上的原因,要判明氢火焰的确切位置是比较困难的,这是氢燃烧时的另一种特性。在氢-空气火焰中,羟基 $OH-$ 的辐射以带状光谱形式出现在近紫外光区内,主要谱带的高峰波长分布在 0.22~0.4 μm。水蒸气的辐射几乎全在红外区内,它的光谱带分布很宽,在 0.65~6.3 μm 的宽范围内。根据以上的光谱特性,选用相应的传感器来检测氢火焰的辐射能量,是可以确定火源的具体位置的。

9.4.2　氢的安全排放技术与安全处理

9.4.2.1　氢的安全排放

把氢排放到大气中去,应特别小心,因为排入氢最容易出现火灾或爆炸。目前人们还没有充分掌握氢的安全排放技术,尚有很多问题有待进一步研究。下面介绍的资料,主要是根据国外资料报道,亦结合我国的实践,总结出的一些规律。

氢是一种非导电物质,不论是液氢还是气氢,在导管内流动时,由于存在各种摩擦而使氢产生带电现象。当静电位升高到一定数值后就会产生放电。通常把这种现象称之为静电积累。静电位的升高并非简单的仅和氢流动的速度有关,通过对氢排放管道内气流参数和静电位关系的试验研究表明,静电位实际上是气流的热力状态的函数。

为了降低排放气流内的静电位,可在排放管出口安装了消电装置。消电装置用不锈钢材料(无磁化性)制成,虽然可以把氢气流的静电位降低到 5 700 V,但所有的消电装置都设计成针尖状结构,容易产生尖端放电,5 700 V 的静电位亦很不安全,有时会发生因放电而烧毁了消电装置的事故。试验时采用的静电位测量方法也比较粗糙,若直径大的排氢管出口无消电装置时,气流内的静电位高达 8 500 V,并没有产生放电着火现象。以上的试验所研究还是很初步的,还有待进一步核对这些数据。

由于氢气流的安全静电位很难落实到操作规范中去,而且测量静电位的误差大。有人建议以气流的马赫数为标准解决氢气的安全排放问题,并建议将该马赫数控制在 Ma=0.2 以下。氢氧发动机地面试车台上液氢储箱的排放系统、火箭动力系统的低温氢气的排放系统、火箭发射场的加注预冷排氢系统都是按 Ma=0.2 进行控制的,多年来的实践证明,按这个原则设计的排氢系统都是安全的,从未发生过排放系统内着火、爆炸等事故。

9.4.2.2　安全处理

氢气存储在高压气瓶内时是无色、无嗅、易燃的压缩气体。当空气中氢含量大于 4% 时,随时都可能发生火灾或爆炸。氢气的点火能量很低,静电就能将其点燃,燃烧时的火焰为蓝白色。

当氢气着火时,可以使用干粉、水流或水雾扑灭其周围的火。切断气源前不要灭火。用 CO_2 灭火时,氢气能将 CO_2 还原为 CO 而使人中毒,因此要特别注意安全。氢气对眼睛、皮肤都没有影响,但是吸入过量的氢气会导致窒息。氢气瓶应该存放在通风良好、安全、干燥的地方与可燃物分开,存储温度不可高于 52℃。

氢气钢瓶与氧气的钢瓶或氧化物要分开放置。氢气钢瓶应直立存放,阀盖完好并拧紧,钢瓶要固定好以防翻倒或磕碰。储存区内应有"禁止吸烟和使用明火"的警示牌。储存区域内不应有火源。氢的储存或使用区域内,所有电器必须具有防爆要求。使用氢气时不要在连好之前打开钢瓶阀。否则会自燃。用测漏仪器检测系统的泄漏,千万不要用明火测漏。

操作人员采取的防护措施:

(1)戴防寒、防冻伤的纯棉手套,以防止液氢冻伤。

(2)禁止穿着化纤尼龙、毛皮等制作的可能产生静电的衣服进入工作现场。

(3)穿电阻率在 108 Q·cm 以下的专用导电鞋或防静电鞋。

(4)在系统设计上应考虑既有遥控切断氢源开关,亦有手动应急切断开关。

(5)在离氢环境较近的建筑物或实验室内,应设有送风机,送风机的效果比抽风机好,因为送风机可以增加气流的紊流度以改善通风环境,房顶应可移动,不允许有凹面、锅底形的天花板,因为这样的天花板容易积存由于各种结构微量泄漏的氢气。

(6)一般的氢着火可采用干粉、泡沫灭火器或者吹氮气灭火,一旦发生着火,应立即切断氢源。

(7)被液氢冻伤的皮肤,只能用凉水浸泡慢慢恢复,千万不能用热水浸泡。

(8)氢-空气爆轰时,冲击波对人体有严重的伤害,而且人的伤害程度与各人所在位置不同,经受的超压程度也不同,伤害既可由爆炸产生的冲击波造成,也可由人体摔在其他物体上造成。

(9)穿着衣服的料子不同,静电积累的电位差也不同,文献提供了各种面料的静电位数据见表 9.5,便于应用时作参考。

表 9.5　不同服装面料的静电位

织物名称	静电位/V	织物名称	静电位/V
棉花	50	茧丝织物	850
黏胶丝织物	100	奥纶	900
羊毛织物	350	Dacron	1 025
醋酸纤维	550	尼龙	1 050

9.5　中国稳步走向氢能经济——中国的氢能路线图

9.5.1　氢能制备

提供氢能方式将会有多种选择,可以工业规模制氢,或通过管道或车辆向用户供应氢气,或发展现场制氢,或移动式氢源制备技术等。然而不管哪一种技术,什么规模,满足什么样的终端使用,都面临着共同的挑战,即生产和提供便宜、清洁的适用于不同用户的氢能。目前为止可以说,没有哪项技术能单独满足所有要求。

因此我们的制氢技术路线应该是:从更长远的考虑,要研究发展更先进的技术,从可再生能源中提取氢能,使氢能成为生命周期中的清洁能源;改进现有的各种技术,提高效率,降低成本,满足我国近、中期对氢能的需求;对化石资源制氢法要发展捕获和隔离技术,减少生产过程中 CO_2 以及各种污染物排放;既发展集中式规模制氢,也发展分布式制氢以适应不同用途需要;主要研究内容包括以下几点:

(1)煤制氢新工艺(技术)的发展和示范。研究煤等化石能源和资源化的结合,即采用适当的工艺,由煤同时生产氢气和化工原料,从而降低氢气的成本。

(2)发展先进的核能制氢方法。需要对确定和发展利用核能经济地生产氢的方法进行研究,这样可以避免碳的释放。利用先进核反应产生的高温热进行水的热化学分解应列在未来的核能计划中。

(3)发展捕获和隔离 CO_2 方法。通过煤地下汽化方法,并开发出成本低廉的捕获和隔离二氧化碳技术,使大规模生产低碳排放的氢气成为可能。

(4)开发先进的无 CO_2 排放的可再生能源制氢方法。如利用太阳能使藻类生物制氢、利用太阳能通过半导体电化学电解制氢、利用核能反应生产的高温热进行热化学制氢等技术等。

(5)提高电解水技术的效率。利用水电站、水电力和城市谷电电力生产廉价的氢能,使工业规模制氢和分布式制氢成为可能。

9.5.2　氢能储运

储氢材料的开发是解决氢能应用中氢储存技术难题的关键。传统的储氢材料由于其相对较低的储氢量和较高的成本等缺点已经逐渐不能满足日益增长的工业需求。

储氢材料按氢结合的方式可分为化学储氢(如储氢合金、配位氢化物、氨基化合物、有机液体等)和物理储氢(如羰基材料、金属有机框架材料等)。储氢合金种类繁多,性能各异。稀土储氢合金主要通过元素取代、表面处理等方法改进储氢性能,在镍氢电池等领域已得到广泛的使用,但其缺点在于储氢量不高,且成本太高。Ti 系、V 系等储氢合金,储氢量略高,价格相对便宜,但其分别存在难活化、抗毒性能差等问题。通过过渡元素取代改善性能,目前在某些实际领域也得到了一定的应用。

最近研究希望通过镁的配位化合物及镁与一些金属配位化合物的复合来降低体系反应焓,期待从热力学上根本解决镁基储氢材料放氢难的问题。

目前,我国还没有氢能的供应网络,然而氢能应用系统中是一个不可缺少的重要环节。氢的输送系统,包括管道运输、气罐、管状拖车、低温罐车等运输工具。氢的储存可以有高压气态、液态以及化合物状态。但到目前为止,还没有一项现有技术能满足最终用户对储氢的要求。

在我国,利用罐状容器来储存高压氢是最为成熟的工业技术,但它的容量密度低。为此,可以通过提高氢气的压强到 350 ~ 700 MPa 的办法来解决,但在这个加压过程的同时,也增加了对材料强度、结构设计和密封性等技术的要求。

氢气液化是储氢的一个有效方法,它大大减少了储存体积,但是需要超低温容器,同时液化 1 L 氢要消耗电能 3 kW·h,而且在储存过程中,液氢还会发生自然蒸发。

氢能运输和储存的目标是在全国形成和建立氢能的供应体系,以低廉合理的价格将氢运送到各地用户。由于氢的分布式生产和运输,成本、安全和可靠性将直接影响整个氢供应网络,因此需要研究示范以验证其制氢体系的布局和氢能运输设施。

氢的储运系统的研究内容有:

(1)结合氢能生产和消费地区布局,研究规模式制氢和分布式制氢相关的运输系统的合理性和经济性。

(2)改进氢气运输系统中设备和部件,如氢传感器、管道材料强度、泄漏、压缩机和高压分离软管等。

(3)发展有商业价值的储氢技术,包括高压气氢和液氢,探索先进储氢技术,如轻金属氢化物和碳纳米管储氢等。

(4)提高储氢材料的性能,发展先进材料。

9.5.3　氢能的使用与教育

能源是国民经济发展和人民生活的物质基础,作为燃料,氢能在发动机、内燃机内燃烧转换成动力,成为交通车辆、航空的动力源或固定式电站(集中式大规模电站或分布式电源);燃料电池可用作电力工业的分布式电源,交通部门的电动汽车电源以及电子工业部门微小型便携式移动电源等。

不同种类的燃料电池处于不同的发展阶段,质子交换膜燃料电池(PEMFC)已有商业示范,应用于固定电站和便携式装置中,我国已有多辆 PEMFC 汽车示范;小型直接甲醇燃料电池(DMFC)就要崭露头角;磷酸性燃料电池(PAFC)是发展较早的一种燃料电池,全世界已建立几百个固定的分布式电源,为电网提供电力,或作为可靠的后备电源,也有的为大型公共汽车提供了电力。目前 200 kW 的熔融碳酸盐燃料电池(MCFC)电站及 100 kW 级的固体氧化物燃料电池(SOFC)电站均有示范装置。

特别应该指出,燃料电池并没有成熟,还在发展之中。要支持新型燃料电池,如高温 PEM,再生式燃料电池,生物燃料电池等的研究。对于相对成熟的 PEM,应加强应用示范,促进其商业化。

在发展氢能系统提高效率、降低成本，加快进入商业化应用的同时，还必须通过教育和传播的媒介，让公众认可和接受氢能产品对社会和消费者的服务。氢能教育包括如下内容：

(1)消费者和社会能从氢能系统中获得更安全、方便、清洁的能源产品和服务，而且其成本是可以接受的。

(2)制定一个与氢能发展相适应的教育和传播网络和中长期的规划，包括教育、培训、信息传播、媒体活动、示范项目和鼓励措施等。让更多的人得到氢能知识，提高对氢能的接受能力。

(3)加强在中小学生中的氢能教育，让学生掌握氢的能源特点，提高对氢能的认同感。

(4)让公众认识到发展氢能有利于国家能源供应安全、环境保护和实现经济可持续发展。

9.5.4　氢能标准

氢能体系、产品和服务的设计、制造和运转具有统一的规范标准能加快从实验室向市场的发展过程。政府和企业的协同能加快规范标准过程。

目前，美国已发布的有关氢能技术的美国国家标准共12项。美国在2002年颁布的《国家氢能发展路线图》中，就将"规范和标准"列入氢能系统的7大组成元素之一。另外，其他一些发达国家的标准化机构也积极推动氢能技术标准的制定工作，具体数量分布见表9.6。

表9.6　发达国家的标准化机构制定的氢能技术标准数量

标准化机构	CEN	BSI	DIN	AFNOR	JIS
制定标准数量(单位:项)	8	37	32	30	15

表中，CEN为欧洲标准化技术委员会，BSI为英国标准协会，DIN为德国标准协会，AFNOR为法国标准协会，JIS为日本工业标准协会。

欧盟涉及氢能的生产和使用的基础相关法律法规主要有:85/337/EEC《公共及私有项目环境影响评估法案》、2008/1/EC《综合治理及防治污染法案》、2004/35/EC《预防及改善环境危害的责任规定》等。其中法案85/337/EEC中明确指出，在新的工程立项被核准前，必须进行主要项目对环境影响评价，并且要具体落实去除或者是尽量降低对环境产生影响因素的措施，其中强制规定加氢站需要进行环境影响评价。但是由于欧盟所涉及的成员国很多，每个国家都有自身的特点，因此欧盟规定各成员国可以根据自身特点，拟定符合此项法案规定的加氢站环境影响方面的指导意见。

我国负责参与制定氢能相关法规的部门是氢能标准化管理委员会(SAC/TC309)，成立于2008年3月份，主要进行国内外氢能标准的收集和整理工作，制定和修订氢能国家标准。在联合国与我国SAC/TC309相对应的部门是国际氢能标准化委员会(ISO/TC197)。

由于氢能是新能源，故目前尚无国际标准。目前，ISO TC197和IECTC105负责制定国际氢能标准，2003年，我国标准委员会立项7个与氢能和燃料电池有关的国家标准，是个良好的开端。我们需要尽快地制定更多的氢能标准，亟待解决的问题和发展趋势主要有以下几点：

①制定和发展有关氢安全方面的国家标准:目前，我国尚未制定有关氢能安全方面全面系统的国家标准。仅有的GB 4962—2008《氢气使用安全技术规程》国家标准，不能满足氢能技术应用领域的需要。因此，作为氢能标准体系的重要组成部分，氢安全方面标准的建立和完善

是亟待解决的问题。

②加大有关氢能应用领域标准化工作的力度：欧美在氢能及燃料电池标准领域，已开始进行相关标准体系的制定工作。因此，我国应积极推动氢能应用标准化工作，并使其作为整个氢能标准体系建设的突破口和着力点，带动氢能标准体系中其他领域标准化工作的蓬勃开展。最终达到各领域标准子体系协调发展，互相促进。

③加强有关氢储运与加注方面的标准化工作：氢的储运和加注一直是氢能技术领域的一项重要环节。目前，我国尚未制定车载轻质高压储氢容器、液氢罐以及固态储氢装置的国家标准和规范。国外已开展对全固态氢源系统的标准制定工作，形成部分国际标准草案，如：ISO/TS16111—2008《运输储氢装置——金属氢化物可逆吸附氢》。因此，我国要加强有关氢储运与加注方面的标准化工作，制定相关标准。

④加强氢能基础与管理方面标准的制修订工作：总体来说，我国氢能标准体系所需的标准尚未建立，尤其在氢能基础与管理标准化方面的工作刚刚起步。因此，我国需要加强氢能基础与管理方面的标准制修订工作，包括制修订术语、图形符号、分类、编码、管理体系、管理程序、定额、计量等方面的标准，从而为氢能技术发展提供基础的技术支撑和保障。

氢能所具有的清洁、无污染、效率高、储存及输送性能好等诸多优点，赢得了世界的关注，一个世界范围的氢能国际合作已经开始。我国氢能如何利用当前的大好形势，一方面发展自己，另一方面争取走出国门，打入国际市场，是一个急需研究、探索的问题。通过几代人的努力，我国的氢能工业从无到有，从小到大。

储氢技术是氢能利用走出实用化、规模化的关键。根据技术发展趋势，今后大工业应用的重点是在新型高压储氢罐和液氢方面。国际上 350 MPa 的高压储氢罐已经商品化，已有700 MPa的超高压储氢罐的样品，估计 2~3 年后会商品化。国内目前只可以生产250 MPa 压力的储氢罐，但尚无正式的生产许可证，显示出较大的差距。

在氢能利用方面，燃料电池发电系统和氢的直接燃烧技术将是实现氢能应用的重要途径。在我国质子交换膜燃料电池已有技术基础上，除继续加强大功率车用 PEMFC 的关键技术研究外，还应注意 PEMFC 系统工程关键技术开发和系统技术集成，使燃料电池发电站走向实用化。根据测算，后者对氢气的需求量将是前者的 10 倍。

10% 氢气和90% 的天然气的混合气体燃烧与纯天然气燃烧没有太大区别，不用改动燃烧设备，很容易推广。同时，用 H_2 替代部分天然气，可减少 CO_2 的排放，节省了不可再生的天然气。让我们行动起来，积极投身到氢能国际合作的大潮中，迎接氢能经济新时代。

参 考 文 献

[1]AKELLA A K, SAINI R P, SHARMA M P. Social, economical and environmental impacts of renewable systems[J]. Renew Energy,2009,34:390-396.

[2]ARNI S. Hydrogen-rich gas production from biomass via thermochemical pathways[J]. Energy Edu Sci Technol,2004,13:47-54.

[3]NATH K, DAS D. Hydrogen from biomass[J]. Current Sci,2003,85:265-271.

[4]HAN S K, SHIN H S. Biohydrogen production by anaerobic fermentation of food waste[J]. Int J Hydrogen Energy,2004,29:569-577.

[5]HUSSY I, HAWKES F R, DINSDALE R, et al. Continuous fermentative hydrogen production from sucrose and sugarbeet. Int J Hydrogen Energy,2005,30:471-483.

[6]DEMIRBAS A. Recent advances in biomass conversion technologies[J]. Energy Edu Sci Technol,2000,6:19-41.

[7]GüLLü D. Effect of catalyst on yield of liquid products from biomass via pyrolysis[J]. Energy Sources2003,25:753-765.

[8]Jain R K. Fuelwood characteristics of certain hardwood and softwood tree species of India[J]. Biores Technol,1992,41:129-133.

[9]BALA B K. Studies on biodiesels from transformation of vegetable oils for diesel engines[J]. Energy Edu Sci Technol,2005,15:1-45.

[10]BALAT M. Progress in biogas production processes[J]. Energy Edu Sci Technol,2008,22:15-35.

[11]BALTZ R A,BURCHAM A F,SITTON O C,et al. The recycle of sulfuric acid and xylose in the prehydrolysis of corn stover. Energy,1982,7:259-265.

[12]DEMIRBAS A. Biodiesel fuels from vegetable oils via catalytic and non-catalytic supercritical alcohol transesterifications and other methods: a survey[J]. Energy Convers Manage,2003,44:2 093-2 109.

[13]DEMIRBAS A. Potential applications of renewable energy sources, biomass combustion problems in boiler power systems and combustion related environmental issues[J]. Progress Energy Combus Sci, 2005,31:171-192.

[14]DEMIRBAS A. Biogas potential of manure and straw mixtures[J]. Energy Sources Part A. 2006,28:71-78.

[15]KIM S, DALE B E. Life cycle assessment of various cropping systems utilized for producing biofuels: bioethanol and biodiesel[J]. Biomass Bioenergy, 2005,29:426-439.

[16]KUMAR A, CAMERON J B, FLYNN P C. Pipeline transport and simultaneous saccharification of corn stover[J]. Biores Technol,2005,96:819-829.

[17]LAFORGIA D, ARDITO V. Biodiesel fueled IDI engines: performances, emissions and heat release investigation. Biores Technol,1994,51:53-59.

[18]Ma F,Hanna M A. Biodiesel production:a review[J]. Biores Technol,1999. 70:1-15.

[19] MAY M. Development and demonstration of Fischer Tropsch fueled heavy-duty vehicles with control technologies for reduced diesel exhaust emissions[C]//9th Diesel Engine Emissions Reduction Conference. Newport:Rhode Island,2003,24-28.

[20] METIN E, EROZTURK A, NEYIM C. Solid waste management practices and review of recovery and recycling operations in Turkey[J]. Waste Manage. 2003,23:425-432.

[21] MEYNELL P J. Methane:planning a digester[M]. New York:Schocken. 1976.

[22] MICALES J A, SKOG K E. The decomposition of forest products in landfills[J]. Int Biodeterioration Biodegradation,1997,39:145-158.

[23] PIEL W J. Transportation fuels of the future[J]. Fuel Proces Technol, 2001, 71:167-179.

[24] PLAZA G, ROBREDO P, PACHECO O. Anaerobic treatment of municipal solid waste[J]. Water Sci Technol. 1996, 33:169-175.

[25] SCHULZ H. Short history and present trends of FT synthesis[J]. Appl Catal A General, 1999,186:1-16.

[26] SOKHANSANJ S, TURHOLLOW A, CUSHMAN J,et al. Engineering aspects of collecting corn stover for bioenergy[J]. Biomass Bioenergy,2002,23:34-355.

[27] TIMUR H, OZTURK I. Anaerobic sequencing batch reactor treatment of landfill leachate[J]. Water Res,1999,33:3 225-3 230.

[28] UYGUR A, KARGI F. Biological nutrient removal from pre-treated landfill leachate in a sequencing batch reactor[J]. Environ Manage. 2004,71:9-14.

[29] BALA B K. Studies on biodiesels from transformation of vegetable oils for diesel engines [J]. Energy Edu Sci Technol,2005,15:1-43.

[30] JOHNSON E. LPG:a secure, cleaner transport fuel? A policy recommendation for Europe [J]. Energy Policy,2003,31:1 573-1 577.

[31] SANG O Y,TWAIQ F,ZAKARIA R,et al. Biofuel production from catalytic cracking of palm oil. Energy Sources, 2003,25:859-869.

[32] SHAHAD H A K, MOHAMMED Y K A. Investigation of soot formation and temperature field in laminar diffusion flames of LPG-air mixture[J]. Energy Convers Manage,2000,41:1 897-1 916.

[33] 徐振刚,吴春来. 煤汽化制氢技术[J]. 低温与特气,2000(6):28-31.

[34] 李仲来. 氢气的制取及化工应用[J]. 小氮肥设计技术,2004(25),48-51.

[35] 唐德修. 对燃料电池推动汽车技术进步的探讨[J]. 重庆工学院学报, 2006(11):89-91

[36] 叶京,张占群. 国外天然气制氢技术研究[J].石化技术,2004(1):22-25.

[37] 史云伟,刘瑾. 天然气制氢工艺技术研究进展[J].化工时刊,2009(3):34-38.

[38] 韩峭峰,李永峰,董新法,等. 甲醇水蒸气重整制氢反应的热力学分析[J]. 工业催化, 2007(1):112-116.

[39] 胡蕊,樊君,刘恩周,等. 光催化制氢用纳米结构光催化剂的研究进展[J]. 应用化工, 2010,(1):45-48.

[40] 黄文霞.硫化氢制氢工艺中脱硫技术的对比研究[J].石油化工设计, 2009(1):32-35.

[41] BALAT M, OZDEMIR N. New and renewable hydrogen production processes[J]. Energy

Sources,2005,27:1 285-1 298.

[42] BAMWENDA G R,ARAKAWA H. Cerium dioxide as a photocatalyst for water decomposition to O-2 in the presence of Ce-aq(4+)and Fe-aq(3+)species[J]. J Mol Catal A. ,2000, 161:105-113.

[43] 孙巍,毛宗强,谢晓峰,等.Pt/SiO2 光催化制氢的初步研究[J].化工学报,2004(55):66 -69.

[44] 毛宗强.氢能——21 世纪的绿色能源[M].北京:化学工业出版社,2005.

[45] 何洪文,林逸,魏跃远.燃料电池混合动力汽车控制策略研究[J].北京理工大学学报, 2007(3):45-48.

[46] BERRY G　D, PASTERNAK A D, RAMBACH G D, et al. Hydrogen as a future transportation fuel[J]. Energy. 1996, 21:289-303.

[47] BROWN W G , KAPLAN L, WILZBACH K　E. The exchange of hydrogen gas with lithium and sodium borohydrides[J]. J Am Chem Soc,1952,74:1348.

[48] BUHLER N, MEIER K, REBER J F. Photochemical hydrogen-production with cadmium sulfide suspensions[J]. J Phys Chem,1984,88:3 261-3 268.

[49] FUJISHIMA A,RAO T N,TRYK D　A. Titanium dioxide photocatalysis[J]. J Photochem Photobiol C Photochem Rev,2000(1):1-21.

[50] GALINSKA A , WALENDZIEWSKI J. Photocatalytic water splitting over Pt TiO2 in the presence of sacrificial reagents[J]. Energy Fuels. 2005,19:1 143-1 147.

[51] MIRANDA　R. Hydrogen from lignocellulosic biomass via thermochemical processes[J]. Energy Edu Sci Technol,2004,13:21-30.

[52] MOON　J,TAKAGI　H,FUJISHIRO　Y,et al. Preparation and characterization of the Sb doped TiO2 photocatalysts[J]. J Mater Sci,2001,36:949-955.

[53] ZOU Z G, YE J H, SAYAMA K,et al. Direct splitting of water under visible light irradiation with an oxide semiconductor photocatalyst[J]. Nature,2001,424:624-627.

[54] ZüTTEL　A, WENGER　P, RENTSCH S,et al. LiBH4 a new hydrogen storage material [J]. J Power Sources,2003,118:1-7.

[55] JUAN WEI, ZUOTAO LIU, XIN ZHANG. Biohydrogen production from starch wastewater and application in fuel cell[J]. International Journal of Hydrogen Energy,2010,35:2 949- 2 952.

[56] QUN YAN, AIJIE WANG, CHUNFAI YU, et al. Enzymatic characterization of acid tolerance response(ATR)during the enhanced biohydrogen production process from Taihu cyanobacteria via anaerobic digestion[J]. International Journal of Hydrogen Energy. 2011,36:405-410.

[57] SOMPONG O-THONG, ADILAN HNIMAN, POONSUK PRASERTSAN, et al. Biohydrogen production from cassava starch processing wastewater by thermophilic mixed cultures[J]. International Journal of Hydrogen Energy,2011, 36:3 409-3 416.

[58] 林鹏,虞亚辉,罗永浩,等.生物质热化学制氢的研究进展[J].化学反应工程与工艺,2007 (23):267-271.

[59] 付晓红.光催化法对分解硫化氢制氢的影响[J].应用能源技术,2010(12):16-19.

［60］杨一超.超临界水生物质汽化制氢的研究进展［J］.天然气化工,2010(35):65-70.

［61］晏波,韦朝海.超临界水汽化有机物制氢研究［J］.化学进展,2008(20):1 553-1 561.

［62］王倩,李光明,王华.超临界水条件下生物质汽化制氢［J］.化工进展,2006(25):1 284-1 288.

［63］吕友军,金辉,郭烈锦,等.原生生物质在超临界水流化床系统中汽化制氢［J］.西安交通大学学报,2009(43):111-115.

［64］张荣乐,杨直.一种新型制氢法——热化学制氢法［J］.山西化工,2009(20):78-85.

［65］李仲来.氢气的制取及化工应用［J］.小氮肥设计技术,2004(25):45-51.

［66］ANTAL M J, ALLEN S, SCHULMAN D, et al. Biomass gasification in supercritical water［J］. Ind Chem Eng Res,2000, 39:4040-4053.